AF356890

HISTOIRE

NATURELLE

DES POISSONS.

Strasbourg, imprimerie de V.ᵉ Berger-Levrault.

HISTOIRE

NATURELLE

DES POISSONS,

PAR

M. LE Bon CUVIER,

Pair de France, Grand-Officier de la Légion d'honneur, Conseiller d'État et au Conseil royal de l'Instruction publique, l'un des quarante de l'Académie française, Associé libre de l'Académie des Belles-Lettres, Secrétaire perpétuel de celle des Sciences, Membre des Sociétés et Académies royales de Londres, de Berlin, de Pétersbourg, de Stockholm, de Turin, de Gœttingue, des Pays-Bas, de Munich, de Modène, etc. ;

ET PAR

M. A. VALENCIENNES,

Membre de l'Académie des sciences de l'Institut, Professeur de Zoologie au Muséum d'Histoire naturelle, Membre de l'Académie des sciences de Berlin, de la Société zoologique de Londres, de la Société impériale des naturalistes de Moscou, etc.

TOME VINGT-DEUXIÈME.

A PARIS,

Chez P. BERTRAND, ÉDITEUR,

LIBRAIRE DE LA SOCIÉTÉ GÉOLOGIQUE DE FRANCE,

rue Saint-André-des-Arcs, n.º 65.

STRASBOURG, chez V.ᵉ LEVRAULT, rue des Juifs, n.º 33.

1849.

AVERTISSEMENT.

Je termine dans ce volume l'exposé des genres aussi nombreux que variés de la grande famille des Poissons qui se groupent autour de notre Saumon. J'arrive ainsi à présenter l'histoire des Acanthoptérygiens et des Malacoptérygiens abdominaux dans un cadre renfermé dans les limites du prospectus donné par l'éditeur. Il ne s'était engagé à publier que quinze à vingt volumes sur l'Histoire naturelle des Poissons. Il termine donc cette première série, complétée par le vingt-deuxième et dernier volume de cet ouvrage, ayant pour titre : Histoire naturelle des Poissons, par MM. Cuvier et Valenciennes. Il fut conduit par nos travaux communs jusqu'au huitième volume, et je l'ai continué, depuis la perte de ce grand naturaliste, par mes seules et pénibles recherches.

L'éditeur a fait tous les sacrifices nécessaires pour rendre l'exécution de cet ouvrage digne du grand nom inscrit en tête de ces volumes. Il avait annoncé que chaque livraison serait accompagnée de quinze à vingt planches ; il n'a pas craint de doubler ce nombre ; et il termine aujourd'hui un atlas de six cent cinquante planches. C'est le plus considérable qui ait encore paru sur l'Ichthyologie ; car l'ouvrage de Bloch ne contient que quatre cent trente-deux planches.

Je n'oublie pas cependant quels sont les engagements que cette première publication m'a fait contracter envers la science, et avec les savants qui ont bien voulu honorer mes travaux de leurs encouragements et de leur appui. Je leur en exprime de nouveau ma bien vive reconnaissance.

Je vais donc continuer l'étude des familles qui doivent suivre celles dont j'ai écrit l'histoire. Quand ce travail sera terminé, je le publierai. Je mettrai cette première série de l'Histoire des Poissons au niveau de l'état de la science, par des suppléments que ses nombreux accroissements rendront nécessaires.

Pendant que j'imprimais ce volume, un voyageur courageux, zoologiste zélé et instruit, M. Morelet, terminait un voyage scientifique dans l'Amérique centrale. Il a rapporté du grand lac de Peten une précieuse collection de poissons, presque tous nouveaux. Il n'a pas été moins heureux en Erpétologie et en Entomologie, et dans les autres classes de la Zoologie. Je suis heureux, en terminant, de faire connaître, par ces peu de mots, ce que les sciences naturelles vont recueillir par ses efforts et par ses prochaines publications.

Au jardin des Plantes, mai 1849.

TABLE

DU VINGT-DEUXIÈME VOLUME.

SUITE DU LIVRE VINGT-DEUXIÈME.

SUITE DE LA FÁMILLE DES SALMONOÏDES.

CHAPITRE XV.

CHAPITRE XXII.

CHAPITRE XXIII.

Pages. Planch.

CHAPITRE XXVII.

CHAPITRE XXVIII.

CHAPITRE XXIX.

CHAPITRE XXX.

HISTOIRE NATURELLE DES POISSONS.

SUITE DU LIVRE VINGT-DEUXIÈME.

SUITE DE LA FAMILLE DES SALMONOÏDES.

APRÈS avoir décrit, dans le volume précédent, les Salmonoïdes d'un premier groupe, qui ont la joue entièrement nue, je vais présenter l'histoire d'une seconde tribu, caractérisée par des sous-orbitaires souvent assez élargis pour couvrir d'une cuirasse osseuse l'intervalle qui sépare l'orbite du bord montant du préopercule. La réunion de ces espèces compose une nombreuse famille secondaire, analogue dans les Salmonoïdes, à celles des joues cuirassées parmi les Percoïdes. Elles sont toutes étrangères, et surtout abondantes dans l'Amérique méridionale.

Ces poissons ont fait le sujet d'un beau travail, dû à MM. Muller et Troschel, de Berlin, dont j'ai été heureux de profiter[1]. Ces savants les faisaient entrer dans leur famille des CHARACINI. J'ai déjà montré, en traitant des Érythrins, que je ne croyais pas devoir adopter cette

---

1. *Horæ ichthyologicæ*, par MM. Muller et Troschel, in-4.º Berlin, 1845, avec planches.

subdivision. La discussion à laquelle je me livre sur chacun des genres suivants apportera de nouvelles preuves
à l'appui de cette opinion.

L'énumération de toutes ces espèces nous conduit
insensiblement à celle des nombreux petits poissons de
nos mers, et surtout de la Méditerranée, que j'avais cru
pouvoir séparer plus nettement des Salmonoïdes que je
ne dois le faire aujourd'hui, après en avoir étudié toutes
les nombreuses modifications. Je pensais que le caractère
des Salmonoïdes reposait sur la forme de l'arcade de la
mâchoire supérieure, constituée par les maxillaires et les
intermaxillaires. Je croyais que le maxillaire n'entrait pas
dans la composition de l'arc de la mâchoire supérieure
des Scopèles. Cela est vrai pour quelques genres, mais on
ne trouve plus ce caractère dans les Gonostomes, qui
lient par un passage insensible les Scopèles aux autres
Salmonoïdes. Cette conformation appelle alors dans la
grande famille des Saumons tous les Saurus et semble la
compléter.

CHAPITRE IX.

DES CURIMATES.

M. Cuvier a pris dans Marcgrave le nom de Curimate, pour désigner un genre de Salmonoïdes admis dès la première édition du Règne animal. Ce sont, dit-il, des poissons qui ont toute la forme extérieure des Ombres, leur petite bouche, et dont quelques-uns leur ressemblent plus spécialement par l'absence de dents visibles; ils n'en diffèrent que par le nombre des rayons branchiaux. Pour fixer davantage les idées de ses lecteurs, il renvoie au *Salmo edentulus* de Bloch, et probablement au *Salmo cyprinoides* de Linné d'après Gronovius. Puis il ajoute que la plupart des espèces ont encore quelques singularités à leurs dents, et il établit, d'après cela, plusieurs subdivisions, qu'il ne caractérise pas suffisamment. Cependant il désigne nettement les dents des Hémiodus, en disant qu'elles sont tranchantes et denticulées comme celles des Acanthures. Il fallait ajouter peu de chose à cette comparaison fort juste, pour compléter la diagnose de ce groupe. Dans une troisième coupe il met aussi les naturalistes sur la voie, en disant que les poissons de cette subdivision ont les dents antérieures tranchantes et comparables à celles des Balistes. Sans qu'elle soit complète, on ne peut nier que ce ne soit une grande partie de la diagnose des *Leporinus*. Après cette publication et quelques années avant la seconde édition du Règne animal, Spix d'abord, puis M. Agassiz vinrent modifier le travail de M. Cuvier. Mon célèbre confrère sépara des Curimates, sous le nom d'*Anodus,* les espèces de la première subdivision, en en faisant connaître de nouvelles, mais en altérant de suite la composition du genre, parce que ce savant y associait mon *Curimatus tœniurus,* qu'il aurait dû placer dans le genre *Pacu* ou *Prochilodus.* Il me paraît, d'après la synonymie, qu'il aurait eu la pensée de réserver le nom de Curimate à un poisson que M. Cuvier n'avait pas vu, mais qui appartenait au genre Piabuque. Il est évident que cette manière de faire embrouillait le premier travail de M. Cuvier, loin de l'éclaircir. Malheureusement notre illustre maître n'a pas rétabli les choses comme elles auraient dû l'être, dans la seconde édition du Règne animal. En effet, reprenant la première phrase diagnostique de son genre Curimate, il associe au *Salmo edentulus* de Bloch le *S. unimaculatus,* qu'il avait si bien caractérisé dans la première édition, et il efface complétement la comparaison qu'il en avait faite avec les Acanthures. Il ajoute à mon *Salmo tœniurus,* un *Salmo curima,* tiré des matériaux de Marcgrave, que je lui avais rapportés de Berlin, et il dit : ce sont les *Pacu* de Spix; ses *Anodus* en diffèrent par une bouche un peu plus fendue. Ces deux propositions manquent tout à fait de précision. Il place encore le *S. cyprinoides* de Gronovius avec doute, mais il oublie bientôt le rang qu'il cherche à lui assigner, car on voit reparaître ce même *S. cyprinoides* de Gronovius comme une espèce de Citharine, détermination évidemment plus fautive que la première.

Tel était l'état de l'ichthyologie sur ces poissons, lorsque MM. Muller et Troschel ont adopté le genre *Anodus* dans leur monographie des *Characins*. Ils y comprennent les différentes espèces de Salmonoïdes, que je caractérise par une bouche sans dents, dont les mâchoires, sans lèvres, ont le bord tranchant; la supérieure porte une petite échancrure, dans laquelle est reçu un tubercule saillant de l'inférieure. La fente de la bouche est transversale et sous le museau. Dans le plus grand nombre des espèces il fait une légère saillie; il est quelquefois même taillé en biseau. Quant à la forme générale, elle varie, puisque nous avons des espèces qui ont le corps allongé et arrondi; d'autres l'ont raccourci et comprimé. Tous ces poissons se ressemblent à l'intérieur parce que la branche montante de l'estomac devient une sorte de gésier, à cause de l'épaisseur de ses parois musculaires. Il y a un nombre assez considérable de cœcums autour du pylore; j'en ai compté jusqu'à dix-huit. L'intestin est un des plus longs qu'on observe dans les poissons de ce groupe; il est grêle et souvent filiforme.

Si les ichthyologistes de Berlin n'avaient inscrit sous les *Anodus* que des poissons qui eussent tous les caractères que je viens de rappeler, ils eussent formé un genre parfaitement naturel, dont on ne peut nier que la première pensée n'appartienne à M. Cuvier, et il me semble qu'au lieu de faire disparaître de leur Monographie le nom de Curimate, ils auraient dû le réserver à ce groupe de poissons. C'est ce que je vais faire.

En reprenant la première idée du genre Curimate, je détruirai un double emploi en établissant l'identité du *Salmo cyprinoides* de Linné, et du *S. edentulus* de Bloch. Je comparerai à cette première espèce linnéenne l'*Anodus ciliatus* de Müller, qui en est très-voisine. L'*Anodus*

Gilberti en est une troisième très-semblable, qui ne me paraît pas la même que l'*Anodus alburnus* des deux ichthyologistes de Berlin. Viendront ensuite l'*A. latior* de Spix, et enfin, une belle espèce nouvelle, originaire des environs de Maracaïbo. L'*Anodus Amazonum* et l'*A. tæniurus* appartiennent au genre *Prochilodus*.

Le Curimate cyprinoïde.

(*Curimatus cyprinoides*, nob.)

Nous sommes assez heureux pour retrouver dans nos poissons plusieurs exemplaires de l'espèce désignée par Linné, dans le *Systema naturæ,* sous le nom de *Salmo cyprinoides.* C'est par elle que nous allons commencer les descriptions de ces différents Curimates.

Rien ne ressemble plus à une Brême ou aux espèces voisines d'Ables que le Curimate cyprinoïde.

Il a le corps comprimé, assez élevé; la tête petite; le museau déprimé, obtus et saillant au-devant de la bouche. Les écailles sont de moyenne grandeur. A ces caractères que donne l'observation générale du poisson, ajoutons les détails suivants. La plus grande hauteur du tronc, mesurée sous la dorsale, fait le tiers de la longueur totale. L'épaisseur est trois fois et demie dans la hauteur. La tête est courte, sa longueur est comprise quatre fois et un tiers dans la longueur totale. La distance du bout du museau à la nuque égale une fois et deux tiers la longueur de la tête. L'œil est éloigné du bout du museau d'une fois son diamètre, lequel est contenu trois fois et deux tiers dans la longueur de la tête. Une paupière adipeuse assez marquée cache le bord antérieur et postérieur du globe, et s'étend jusqu'au cercle de la pupille. Cette membrane adipeuse couvre en arrière une partie de la joue, car elle passe sur tout le haut de l'opercule. Le cercle de l'orbite est bordé en dessous par cinq osselets sous-orbitaires. Le premier est très-petit, assez éloigné de l'œil et sous la narine. Le second naît de l'angle du maxillaire, puis il se prolonge en une petite palette arquée au delà de l'articulation de la mâchoire inférieure. Ces deux premières pièces sont en quelque sorte perdues sous l'adipeuse naissant de la paupière. Le troisième os est le plus grand de tous : il se porte jusqu'à la partie postérieure de l'orbite. Le cercle est complété par deux autres petites pièces minces comme une écaille, quadrilatères et engagées sous le prolongement de l'adipeuse postérieure. On ne voit que très-peu du préopercule sous ces os. Son bord est mince et arrondi : il recouvre presque en entier l'interopercule, dont l'angle postérieur dépasse le précédent comme une petite plaque triangulaire. L'opercule est assez grand, légèrement convexe; son bord est arqué et se divise en deux parties, dont la supérieure est beaucoup plus longue que l'inférieure; la distinction des deux bords est marquée par un angle assez obtus. Un sous-opercule étroit, arqué, complète cet appareil et le bord de l'ouverture branchiale. Le bord membraneux de l'opercule est mou et assez large. On compte sans aucune difficulté quatre rayons à la membrane bran-chiostège; ces rayons sont tous assez larges, aplatis, fortement imbriqués et très-peu cachés sous la membrane; ils sont rectilignes sous la gorge, et ils se redressent un peu en se terminant sous l'opercule. La membrane branchiostège est assez épaisse, mais peu étendue. La bouche est très-peu fendue; l'extrémité du museau est formée par des intermaxillaires assez dilatés, cachés sous la peau épaisse qui continue celle du crâne. Ces deux intermaxillaires sont réunis à angle obtus, de manière que la bouche a la forme d'un chevron. On ne peut pas dire qu'il y a des lèvres mobiles. Le maxillaire est très-petit, entièrement invisible quand la bouche est fermée, parce que sa portion supérieure est engagée sous les tégu-ments communs du front et des intermaxillaires, et parce que l'extrémité libre de l'os est cachée sous le sous-orbitaire. On ne voit que cette très-petite portion quand la bouche est ouverte. La mâchoire inférieure a une sorte de petit tubercule saillant vers la symphyse : elle est d'ailleurs très-mince, tranchante et sans lèvre apparente. La langue est courte, obtuse, mais assez grosse. Il n'y a aucune espèce de dents. Le palais est creusé en une gouttière assez profonde derrière un petit tubercule du vomer. Les deux ouvertures de la narine sont petites et rapprochées l'une de l'autre, supérieures, l'antérieure est plus petite que la postérieure.

Le profil du dos est assez convexe, et il s'élève à partir de la nuque jusqu'à la dorsale, qui est un peu plus en avant que la moitié du corps. On peut dire que le premier rayon est inséré aux deux cinquièmes de la longueur totale. Cette nageoire est courte; le premier rayon est un peu plus dur que le second et le troisième; il ne mesure que le quart de la hauteur de celui qui le suit, lequel est prolongé en long filament, qui le rend plus long que la hauteur du tronc mesurée sous lui. Ce filet dépasse cette hauteur d'environ un sixième de sa longueur. Le second est un peu plus court; le troisième l'est beaucoup plus, et ils diminuent successivement et assez rapidement jusqu'au dernier, qui n'a pas même le cinquième de la hauteur du plus long rayon. La caudale est fourchue; ses lobes sont arrondis et les rayons se terminent en filets déliés. L'anale est courte et basse, ses premiers rayons sont assez épais et assez durs. La pectorale est étroite, attachée tout près de la ligne du profil du ventre; elle est plus courte que le sixième de la longueur du poisson; ses rayons sont grêles et rapprochés l'un de l'autre. La ventrale est sensiblement plus longue que la pectorale, et elle est beaucoup plus large, quoiqu'elle ait moins de rayons.

B. 4; D. 11; A. 11; C. 23; P. 15; V. 10.

Les écailles sont de grandeur médiocre; leur portion radicale a de nombreuses stries concentriques; mais je ne vois pas de rayon à l'éventail, bien que le bord soit un peu crénelé. La portion libre a des stries rayonnantes, faciles à voir avec une loupe. Elles sont plus grandes auprès du ventre que sur le dos. Nous en comptons cinquante-huit rangées le long de la ligne latérale, qui est droite, tracée par le milieu de la hauteur et marquée par des tubulures simples et non rameuses.

La couleur du poisson paraît avoir été uniforme, d'un vert plus ou moins rembruni, à reflets argentés. Les nageoires paraissent verdâtres, assez foncées.

A l'ouverture de l'abdomen, on voyait les grappes nombreuses des ovaires flotter librement dans la cavité abdominale, comme cela a lieu dans tous les Salmonoïdes, et entre elles deux les nombreuses circonvolutions d'un intestin aussi fin qu'un fil de la grosseur d'une épingle ordinaire. En rejetant l'ovaire et en écartant un peu les replis de l'intestin, on met à nu l'estomac; on voit alors que l'œsophage et sa portion dilatée deviennent un tube très-mince, à paroi presque membraneuse, qui s'élargit un peu en un cul-de-sac, à peu près à la moitié de la longueur de la cavité abdominale; puis l'estomac se recourbe pour former la branche montante accolée sous l'œsophage; ses parois sont plus musculeuses, et elles s'épaississent en un petit gésier pyriforme, d'autant plus résistant que tout l'intérieur est plus rempli d'humus. Arrivé presque sous le diaphragme, un rétrécissement très-marqué indique la place du pylore. Le duodénum commence immédiatement, en remontant d'abord vers l'avant de la cavité abdominale; il se recourbe pour passer à droite de l'estomac; descendre au delà de ce viscère et se replier en faisant des cercles concentriques autour de la branche montante et musculeuse de l'estomac. Lorsque les contours de la spirale ont atteint le milieu de cette branche, ils se détournent en sens contraire, de manière à former une seconde spirale, dont les cercles vont en s'agrandissant, et d'où il résulte que l'estomac se trouve enveloppé par vingt-trois tours de l'intestin, au delà desquels celui-ci, sans presque changer de diamètre, se rend droit à l'anus, entre les deux ovaires. Autour du pylore on compte dix cœcums, cinq de chaque côté. Dans le haut de la cavité abdominale et à droite de l'estomac on voit un petit lobe triangulaire constitué par le foie et auquel est attachée une vésicule biliaire assez longue et suspendue à un très-long canal hépato-cystique. Au-dessus du repli du péritoine qui enveloppe les viscères digestifs se trouve la vessie aérienne; elle est double; le lobule antérieur est court, arrondi; le postérieur est conique et se termine en une pointe très-aiguë. Cette vessie ressemble parfaitement à celle d'un cyprin. La seconde communique avec l'intestin par un canal pneumatique. On y remarque des brides longitudinales, semblables à celles des macrodons, mais il n'y a point de cellules comme dans la seconde vessie des érythrins.

La longueur du plus grand individu conservé dans le Muséum d'histoire naturelle est de huit pouces et demi. C'est un des poissons rapportés de l'Amazone par M. de Castelnau. Cet exemplaire est celui auquel conviennent parfaitement les expressions caractéristiques de la diagnose que Linné a donnée à son *Salmo cyprinoides*.

Il existe dans la collection du Muséum un petit exemplaire venu très-probablement de Surinam, et qui n'a guère que quatre pouces de longueur. Il me paraît impossible de ne pas le considérer comme de la même espèce, et cependant je lui trouve les lobes de la caudale plus aigus; la dorsale est haute et triangulaire, et ses premiers rayons ne sont pas prolongés en filaments aussi longs que ceux de l'exemplaire décrit plus haut. On peut se demander si ces différences ne sont pas dues à la jeunesse du poisson.

J'en ai d'autres sous les yeux qui ont été cédés par le Musée royal de Leyde, et qui ont été envoyés de Surinam par M. Diepering.

Je rapporte encore à cette espèce un autre individu que M. Robert Schomburgk a pris dans l'Esséquibo. Cet individu a cependant la tête un peu plus large, et les rayons antérieurs de la dorsale n'ont pas des filets aussi longs. Je ne le considère que comme une variété.

Enfin nous avons un autre petit exemplaire de cette espèce, envoyé de Cayenne.

Bloch avait reçu de Surinam son *Salmo edentulus*. Il le devait à la générosité du gouverneur de cette colonie,

M. de Fréderici. Il reconnut que son poisson ressemblait beaucoup au *Salmo cyprinoides* de Linné; mais il ne crut pas qu'il fût de la même espèce, parce qu'il manquait de la longue soie qui termine le premier rayon de la nageoire du dos. Quand on a sous les yeux un nombre assez considérable d'individus, on ne tarde pas à reconnaître qu'il y a sous ce rapport des variations fort notables, et que, soit différence de sexes, soit peut-être variations dues aux saisons, on voit deux poissons de la même espèce varier cependant par le plus ou moins long prolongement des rayons filiformes de la dorsale. Il n'y a donc pas de doute que le *Salmo edentulus* de Bloch n'ait été auparavant décrit par Linné. Non-seulement j'ai vu un assez grand nombre de ces poissons dans le Musée de Paris, mais je crois avoir dessiné à Leyde l'individu de Gronovius, et il est parfaitement semblable à ceux qui ont été rapportés par M. de Castelnau.

M. de Lacépède avait déjà fait cette réunion en inscrivant son *Characin carpeau* dans la liste des espèces de ce genre.

Le CURIMATE CILIÉ.

(*Curimatus ciliatus*, Muller.)

L'espèce qui me paraît se rapprocher le plus du *Salmo cyprinoides* de Linné, décrit dans l'article précédent, est l'*Anodus ciliatus* de MM. Muller et Troschel.[1]
L'espèce en diffère cependant,

---

1. Muller et Troschel, *Horæ ichthyologicæ*, p. 8, n.° 8, et p. 25, t. IV, fig. 4.

par ce que la courbure du ventre est beaucoup plus grande, d'où il résulte que la ligne latérale n'est pas tracée par le milieu de la hauteur du tronc. Le museau est moins avancé au-devant de la bouche, et il est beaucoup plus court que le diamètre de l'œil. Les pectorales sont moins pointues; les ventrales sont moins allongées; les rayons de la dorsale ne sont pas prolongés en filaments, et le dernier rayon mesure, à très-peu de chose près, la moitié de la hauteur du second. La caudale est fourchue; l'anale est plus courte et a les rayons antérieurs proportionnellement plus longs.

B. 4; D. 11; A. 9; C. 23; P. 15; V. 9.

Ces nombres diffèrent très-peu de ceux qui ont été donnés par les deux auteurs cités plus haut, et cette légère différence ne me paraît pas justifier une distinction spécifique. Les écailles sont manifestement ciliées, de grandeur médiocre; nous en avons compté cinquante rangées le long de la ligne latérale. Je trouve cependant que M. Muller en donne cinquante-sept à son poisson.

La couleur verdâtre sur le dos est argentée sur le reste du corps.

L'individu qui a fait le sujet de cette description, est long de six pouces quatre lignes; il a été rapporté de l'Amazone par M. de Castelnau. L'espèce entre dans les affluents de ce grand fleuve; ceux qui ont servi à la description de M. Muller ont été rapportés de l'Esséquibo par M. le chevalier Robert Schomburgk.

Le CURIMATE DE GILBERT.

(*Curimatus Gilberti*, Quoy et Gaimard.)

Une troisième espèce, voisine des deux précédentes, est le petit poisson découvert dans les eaux douces des environs de Rio-de-Janéiro par les compagnons du capitaine

Freycinet, MM. Quoy et Gaimard. Ils l'ont dédié à un chirurgien de la marine, M. Gilbert, mort des suites de la fièvre jaune dans les Antilles.

L'espèce se distingue des précédentes par son corps plus allongé et par ses écailles assez grandes et tout à fait lisses. Leur bord n'est point cilié. La hauteur fait le quart de la longueur totale. Sans être filamenteux, les premiers rayons de la dorsale sont assez prolongés. La caudale est fourchue et les lobes sont pointus. L'anale est courte.

B. 4; D. 11; A. 9; C. 23; P. 14; V. 9.

Nous comptons quarante et une écailles le long de la ligne latérale. La couleur est verdâtre sur le dos, plus ou moins argenté; il y a une tache noire auprès de la queue et une bandelette longitudinale bleuâtre, d'autant plus marquée qu'elle est plus près de la queue.

Nous faisons cette description d'après l'individu, long de quatre pouces, déposé dans le Cabinet national par MM. Quoy et Gaimard. C'est celui qu'ils ont pris dans les lieux marécageux baignés par le Rio Macacu du Brésil. Nous en avons deux autres de même taille, et parfaitement semblables pour les formes et pour les couleurs, qui ont été rapportés des environs de Rio-Janéiro par le célèbre botaniste, M. Auguste de Saint-Hilaire. C'est, sans aucun doute, le *Curimate Gilbert* des naturalistes que nous avons cités; car nous rétablissons l'espèce d'après leur propre individu.

Le Curimate ablette.

(*Curimatus alburnus*, Mull. et Trosch.)

Ce n'est pas sans quelque hésitation que je distingue le poisson qui va faire le sujet de cet article de celui qui vient d'être décrit. Je le mentionne d'après ce que les habiles ichthyologistes de Berlin en ont dit dans leur Monographie des Characins. A en juger par la figure, l'espèce se distinguerait de toutes les autres de ce genre par un caractère curieux et facile à saisir; car la caudale est représentée couverte de petites écailles; mais je crains beaucoup que le dessinateur n'ait rendu les articulations des rayons sous cette forme écailleuse.

D'ailleurs la forme générale du corps et celle des écailles ressemble tout à fait à l'espèce précédente. Je crois cependant que la dorsale est plus haute. Je vois aussi que M. Muller ne compte que trente-six écailles le long de la ligne latérale.

D. 12; A. 10; P. 15; V. 10.

Les couleurs paraissent un glacé d'argent tout uniforme; les auteurs ne décrivent ni taches ni bandes, et on n'en voit aucune trace dans le dessin.

Les individus ont quatre pouces de long : ils ont été pris dans un lac de la Guyane, l'Amucu, par M. Robert Schomburgk.

L'absence de taches ou de bandes et la grandeur des écailles, justifient peut-être suffisamment la distinction faite entre ce poisson et le précédent.

Le Curimate de Spix.

(*Curimatus latior,* Spix.)

L'espèce que je vais décrire est remarquable par la petitesse de ses écailles :

Son corps est ovale et plus allongé que celui des espèces dont nous avons déjà parlé. La courbure du dos et celle du ventre sont assez régulières. La hauteur fait le tiers de la longueur du corps, en n'y comprenant pas la caudale.

La tête mesure le quart de cette même distance; elle est assez large; sa lèvre supérieure dépasse à peine l'inférieure. La dorsale est haute, trapézoïdale; la ventrale est longue et pointue; la pectorale est courte; la caudale, fourchue, a ses lobes larges et arrondis.

B. 4; D. 11; A. 14; C. 23; P. 15; V. 9.

Les écailles du ventre sont beaucoup plus semblables à celles du dos que dans les espèces précédentes, et le nu de la nuque se prolonge sur le dos jusqu'au pied de la dorsale.

Nous comptons cent huit écailles le long de la ligne latérale. Les couleurs ne paraissent pas différer de celles des espèces précédentes.

Nos exemplaires ont huit pouces et demi : ils ont été pris dans l'Amazone par M. de Castelnau.

Le Curimate allongé.

(*Curimatus elongatus*, Agassiz.)

Le même voyageur nous a rapporté celle des espèces figurées par Spix : c'est l'*Anodus elongatus* d'Agassiz.

C'est, en effet, de tous nos Curimates celui qui a le corps le plus long. Si l'on compare les espèces précédentes à nos Brèmes (*C. brama*, L.) ou à nos Rosses (*C. rutilus*, L.), celle-ci devrait être mise à côté des Barbillons (*C. barbus*, L.). La hauteur est comprise près de huit fois dans la longueur totale. Au contraire de toutes les autres espèces, la tête est plus longue que le corps n'est élevé. Sa longueur est contenue quatre fois et un quart dans celle du corps. La dorsale n'a pas les rayons très-élevés; la caudale est fourchue, et ses lobes sont très-pointus; les ventrales ne sont pas plus longues que les pectorales.

B. 4; D. 11; A. 11; C. 23; P. 19; V. 13.

Les écailles sont très-petites, finement striées et ciliées. Il y en a cent dix rangées le long des flancs. La couleur, verte sur le dos, paraît dorée sur les parties inférieures. Une tache noire se montre sur les flancs en arrière des ventrales ou des pectorales; mais elle paraît devoir s'effacer facilement.

Nous possédons deux individus longs de neuf pouces, qui ont été pêchés dans le haut Amazone par M. de Castelnau. C'est l'espèce représentée dans l'Histoire des poissons du Brésil, pl. 40. Je dois cependant dire que la figure n'est pas très-bonne; mais, avec l'aide de la description de M. Agassiz, je ne conserve aucun doute sur ma détermination.

Le Curimate a large tête.

(*Curimatus laticeps*, nob.)

Les collections du Muséum possèdent encore une très-jolie espèce d'*Anodus,* remarquable

par la largeur de sa tête et de son museau, et par la longueur de l'opercule. Le front est légèrement concave au-dessus des yeux. La courbe du dos est soutenue et arquée jusqu'à la dorsale. Celle du ventre est régulière depuis la gorge jusqu'à la fin de l'anale. La hauteur est le tiers de la longueur totale. La tête en fait le quart.

L'œil est recouvert par d'épaisses paupières adipeuses. Les deux premiers sous-orbitaires forment une grande plaque mince, comme écailleuse, détachée de la tête. Sous cette voûte on voit jouer le maxillaire dans les mouvements de la bouche. Le troisième sous-orbitaire est oblong; les autres sont cachés sous la paupière postérieure. Toute la joue est cuirassée. Le limbe se prolonge un peu en arrière en un angle arrondi, et au delà l'interopercule s'étend sous un angle assez aigu, mais dont le sommet est tronqué et arrondi en une palette, qui se porte sur la ceinture humérale assez près de l'insertion de la pectorale. L'opercule est triangulaire, rétréci vers le haut, coupé carrément vers le bas. Le sous-opercule a le bord très-arqué. La dorsale est haute et pointue; les ventrales, beaucoup plus longues que les pectorales, sont pointues comme elles; l'anale est coupée en lame de faux; la caudale est fourchue.

D. 11; A. 17, etc.

Les écailles sont excessivement petites; il y en a plus de quatre-vingt-dix rangées entre l'ouïe et la caudale.

La couleur est un jaune cuivré de laiton très-brillant.

Nous possédons deux beaux exemplaires de cette belle espèce, dont le plus grand a onze pouces : ils viennent des eaux douces des environs de la grande lagune de Maracaïbo. Nous les devons aux infatigables recherches de M. Plée.

CHAPITRE X.

Du genre LÉPORIN (*Leporinus*).

Ce genre, établi par Spix, a été accepté par M. Agassiz et par M. Muller pour recevoir les espèces que M. Cuvier rangeait dans sa troisième subdivision des Curimates. Il peut être caractérisé de la manière suivante :

Ce sont des poissons à corps allongé, un peu comprimé, à ventre arrondi, qui ont une bouche petite, entourée de lèvres charnues, recouvrant un très-petit nombre de dents. Elles sont, en effet, implantées sur les intermaxillaires et sur la mâchoire inférieure, et, comme les deux mitoyennes d'en haut et d'en bas sont plus longues que les autres, comme elles sont projetées en avant et presque horizontalement, M. Cuvier, dans la première édition du Règne animal, les avait comparées avec raison aux dents de quelques Balistes. Il ne faut pas toutefois conclure que la ressemblance soit assez grande pour qu'il y ait identité de forme.

Les dents pharyngiennes sont disposées par bandes transversales. Leur couronne est comprimée latéralement, assez longue et terminée par deux pointes crochues d'une longueur inégale. Ajoutons à cela que la fente des branchies est petite, à cause de la réunion de la membrane branchiostège au chevron de la ceinture humérale ; que la membrane branchiostège est soutenue par quatre rayons. L'intestin, assez large, ne fait qu'une seule circonvolution. Le nombre des cœcums varie dans les différentes espèces de dix à dix-huit. J'ai trouvé l'estomac de ces poissons rempli de débris de végétaux, de fruits, de petits poissons et d'insectes. Presque tous sont remarquables par une assez grande similitude dans leurs couleurs, qui dépend de ce que les flancs sont ordinairement marqués d'une ou plusieurs taches noires allongées. Un seul a des bandes transversales.

La monographie de ce genre va présenter dans mon ouvrage un nombre un peu plus considérable d'espèces que celle de mes prédécesseurs. Des exemplaires de chacune d'elles sont conservés dans les collections du Muséum. M. Muller avait pensé qu'il fallait réunir sous *Lep. Frederici* les Léporins que j'ai indiqués dans le Voyage de M. d'Orbigny sous les noms de *Curimatus acutidens* et *C. obtusidens*. Je n'hésite pas à reconnaître le premier de ces deux poissons dans celui de Bloch; mais l'espèce à laquelle j'ai donné le nom de *C. obtusidens* doit être conservée.

Le LÉPORIN DE FRÉDERICI.

(*Leporinus Frederici*, Ag.)

Bloch avait reçu de Surinam par les soins du gouverneur de cette province, M. Fréderici, l'espèce qu'il a dédiée à cet amateur de l'ichthyologie sous le nom de *Salmo Frederici*.

C'est un poisson à corps trapu, dont les flancs sont arrondis, dont la queue est si courte que l'anale touche à la caudale. La courbure du dos est à peu près semblable à celle du ventre. La hauteur du tronc mesure le cinquième de la longueur totale, et celle de la tête y est comprise cinq fois. Le dessus du crâne est large, arrondi; le museau est gros et obtus; l'œil est médiocre, sur le

milieu de la joue; son diamètre est contenu quatre fois et quelque
chose dans la longueur de la tête. Les sous-orbitaires sont minces
et à peu près perdus dans la peau épaisse et adipeuse qui recouvre
les joues. Le préopercule est assez large, car son limbe descend
jusque sous la gorge, sans cacher toutefois la membrane branchiostège. L'opercule est aussi une assez large plaque triangulaire; mais
le sous-opercule et l'interopercule sont très-petits. La bouche est
petite et très-peu fendue. Les maxillaires sont rejetés tout à fait
sur l'angle de la commissure, et presque entièrement cachés à l'état
de repos par le premier sous-orbitaire. Les intermaxillaires portent
chacun quatre dents, et il y en a de même huit à la mâchoire inférieure. Les mitoyennes sont les plus longues; celles d'en bas sont
proclives et très-pointues; elles conservent leur acuité dans les
individus adultes tout aussi bien que dans les plus petits. Les ouïes
sont peu fendues; il n'y a même pas d'ouverture sous l'isthme de
la gorge, parce que les deux membranes se rejoignent et sont tellement soudées à la symphyse de la ceinture humérale qu'elles se
continuent avec la peau du corps. Il y a quatre rayons plats à la
membrane branchiostège.

Les dents pharyngiennes sont petites et coniques. Le dernier rayon
de la dorsale répond à la moitié de la longueur totale. La base de
la nageoire mesure les deux tiers de sa hauteur. L'adipeuse est petite
et répond au milieu de l'anale. La caudale est fourchue; l'anale est
assez haute; les pectorales, pointues, sont loin d'atteindre aux
ventrales, dont le bord est un peu arrondi. Tout le tronc est
couvert de larges écailles; mais il n'y en a point sur la tête ni sur
la nageoire; elles sont très-finement granuleuses; leur bord radical
a deux dentelures, et toute la surface des stries d'accroissement
d'une extrême finesse.

On en compte trente-huit le long des flancs. Je ne vois pas
d'ailleurs que celles qui existent à la base de l'anale méritent une
mention particulière.

B. 4; D. 11; A. 11; C. 21; P. 15; V. 9.

Ce poisson est verdâtre, avec des reflets argentés sous le ventre.

Trois taches noires, quelquefois oblongues, se voient le long des flancs; la première est sous la dorsale; la seconde répond aux premiers rayons de l'anale; la troisième à l'extrémité de la queue, près de la base des rayons mitoyens de la caudale. L'anale a une tache noire oblongue, et quelquefois le bord est coloré. Cette tache ne disparaît pas plus que celle des flancs, et est caractéristique dans ce poisson.

Je la retrouve dans les huit exemplaires que j'ai examinés. Elle n'avait pas échappé davantage à M. d'Orbigny, qui l'avait représentée dans les croquis de cette espèce, faits à Monte-Vidéo. On voit aussi qu'il en restait quelques traces sur les individus de Bloch; il a seulement donné à cette tache de l'anale une teinte bleuâtre.

Nos exemplaires ont près de huit pouces de long: ils viennent de l'Esséquibo par M. Schomburgk. Un individu, beaucoup plus ancien, est conservé dans la collection du Muséum. Il provient des recherches faites à Surinam par Levaillant. J'en ai vu un autre, adressé au Musée de Leyde par M. Diepering, qui l'avait trouvé aussi à Surinam. M. Auguste de Saint-Hilaire a rencontré cette espèce dans le Rio San-Francisco du Brésil, et M. d'Orbigny l'a pêchée dans la Plata.

Les nombreux individus que je viens de comparer entre eux ne me laissent aucun doute sur la détermination spécifique de cette espèce. C'est bien le *Salmo Frederici* de Bloch[1]; c'est le poisson que j'ai fait figurer dans l'Atlas ichthyologique du voyage de M. d'Orbigny[2]; mais je n'admets pas, avec M. Muller, que mon *Curimatus acutidens* soit de la même espèce que mon *Curimatus obtusidens*.

Bloch dit que cette espèce a la chair d'un très-bon goût.

---

1. Bloch, tab. 378.
2. Val. *apud* d'Orbigny, Poissons, pl. 8, fig. 1.

Le Léporin a dents obtuses.

(*Leporinus obtusidens*, Val.[1])

Une seconde espèce, assez semblable à la précédente par les trois taches oblongues des flancs, se distingue cependant de celle-ci, parce qu'elle

a la tête beaucoup plus courte; le corps moins trapu. L'anale n'atteint pas à la caudale. Les dents sont tronquées et les mitoyennes d'en haut sont proportionnellement plus grosses et plus longues.

B. 4; D. 12; A. 11; C. 23; P. 16; V. 9.

Les nombres des rayons ne sont pas tout à fait les mêmes, et je compte quarante-deux écailles le long des flancs. Les pectorales, les ventrales et l'anale sont jaunes, sans aucune tache.

L'individu, rapporté de Buénos-Ayres par M. d'Orbigny, est long de dix pouces; mais j'en ai un plus grand, long de quatorze pouces et demi, pêché dans le Rio San-Francisco par M. Auguste Saint-Hilaire.

Enfin, je crois encore retrouver cette espèce dans un poisson rapporté de l'Amazone par M. de Castelnau.

M. d'Orbigny en a vus qui avaient soixante-dix centimètres de longueur. Il croit que les trois taches noires disparaissent dans les individus très-vieux.

Les pêcheurs lui ont donné cette espèce sous le nom de *Koga*, et ce voyageur l'a observée depuis le 24° latitude sud jusqu'au 34°, c'est-à-dire sur le cours du Parana jusqu'à son embouchure dans la Plata, près de Buénos-Ayres. On ne l'observe jamais dans les lacs ni dans les marais; elle

---

1. Val. *apud* d'Orbigny, pl. 8, fig. 2.

voyage toujours en troupes nombreuses dans les grandes
rivières, et préfère les endroits rocailleux où il y a beaucoup de courants et de remous. Ce Léporin est si vorace
qu'on le pêche avec des hameçons amorcés avec de la
viande : c'est un assez bon poisson.

Le LÉPORIN LESCHENAULT.

(*Leporinus Leschenaulti*, nob.)

Une troisième espèce, assez voisine des précédentes,
s'en distingue

par un corps plus épais et plus raccourci. En effet, l'anale s'étend
sur le lobe de la caudale quand les rayons sont pliés. La tête est
beaucoup plus large que dans les espèces précédentes. Les dents
sont plus petites, sans être pointues. La dorsale est un peu plus
haute. L'adipeuse est assez large ; l'anale est triangulaire et haute ;
la caudale, profondément fourchue, a ses lobes arrondis.

D. 12 ; A. 11 ; C. 21 ; P. 13 ; V. 9.

La pectorale n'est pas moins étroite que celle des autres espèces ;
mais ses rayons sont plus gros ; aussi nous lui en trouvons trois
de moins. Je ne compte que trente-six rangées d'écailles le long
des flancs. Les écailles sont bordées d'un vert foncé ; ce qui dessine
un réseau très-marqué sur le corps de ce poisson. Il n'y a point
de tache sur l'anale ; mais les flancs en portent deux très-larges,
placées comme dans les espèces précédentes.

L'exemplaire que je décris a été envoyé de la Mana
par MM. Leschenault et Doumerc : il est long de neuf
pouces.

Le Léporin tacheté.

(*Leporinus maculatus*, Mull.)

Nous avons retrouvé parmi les poissons que nous devons
à la générosité de M. le chevalier Robert Schomburgk,
l'espèce qui a été décrite par MM. Muller et Troschel
sous le nom que nous lui conservons.

Ce petit Léporin a le corps allongé; le museau pointu; la dorsale
et l'anale assez hautes; les lobes de la caudale étroits et pointus;
les dents aiguës.

B. 4; D. 11; A. 11; C. 21; P. 16; V. 9.

Je compte quarante rangées d'écailles le long de la ligne latérale.
Elles sont striées et bordées de noirâtre. Outre les trois taches que
nous avons indiquées dans les espèces précédentes, l'une, la plus
grande, est entre la dorsale et les ventrales; la seconde répondant
aux premiers rayons de l'anale, et la troisième à la base de la caudale; on voit que les flancs sont parsemés au-dessus et au-dessous
de la ligne latérale de grosses taches noires. Il n'y en a aucune
sur les nageoires.

Ce joli petit poisson, long de cinq pouces et demi, a
été trouvé par M. Schomburgk dans la rivière Takutu, l'un
des affluents du Rio Branco.

C'est, comme je l'ai dit plus haut, le poisson décrit dans
les *Horæ ichthyologicæ*[1]. Je ne puis douter de ma détermination spécifique, malgré les petites différences que les
exemplaires donnés par M. Robert Schomburgk à la collection du Muséum d'histoire naturelle, offrent dans le
nombre des rayons de la dorsale et dans les rangées des

---

1. Mull. et Trosch., *Hor. icht.*, p. 11, n.° 3.

écailles. M. Muller indique une variété; je crois en posséder une seconde, rapportée de l'Amazone par M. de Castelnau. Je lui trouve les écailles un peu plus striées, l'anale un peu moins haute, et les taches au-dessous de la ligne latérale sont beaucoup plus rares. Il ne serait pas impossible, qu'en examinant plusieurs individus bien conservés de l'une et de l'autre variété, on ne vînt à les distinguer spécifiquement.

Le Léporin aux bandes noires.

(*Leporinus nigrotæniatus*, Mull.)

MM. Muller et Troschel ont rapporté avec raison au genre actuel le *Chalceus nigrotæniatus* de M. Schomburgk.

C'est un poisson à corps très-allongé, dont la hauteur est quelquefois contenue plus de six fois dans la longueur totale. La physionomie générale est celle de nos petits barbillons. La tête est longue; le museau pointu; les dents petites, pointues; les latérales sont peu visibles. La caudale a ses lobes larges et arrondis; elle est cependant profondément fourchue. L'anale est haute, et atteint à la base du lobe de la caudale. La dorsale est presque carrée; les pectorales sont courtes.

B. 4; D. 12; A. 11; C. 23; P. 17; V. 9.

Les écailles sont au nombre de quarante-deux le long des flancs; elles sont assez fortement striées. A partir de la dorsale, on voit sur chaque flanc une raie noire, qui s'étend jusqu'à la caudale. Les trois individus que j'ai sous les yeux n'offrent aucune trace de ce trait sur la région pectorale. Ces restes de coloration se rapportent parfaitement à la couleur dont l'enluminure des poissons de la Guyane a été peinte. Tout le dos du poisson est vert, et cette teinte s'affaiblit graduellement pour se fondre dans le jaunâtre du centre. Les nageoires sont vertes et sans tache.

Nos individus ont de six à sept pouces de longueur; mais M. Schomburgk[1] dit qu'ils atteignent quatorze à seize pouces. Il les a pris à l'hameçon à Pedrero sur le Rio Negro.

Le LÉPORIN A BANDELETTES.

(*Leporinus vittatus*, nob.)

Une espèce de Léporin à corps allongé, comme celui de la précédente, s'en distingue par ses dents tronquées, comprimées.

Elle a le museau un peu plus obtus; la caudale plus engagée sous les écailles du corps.

B. 4; D. 11; A. 9; C. 23; V. 9; P. 16.

Les écailles, plus nombreuses sur les flancs, sont au nombre de quarante-cinq. La tête est couverte de points noirâtres. Des taches plus grosses, disposées par séries longitudinales, marquent cinq à six bandes longitudinales sur le haut du côté. Le ventre n'a que quelques taches effacées. Je vois sur chaque lobe de la caudale trois raies noires obliques. Il y a aussi une raie sur la dorsale. Le fond de la nageoire me paraît avoir été jaunâtre; les autres nageoires sont sans tache.

Je possède deux individus de cette espèce, longs de six pouces et demi, et qui ont été rapportés de l'Amazone par M. de Castelnau.

Le LÉPORIN FASCIÉ.

(*Leporinus fasciatus*, Agassiz.)

Le poisson décrit et figuré par Bloch sous le nom de *Salmo fasciatus,* est évidemment de ce genre. Cette affinité

---

1. *Fish. of Guyana*, part. 1, p. 213, pl. 13, fig. 2.

a été reconnue par M. Agassiz, lorsqu'il a publié la description des poissons du Brésil de Spix et Martius. Il avait seulement changé l'épithète de Bloch en celle de *novemfasciatus*, afin de préciser davantage le caractère qu'il donnait à son espèce, changement qui cependant n'a pas été heureux, puisque le nombre des bandes varie, ainsi qu'il était facile de le prévoir.

Un des caractères remarquables de cette espèce consiste

dans la longueur des deux dents mitoyennes de la mâchoire inférieure. Ce caractère n'a échappé ni à Bloch ni à Spix.

Le poisson a d'ailleurs le corps allongé; le museau assez long, arrondi; la caudale profondément fourchue, mais à larges lobes; la dorsale haute; l'anale atteignant jusqu'aux rayons de la caudale.

B. 4; D. 12; A. 10; C. 23; P. 16; V. 10.

Il y a quarante-deux écailles le long des flancs. L'individu que j'ai sous les yeux est traversé par dix bandes brunes, qui s'évanouissent au-dessous de la ligne latérale.

Ce poisson vient de Surinam, d'où il a été envoyé au musée de Leyde par M. Diepering.

L'exemplaire est long de quatre pouces.

Nous en avons un autre plus grand et long de six pouces et demi, qui faisait partie des collections du Stathouder. Je ne vois aucune trace de bandes sur la caudale. En cela il ressemblerait plus à la figure de Spix[1] qu'à celle de Bloch; mais il y aurait sur le corps une bandelette de plus. Le nombre de celles indiquées par Bloch est plus considérable; car il y en a trois ou quatre qui sont doubles. Il y en a aussi sur la tête. Bloch avait reçu son exemplaire

---

1. Spix, *Leporinus novemfasciatus*, tab. 87.

de Surinam par les soins de M. de Fréderici, gouverneur de cette colonie.

M. Muller en a reçu d'autres exemplaires venant du Brésil.

Le Léporin a queue épaisse.

(*Leporinus pachyurus*, nob.)

Nous avons plusieurs Léporins, voisins de ceux que nous venons de décrire, mais qui ne me paraissent pas avoir des taches noires sur les flancs.

L'une de ces espèces, remarquable par la taille de quelques individus, a été rapportée de l'Amazone par M. de Castelnau.

Ce sont des poissons à corps trapu, à queue courte, dont la caudale est remarquable par la largeur et l'épaisseur de ses rayons. L'anale est basse.

B. 4; D. 11; A. 9; C. 23; P. 17; V. 9.

Les écailles sont de grandeur moyenne, assez épaisses; il y en a quarante entre l'ouïe et la caudale. La tête est courte et grosse. Le front est très-large. Les dents sont fortes; celles de la mâchoire supérieure tout à fait tronquées; les deux mitoyennes d'en bas sont longues, épaisses et proportionnellement beaucoup plus pointues que celles du *L. obtusidens*, quoique l'individu que je décris soit beaucoup plus grand; ce qui prouve que les dents de ces poissons ne deviennent pas émoussées avec l'âge.

La couleur me paraît avoir été un vert assez uniforme sur le dos et sur les flancs, avec le centre des écailles un peu plus clair. Le dessous du ventre était blanc argenté; les nageoires n'ont conservé aucune trace particulière de taches.

Le plus grand de nos individus a dix-sept pouces; un second, plus petit, n'en a que quatorze.

Le Léporin allongé.

(*Leporinus elongatus*, nob.)

Une seconde espèce, sans tache sur les flancs, se distingue

par son corps allongé; la tête, et surtout le museau, sont proportionnellement plus longs que dans les précédentes. La caudale a aussi les lobes proportionnellement plus longs, plus étroits et plus pointus; toutes circonstances qui tendent à faire paraître le corps plus allongé. La hauteur du tronc est à peu près du cinquième de la longueur totale. La dorsale est assez haute et étroite; l'adipeuse est allongée; l'anale n'atteint pas à beaucoup près au lobe de la caudale. La pectorale est courte et arrondie.

B. 4; D. 12; A. 11; C. 21; P. 16; V. 9.

Les écailles sont assez grandes, et cependant, à cause de l'allongement du corps, on en compte quarante-deux rangées entre l'ouïe et la caudale. Elles ont toutes un assez large bord membraneux, coloré en vert argenté, plus foncé que l'écaille elle-même. Je ne vois aucune tache sur les nageoires, mais les pectorales me paraissent un peu plus grises que les ventrales et même que l'anale. La dorsale était verdâtre.

Nous avons reçu un individu de cette espèce, long de quinze pouces et demi, par les soins de M. Auguste de Saint-Hilaire. Notre confrère a pris ce poisson dans le Rio Sau-Francisco du Brésil. M. d'Orbigny en a envoyé un second, long d'un pied, pris dans la Plata à Buénos-Ayres. Je ne m'étonnerais pas que l'on rencontrât des variétés de cette espèce qui porteraient quelques taches sur les flancs, car il semble qu'il y en ait eu une sur le côté gauche de l'individu rapporté par M. Auguste de Saint-Hilaire.

Le Léporin anostome.

(*Leporinus anostomus*, nob.)

En lisant avec attention la description de Gronovius, et en comparant la figure que ce célèbre zoologiste a donnée de son Anostome, il me paraît douteux qu'il faille faire de ce poisson un genre distinct. La saillie de la mâchoire inférieure me paraît être un caractère tout à fait spécifique. J'en trouve déjà quelque trace dans certaines espèces de *Leporinus*.

L'avance de la mâchoire a déterminé la position de la bouche, qui, d'ailleurs, est armée de dents petites, contiguës, brunes, parallèles entre elles et situées sur un seul rang. Le corps est comprimé, oblong et épais. La tête est petite.

D. 11; A. 10; C. 25; P. 13; V. 7.

La couleur est brune, variée de lignes brunâtres peu marquées le long des flancs.

La première description de ce poisson a paru sous le nom d'*Anostomus* dans le *Museum ichthyologicum*[1] de Gronovius. Elle a été reproduite dans le *Zoophylacium*. Les auteurs de l'Encyclopédie en ont donné une copie C'est sur ce renseignement que repose le *Salmo anostomus* du *Systema naturæ*.

Si je ne me trompe pas dans la détermination que j'établis ici, il est certain que le genre *Leporinus* aurait déjà été établi par Gronovius, et qu'il faudrait par conséquent rapporter à cet auteur la création de cette coupe

---

1. *Mus. ichth.*, t. II, p. 18, n.° 165, tab. 7, fig. 2.

générique. Mais la dénomination qu'il a employée désigne un caractère trop spécifique. C'est sur ce caractère qu'a porté l'attention et de Gronovius et même de M. Cuvier, qui n'a pas eu plus que moi l'occasion de voir ce poisson. Je crois donc éviter toute confusion en conservant aux espèces que j'ai vues sur nature le nom qui leur a été donné par Spix, et en plaçant à la suite et sous les réserves que je pose ici, l'Anostome de Gronovius. Si l'examen de cette espèce nous fait découvrir un jour quelque caractère d'une plus haute valeur que la saillie de sa mâchoire, on sera toujours à même de rétablir ce genre qui doit prendre place à la suite de ce groupe.

CHAPITRE XI.

Du genre Épicyrte (*Epicyrtus*).

On doit l'établissement du genre Épicyrte à M. Muller,
qui a précisé dans sa diagnose les caractères d'un poisson
déjà connu par Gronovius, et que Linné avait désigné sous
le nom de *Salmo gibbosus*. L'auteur des *Horæ ichthyologicæ* a même traduit le nom linnéen pour en faire la
dénomination nouvelle du genre qu'il composait avec
raison. On conçoit que M. Cuvier, qui avait porté son
attention sur la longueur de l'anale, afin de réunir les
espèces qu'il rapportait à ses Piabuques, y ait associé le
Salmo gibbosus. Mais, si nous appuyons nos caractères
sur la dentition de nos différents Characins, nous ne tar-
dons pas à reconnaître que les Épicyrtes en ont une assez
remarquable : elle se compose de dents coniques sur les
maxillaires et les intermaxillaires ; quelques-unes sont
redressées sur le corps de l'os, de manière à paraître implantées irrégulièrement et à sortir de la bouche, comme
les dents de plusieurs Scares, de plusieurs autres Labroïdes
qui nous ont fait rappeler, dans la description de ces
poissons, une disposition comparable à celle des défenses
de nos sangliers. Nous possédons un exemplaire du *Salmo
gibbosus* dont les deux mâchoires sont complétement
hérissées de ces dents coniques, redressées et dirigées en
dehors. C'est là ce qui m'a décidé à réunir aux Épicyrtes
de M. Muller le genre Exodon qu'il a établi dans cette
même monographie. En faisant cette réunion, nous verrons les espèces varier entre elles, à peu près de la même

manière que dans nos différents Piabuques. Ainsi, le corps est plus ou moins comprimé, le ventre plus ou moins tranchant, l'anale plus ou moins allongée. Les deux espèces ont d'ailleurs les intestins peu allongés, ne faisant qu'une seule circonvolution. Les appendices pyloriques sont au nombre de six ou de sept.

J'ai accepté le nom d'*Epicyrtus,* quoique je regrette que M. Muller n'ait pas conservé celui que Gronovius avait donné à ce genre de poisson dans son *Museum ichthyologicum.* Il me paraît évident qu'il est la première pensée du genre Charax de cet illustre naturaliste ; je n'aurais pas même hésité à conserver cette dénomination, de préférence à celle de Muller, si Gronovius n'avait lui-même altéré son genre Charax par les espèces qui y sont réunies dans le *Zoophylacium.*

L'Épicyrte bossu.

(*Epicyrtus gibbosus,* Muller.)

Le poisson décrit et figuré par Gronovius, et qui a servi de type au genre *Epicyrtus,* établi avec raison par M. Muller, est très-remarquable

par la hauteur de son corps au-dessus de la nuque et par sa compression. On voit, en effet, la ligne du profil s'élever rapidement de la nuque jusqu'à la dorsale; puis, au delà de cette nageoire, elle redescend d'abord subitement pour se rendre à la queue, en suivant une courbe un peu concave. La courbure du ventre est régulière depuis la gorge jusqu'à la caudale. La plus grande hauteur du tronc est un peu en avant de la dorsale, et est comprise deux fois et deux tiers dans la longueur totale. L'épaisseur du tronc n'est guère que le quart de cette hauteur. La tête est courte, aussi haute que longue à la nuque, dont le profil est très-concave à cause de l'élévation et de la convexité de la crête interpariétale. La longueur de cette partie du corps, portée sur le tronc entre l'ouïe et la caudale, en fait le tiers. L'œil est grand. Son plus grand diamètre, qui est un peu oblique, surpasse le tiers de la longueur de la tête. On voit au-devant de lui un premier sous-orbitaire très-étroit, couché derrière le maxillaire, sans le recouvrir. Le second sous-orbitaire couvre toute la joue en touchant au limbe du préopercule, mais sans le couvrir. Sa surface est rugueuse, son bord festonné, son angle inférieur arrondi. Les trois autres osselets sous-orbitaires sont petits et irrégulièrement striés. L'opercule est un grand arc, assez étroit, qui ne recouvre pas l'huméral. Le sous-opercule est petit; l'interopercule, mince, est presque entièrement caché. Le limbe du préopercule est caverneux, et a deux arêtes très-distinctes, surtout vers le bas. Tous ces os sont plus ou moins rugueux. La mâchoire inférieure dépasse la supérieure, et vient se placer au-devant d'elle quand la bouche est fermée. Comme la symphyse est assez grosse, il en résulte que la fente de la bouche est transversale et étroite; mais elle devient large quand la mâchoire inférieure est abaissée. Les maxillaires, assez longs, sont couchés de chaque côté de la tête, au-devant de l'œil; ils sont entièrement nus, et ils n'ont que quelques petites dents auprès de la commissure quand la bouche est fermée. Les trois ou quatre dernières sont plus fortes que celles voisines de l'intermaxillaire, et elles sont mêmes dirigées en dehors et implantées sur la surface externe de l'os. Les intermaxillaires sont petits, courts, hérissés de dents coniques, de grosseur inégale; les unes sur le bord de l'os et dirigées comme à l'ordinaire; les autres sur la surface externe, et dirigées dans divers sens. Je vois la même singulière dentition à la mâchoire inférieure. La ceinture humérale est assez large; le bas de l'humérus a une forte échancrure, qui reçoit la pectorale. L'extrémité inférieure de l'os se prolonge en avant en une petite pointe assez aiguë, qui termine la carène, en bordant les écailles du dessous de la poitrine. La pectorale est longue, étroite et arquée. La pointe atteint presque jusqu'aux extrémités des ventrales, dont l'insertion répond à peu près au milieu de la longueur de la première de ces deux nageoires. Le premier rayon de la dorsale est sur le milieu de la longueur du tronc. Celle-ci est une fois et demie plus haute que longue; l'anale est étendue sous toute la queue, et est égale à la moitié de la longueur du corps, la caudale non comprise. Cette nageoire est très-basse, et a son bord arrondi. La caudale est courte, bilobée plutôt que fourchue. Le lobe inférieur est beaucoup plus large que le supérieur.

B. 4; D. 11; A. 60; C. 23; P. 16; V. 9.

Les écailles sont très-finement striées, très-petites; celles du dos le sont plus que celles du ventre. J'en compte cent dix le long de la ligne latérale. La couleur est un gris verdâtre sur le dos, devenant d'un argenté très-brillant sur les flancs et sur le ventre. Il y a derrière l'épaule et au-dessus de la ligne latérale une tache noire. Une seconde, plus pâle, est à la base de la caudale. Toutes les nageoires sont grises, devenant noirâtres près de l'extrémité des rayons.

Un exemplaire desséché, long de huit pouces, a été rapporté des eaux douces de l'intérieur du Brésil par MM. de Castelnau et Deville; d'autres, beaucoup plus petits, et n'ayant que trois pouces, ont été envoyés à Leyde par M. Diepering : ils viennent de Surinam. M. Temminck a bien voulu en céder au Muséum d'histoire naturelle.

C'est bien là le poisson qui a été décrit et figuré par Gronovius, dans son *Museum ichthyologicum*[1], et qui était le premier Charax de cet auteur. Linné l'a introduit, en s'appuyant sur ce renseignement dans la dixième édition du *Systema naturæ*, sous le nom de *Salmo gibbosus*, qui a été adopté par tous ses successeurs. On ne compte cependant, dans le *Systema naturæ*, que cinquante rayons

---

1. *Mus. ichth.*, t. I, p. 19, n.° 53, tab. 1, fig. 4.

à l'anale, lorsque nous en avons trouvé jusqu'à soixante. M. de Lacépède a inscrit cette espèce parmi ses Characins, et elle est enfin devenue l'*Epicyrtus gibbosus* de MM. Muller et Troschel.

L'ÉPICYRTE EXODONTE.

(*Epicyrtus exodon*, nob.)

La seconde espèce d'*Epicyrtus* est à la précédente, ce que notre *Piabuca schizodon* est au *P. argentea*.

C'est, en effet, un poisson à anale aussi courte que celle de l'*Epicyrtus gibbosus*, et allongée. La forme générale du corps est un ovale assez régulier. La courbure du ventre est cependant un peu plus forte que celle du dos. La crête interpariétale suit la courbure du front, d'où il résulte que la nuque n'a aucune concavité. L'intervalle qui sépare les deux yeux est à peine plus grand que le diamètre de l'orbite, lequel est du tiers de la longueur de la tête; celle-ci, portée sur la longueur totale, y est comprise quatre fois et un tiers. La hauteur du tronc n'est que le tiers de celle du corps, sans compter la nageoire de la queue. Le premier sous-orbitaire est très-petit et réduit à un petit stylet grêle, couché entre l'œil et le maxillaire. On croirait presque que ce dernier os est en contact avec le cercle de l'œil. Derrière lui est un second sous-orbitaire, aussi très-petit et donnant, vers le bas, une petite languette, qui ne descend pas sur la joue autant que le troisième sous-orbitaire; celui-ci est le plus grand de tous; il couvre tout le préopercule, dont on n'aperçoit que le limbe caverneux, il est donc assez semblable à celui de l'espèce précédente. Le quatrième sous-orbitaire est très-petit; le cinquième et le sixième remontent sur le haut du cercle de l'orbite et vont chercher le sourcilier, qui est très-peu mobile. L'opercule a son bord postérieur assez nettement échancré, de sorte qu'il est un peu plus large vers le bas que vers le haut; d'ailleurs, cette pièce est étroite; elle porte le long de son bord inférieur un très-petit arceau, qui est le sous-opercule. On voit très-peu de l'interopercule au delà de l'angle du limbe du préopercule. La mâchoire inférieure se relève un peu au-devant de la supérieure, cependant pas, à beaucoup près, autant que dans l'espèce précédente; aussi le museau paraît-il conique quand la bouche est fermée, et dans ce cas, les deux mâchoires paraissent à peu près égales. Le maxillaire est étroit et armé sur toute sa longueur d'assez fortes dents coniques, dirigées en dehors, et près de son articulation supérieure il y en a un second rang. Des dents semblables existent sur l'intermaxillaire; elles sont placées en divergeant, et quelquefois sur trois rangs; les deux dents mitoyennes sont les plus grosses. La mâchoire inférieure a aussi des dents coniques et divergentes près de la symphyse, et d'autres, plus petites et crochues, le long des branches. Les ouïes sont largement fendues. La dorsale est une fois et demie plus haute que longue. L'anale est un peu plus longue que le lobe antérieur n'est élevé, mais les rayons postérieurs sont très-courts. La pectorale n'atteint pas à la ventrale; la caudale est peu fourchue.

B. 4; D. 10; A. 22; C. 23; P. 16; V. 8.

Les écailles sont assez grandes. Nous en avons compté trente-sept le long de la ligne latérale. La couleur est argentée sur tout le corps, avec une bandelette latérale très-brillante. Les opercules ont aussi un éclat métallique très-vif. Les côtés du corps sont relevés de deux taches noires; l'une, un peu en avant de la dorsale et au-dessus de la ligne latérale; l'autre, sur toute la queue, au-devant de la caudale. Les nageoires me paraissent avoir été jaunes.

La longueur de nos individus est de trois pouces. Ils viennent de l'Amazone : ils faisaient partie des collections de MM. de Castelnau et Deville.

M. Muller a donné de cette espèce une description et une figure très-exactes dans ses *Horæ ichthyologicæ*. C'est incontestablement le poisson qu'il a nommé *Exodon para-*

doxus. Ne trouvant rien de plus paradoxal à cet Épicyrte qu'aux autres espèces, et ne croyant pas devoir le séparer génériquement (ayant d'ailleurs employé le mot d'Exodon pour un genre de Siluroïdes, établi depuis plus de quinze ans dans nos collections du Muséum), j'ai pensé qu'il était convenable de donner à cette espèce le nom spécifique inscrit en tête de cet article, afin de conserver, autant qu'il dépendait de moi, le travail de mon célèbre ami. M. Muller a décrit ses poissons d'après des exemplaires rapportés de l'Esséquibo et de ses affluents par M. Schomburgk.

CHAPITRE XII.

Du genre PARODONTE (*Parodon*, nob.).

Au milieu de toutes ces combinaisons si variées que nous offre la dentition des Characins, j'en trouve une qui ne me paraît pas encore avoir été observée : c'est celle du poisson que je vais décrire dans cet article et qui a des dents implantées dans l'épaisseur de la lèvre à la mâchoire supérieure; ces dents mobiles sont un peu courbes; leur couronne est élargie en une petite palette triangulaire à bords denticulés ou comme frangés; la mâchoire inférieure n'a de dents que sur les côtés, de sorte que, quand la bouche est fermée, les dents de la mâchoire inférieure ne rencontrent pas celles de la supérieure.

Les collections nationales ne possèdent encore qu'une seule espèce imparfaitement connue de ce curieux poisson qui vit dans les eaux douces de Maracaïbo.

J'ai essayé de signaler la singulière disposition de ses dents, placées latéralement, par la dénomination que j'ai imposée à ce nouveau genre.

Le PARODONTE SUBORBITAL.

(*Parodon suborbitale*, nob.)

Ce poisson a

le corps rétréci de l'avant, à cause de la petitesse de la tête. Le profil s'élève presque en ligne droite jusqu'à la dorsale; la courbure du ventre est beaucoup plus sensible jusqu'aux ventrales, de sorte que la plus grande hauteur du tronc, mesurée au-dessus d'elles, est égale au quart de la longueur totale. La hauteur du tronçon de la queue derrière l'anale fait, à peu de chose près, la moitié de la hauteur du tronc.

La tête de ce poisson est petite. Le museau est gros, obtus et tout à fait tronqué. La longueur de la tête est comprise sept fois dans celle du corps entier. L'œil est petit, percé sur le haut de la joue sans que cependant le cercle de l'orbite entaille la ligne du profil. Il est entouré par une chaîne d'osselets sous-orbitaires extrêmement remarquable par la manière dont ils cuirassent la joue. Le premier, placé obliquement au-devant de l'œil, descend en une large palette derrière la mâchoire inférieure; cette palette est élargie par le concours entier du second sous-orbitaire, qui vient s'imbriquer sur le troisième, lequel est un peu caverneux vers le haut, et prend un tel développement qu'il cache le préopercule tout entier jusqu'à son limbe, et que son bord postérieur touche à l'opercule. Le quatrième et le cinquième sont placés derrière l'œil : ils sont petits; le sixième est tout à fait sur le cercle de l'orbite et contigu au sourcilier. L'opercule est triangulaire, un peu strié. Le sous-opercule est étroit; au-devant d'eux et au-dessous du préopercule il existe l'arc osseux constitué par l'interopercule, lequel os est plus large et plus facile à voir que le préopercule, qui est intérieurement caché par les osselets sous-orbitaires. Aucun poisson ne m'a montré encore ce singulier agencement des différents os de la joue. J'ai dit que le museau est obtus et fortement tronqué. Il n'est pas difficile de s'assurer qu'il est entièrement formé par les intermaxillaires qui recouvrent presque en entier les très-petits maxillaires. Les dents, sur un seul rang, ne sont pas soudées à l'os : elles sont retenues dans l'épaisseur de la lèvre; elles sont un peu courbes et leur extrémité dilatée en une petite palette triangulaire, dont le bord est denticulé et comme finement frangé. La mâchoire inférieure offre une disposition peut-être encore plus curieuse. Sa partie moyenne est droite, extrêmement mince, de sorte que le bord, tout à fait linéaire, vient s'appuyer sur les dents supérieures. La mâchoire ne porte aucune dent mitoyenne, mais les branches latérales se relèvent sur les côtés, et sur le bord de cette espèce d'apophyse coronaire on compte trois dents, semblables par leur forme, à celles de la mâchoire supérieure, mais dont le bord lisse et un peu obtus n'a aucune dentelure. Quand la bouche est fermée, ces dents latérales remontent sur les côtés de la joue sans se rencontrer avec les dents de la mâchoire supérieure. C'est une des plus singulières dentitions que j'aie encore observée chez les poissons, et je ne saurais en signaler de comparable à celle-ci. Le dessous de la gorge est arrondi à peu près comme le dessus de la nuque. Les ouïes sont assez largement fendues, et la membrane n'adhère pas à la ceinture humérale. Celle-ci est élargie et forme en dessous une palette qui rappelle celle des Callionymes, des Gobies et d'un grand nombre d'autres poissons. Il en résulte que la pectorale, en s'écartant du corps, s'étend horizontalement. Elle est petite et arrondie. La ventrale répond à peu près au milieu de la longueur totale et sous la dorsale. Celle-ci est étroite et haute de l'avant. L'anale est courte et proportionnellement beaucoup plus haute que la dorsale. La caudale est fourchue. Il existe certainement une adipeuse au-dessus d'elle; j'insiste sur ce fait, à cause de la petitesse de cette nageoire, que l'on pourrait facilement négliger.

B. 4; D. 11; A. 9; C. 23; P. 16; V. 8.

Les écailles sont assez grandes, assez fortes, et très-élégamment striées. J'en compte trente-sept entre l'ouïe et la caudale. Les couleurs me paraissent avoir été verdâtres. Je vois quelques parties rembrunies sur les pectorales et au milieu de la caudale.

Ce poisson a évidemment les ovaires d'un Salmonoïde; mais il me semble que sa vessie natatoire est simple et non divisée en deux lobes comme celle des autres Characins. Il est aussi très-remarquable par la grosseur de ses côtes et surtout des premières.

Je regrette que les exemplaires du Muséum ne soient pas assez bien conservés pour que je puisse en donner une description anatomique plus complète. J'ai cependant sous les yeux trois individus, longs de cinq pouces, qui ont été rapportés des rivières de Maracaïbo par M. Plée. C'est bien certainement une des plus curieuses espèces américaines à recommander à l'attention des voyageurs.

CHAPITRE XIII.

Des SALMINS (*Salminus*, Agassiz).

Je crois qu'il faut placer ici les espèces du genre *Salminus*, qui se distinguent par leurs dents, disposées sur plusieurs rangs aux deux mâchoires. C'est à cause de ce nombre de dents sur la mâchoire supérieure que quelques naturalistes avaient pensé devoir les mettre auprès des Chalcées; mais, comme leurs dents sont simples et coniques, il me paraît plus naturel de les rapprocher des genres précédents.

Les *Salminus* sont des poissons qui ont le corps allongé, assez semblable à celui de nos Truites. La bouche ressemble aussi beaucoup à celle de ces dernières; mais, comme dans la plupart des Characins, la langue et le palais sont lisses. Nous trouvons aux intermaxillaires deux rangs de dents coniques; les maxillaires n'en ont qu'un; il y en a deux rangées à la mâchoire inférieure, et les dents internes sont remarquables par leur petitesse, leur égalité et leur insertion inclinée sur les branches de la mâchoire.

Ce genre, proposé par M. Agassiz, a été accepté par MM. Muller et Troschel; mais ces habiles ichthyologistes paraissent n'en avoir examiné qu'une seule espèce, celle des environs de Rio-Janéiro. Plus heureux que nos prédécesseurs, nous en possédons dans la collection du Muséum cinq espèces, qui nous viennent toutes des eaux douces qui se versent dans l'Amazone ou dans la Plata.

Je vois, dans une des notes de M. Pentland, que les *Salminus* remontent dans la rivière de Santa-Anna, à vingt lieues au nord-ouest de Cusco. Cette rivière est la continuation de l'Uyucali. La plus grande hauteur où M. Pentland ait vù ces poissons, est de 4800 pieds anglais, la mission de Santa-Anna étant à peu près à 12° 40′ sud.

Le SALMIN DE CUVIER.

(*Salminus Cuvieri*, nob.)

En adoptant avec M. Muller, le genre proposé par M. Agassiz, je vais commencer par décrire l'espèce sur laquelle ces naturalistes l'ont établi. Elle ne peut plus conserver l'épithète de *H. brevidens* que M. Cuvier lui avait donnée, en l'opposant aux autres Hydrocyons avec lesquels il les réunissait, parce que le Muséum d'histoire naturelle possède une seconde espèce qui a les dents tout aussi courtes, si même elles ne le sont davantage. Je me crois donc autorisé à donner à ce poisson un nom nouveau, et celui que je propose rappellera aux ichthyologistes que la première description en a été faite par M. Cuvier.

C'est un poisson de forme élégante, qui ressemble à celle de nos Truites. Il a, comme elles, une tête assez forte; une gueule largement fendue; mais il en diffère par de nombreux caractères. La hauteur du tronc fait à peu près le cinquième de la longueur totale. La tête en surpasse le quart. Comme la bouche est fendue un peu obliquement, la mâchoire inférieure paraît plus longue que la supérieure quand elle est abaissée; mais, lorsque la gueule est fermée, la supérieure se montre plus longue. L'œil est placé sous le devant et éloigné du bout du museau d'à peu près une fois et deux tiers la longueur de son diamètre, lequel est contenu six fois et demie dans la longueur de la tête. Un premier sous-orbitaire, très-étroit, mais très-haut, reçoit sous lui le maxillaire, qu'il peut cacher presque entièrement. La portion de cet os qui cerne le devant de l'œil, a le bord antérieur convexe, un peu sinueux, et elle forme une sorte de talon qui est compris une fois et demie dans la longueur de la portion de l'os qui descend jusqu'à l'angle du maxillaire. Dans les jeunes individus, il nous paraît que cette queue est un peu plus courte. Le bord postérieur a une forte échancrure au-dessous de l'œil. On voit ensuite un second sous-orbitaire qui couvre toute la joue en s'étendant jusqu'au limbe du préopercule. Toute la surface est couverte de stries rayonnant de l'angle antérieur vers tout le bord de l'os. Un troisième sous-orbitaire, extrêmement étroit, comme une simple languette osseuse, s'étend horizontalement à la hauteur du dessous de l'œil jusqu'à l'opercule. Au-dessus d'elle existe un quatrième sous-orbitaire, irrégulièrement triangulaire, dont l'angle va jusqu'à la tempe; puis nous voyons au-dessus un cinquième et un sixième sous-orbitaires à surface striée; le dernier va se réunir au sourcilier; celui-ci est petit et placé presque au-devant de l'œil jusqu'auprès de la narine. Le préopercule ne montre que son limbe, qui est arqué et un peu rugueux. L'opercule, presque trois fois aussi haut que large, descend, en faisant un angle assez aigu, jusqu'auprès du préopercule. Le sous-opercule est encore assez large; l'interopercule est étroit; ces deux os sont lisses. Le dessus du crâne est assez profondément ciselé; il est formé, comme à l'ordinaire, par des frontaux principaux, appuyés en avant sur l'ethmoïde; celui-ci donne attache de chaque côté aux branches montantes de l'intermaxillaire, qui porte à l'extérieur le nasal. Les pariétaux, en arrière des frontaux, sont aussi fortement ciselés, très-unis à un interpariétal, dont la crête se prolonge assez loin. Ce crâne, très-osseux, est méplat entre les yeux, et sa largeur égale à peu près deux fois le diamètre de l'œil. Les deux intermaxillaires occupent, comme c'est l'ordinaire dans les Salmonoïdes, l'extrémité d'un museau arrondi; ils n'atteignent pas en arrière l'aplomb de l'ouverture de la narine, car la portion dilatée et antérieure du maxillaire remonte jusqu'auprès de cet organe. Chaque intermaxillaire porte deux rangs de dents; l'antérieur est composé de sept fortes dents coniques; ce qui fait donc à l'extrémité du museau et sur le devant de la gueule un premier arc, composé de quatorze dents. Derrière lui existe un second rang de dents coniques, composé de deux dents mitoyennes plus grosses que les six qui suivent, et qui sont latérales. Ces dernières sont séparées des antérieures par une cavité conique, destinée à recevoir la grosse canine de la mâchoire inférieure. Il y a donc là un arc intérieur, composé de seize dents. Le maxillaire, qui est assez long, étroit, qui peut se cacher presque entièrement sous le premier sous-orbitaire, ne laisse voir dans cet état de retrait que son bord dentelé; car il n'y a point de lèvres. Les dents sont petites, coniques, vont en diminuant graduellement à mesure qu'elles s'éloignent de l'intermaxillaire. J'en trouve quarante-deux sur la mâchoire. Le vomer et les os palatins sont lisses, recouverts par une membrane palatine très-épaisse; le voile du palais est large et charnu. La mâchoire inférieure a des branches très-hautes, aplaties sur les côtés, sous l'isthme; les deux plans sont séparés par une carène mousse, mais très-sensible. La mâchoire est armée de deux rangs de dents; l'externe est composée de deux rangs de dents coniques et pointues, moins convexes en dehors qu'en dedans. On en voit deux petites intermédiaires; puis viennent les deux grosses qui rentrent dans les fossettes de l'intermaxillaire; elles sont suivies de trois petites, en arrière desquelles commence une série de dents coniques, plus grosses, qui vont, en diminuant graduellement, jusqu'à la commissure. En dedans de la branche, il existe un second rang de très-petites dents coniques et serrées, toutes rapprochées l'une de l'autre, couchées vers le fond de la bouche. Enfin, on voit derrière elle le voile inférieur, qui est aussi épais et charnu. La langue est très-grande, très-large; sa pointe antérieure est tout à fait libre. L'os lingual est un triangle étroit, dont la base serait dirigée en avant; il ne porte aucune dent. Les ouïes sont largement fendues; la membrane branchiostège a quatre rayons larges et forts. La ceinture humérale est tellement avancée que l'insertion de la pectorale a lieu sous le bord antérieur du préopercule, ou du moins très-peu en arrière de cet os. Le premier rayon de la nageoire est très-fort, courbé en arc; les rayons internes sont, au contraire, assez petits; il en résulte que la nageoire est pointue; elle surpasse au moins d'un tiers la longueur de la ventrale, qui est insérée assez en avant de la dorsale; celle-ci répond à peu près au milieu de la longueur du tronc, en n'y comprenant pas la caudale; elle est à peu près deux fois aussi haute que longue. L'adipeuse est petite. L'anale est étendue à peu près deux fois autant que son premier rayon est élevé, les derniers n'ont guère que le tiers des antérieurs. La caudale me paraît être trilobée, c'est-à-dire, que les rayons mitoyens sont presque aussi longs que les rayons externes; mais les intermédiaires à chaque lobe sont un peu plus courts. Les rayons, très-divisés, sont forts et comme osseux.

B. 4; D. 11; A. 27; C. 25; P. 16; V. 9.

Les écailles sont de grandeur médiocre, cependant plutôt petites que grandes. Il y en a quatre-vingts rangées le long des flancs; elles sont finement striées et très-fortement imbriquées. La ligne latérale descend du haut du scapulaire vers le bas du ventre; elle suit donc une courbe concave, tracée par les deux tiers de la hauteur. La couleur du poisson est un vert olivâtre, plus ou moins foncé sur le dos, avec des marbrures jaunes, qui deviennent plus sensibles sur les flancs et sur le ventre. Sur chaque écaille se trouve un point noir, formant dans toute la longueur des flancs des rangées longitudinales, parallèles au nombre de dix-huit à vingt. Les nageoires sont plus ou moins jaunâtres. La dorsale paraît tirer davantage au verdâtre. Une tache noire longitudinale est étendue sur tous les rayons mitoyens de la caudale.

Tel est le poisson qui a été décrit et dessiné par M. Cuvier[1] dans son Mémoire sur les Hydrocyns sous le nom de *Hydrocyon brevidens*, mais qui n'est pas, comme cet illustre

---

1. Cuvier, Mém. du mus., p. 5, pl. 27, fig. 1.

naturaliste l'a supposé, le *Characinus amazonicus* de Spix ; ce que M. Muller avait déjà avec raison établi dans son beau mémoire sur la famille des Characins.

Outre l'individu décrit et figuré par M. Cuvier, et conservé dans le Muséum d'histoire naturelle, la collection nationale en possède un autre exemplaire long de dix-neuf pouces, rapporté du Rio San-Francisco du Brésil par M. Auguste de Saint-Hilaire.

M. Cuvier a donné, dans le Règne animal[1], une répétition de la figure publiée dans son mémoire.

M. Ménétrier a aussi observé cette espèce à Rio-Janéiro, dans la province de Minas Géraës, où elle se nomme *Barro de Jiquitiba.*

Le Salmin aux fortes machoires.

(*Salminus maxillosus*, nob.)

Je crois devoir distinguer du poisson précédent un autre individu

qui a des formes un peu plus trapues, dont la tête est surtout beaucoup plus grosse et beaucoup plus large. Tout le dessus est sensiblement plus convexe. L'intervalle qui sépare les deux yeux contient plus de trois fois le diamètre : il n'est que double dans l'espèce précédente. Les ciselures du crâne sont plus nombreuses et en même temps plus rugueuses. Le museau est plus large. Les dents de l'intermaxillaire sont plus égales entre elles. Les branches de la mâchoire inférieure sont beaucoup plus larges, plus arrondies, leur forme donne une tout autre physionomie à cet individu. Les dents sont toutes égales entre elles. Le maxillaire est proportionnellement plus long et beaucoup plus épais, aussi y a-t-il plus d'un diamètre

---

1. Pl. 12, fig. 2.

de l'orbite entre le bord antérieur de l'œil et la pointe des dents. Le premier sous-orbitaire a sa partie supérieure plus large et plus rugueuse ; la portion inférieure, proportionnellement plus longue, est bien profondément ciselée. L'échancrure du bord postérieur offre plus de sinuosités. Le bord postérieur du second sous-orbitaire a en arrière un angle très-marqué. Les stries de la surface sont beaucoup plus profondes, et il en est de même de celles du troisième et du quatrième. Ce troisième sous-orbitaire est plus large ; l'opercule est plus étroit ; le sous-opercule est plus large, surtout vers le bas. L'interopercule est profondément ciselé. Je trouve les écailles proportionnellement plus petites, puisque nous en comptons cent cinq entre l'ouïe et la caudale. L'anale me paraît moins haute de l'avant et plus basse de l'arrière. La caudale est trilobée. Quant aux couleurs, elles diffèrent très-peu de celles de l'espèce précédente. Ce sont des rangées de points le long des flancs, au nombre de vingt-deux à vingt-quatre au-dessous de la dorsale.

B. 4 ; D. 11 ; A. 27 ; C. 25 ; P. 16 ; V. 9.

L'individu que je décris est long de deux pieds huit pouces : il a été rapporté de l'Amazone par MM. Deville et de Castelnau. J'ai exposé avec détail les différences qui me paraissent exister entre le poisson décrit dans cet article et le *Salminus Cuvieri*. Je me suis demandé si elles ne dépendaient pas de l'âge, de la grandeur à laquelle était parvenu notre poisson ; je ne le pense pas, parce qu'en admettant que les stries ou les rugosités des différents os fussent en effet augmentées ou plus développées par la croissance de l'individu, on ne voit pas de raisons pour admettre que les dents ne suivraient pas un développement semblable et que les canines ne seraient pas plus fortes dans l'adulte que dans le jeune âge. Cela n'arrive pas ordinairement ; c'est d'ailleurs un point que les naturalistes, appelés à faire de nouvelles recherches sur les poissons de l'Amazone, décideront, mieux que moi, sur les lieux.

Le SALMIN DE SAINT-HILAIRE.

(*Salminus Hilarii*, nob.)

M. Auguste de Saint-Hilaire a rapporté de la même rivière une espèce voisine de la précédente, mais qui s'en distingue par plusieurs traits spécifiques faciles à saisir. Il faut d'abord remarquer que

toutes les pièces sous-orbitaires sont plus lisses; que le premier sous-orbitaire a sa portion descendante beaucoup plus courte que celle de l'espèce précédente, car elle n'atteint pas à l'orbite. Son bord est presque droit. Les dents me paraissent plus petites. Les écailles sont plus grandes : je n'en compte que soixante-huit rangées le long des flancs. La caudale est beaucoup plus profondément fourchue.

B. 4; D. 10; A. 23; C. 25; P. 15; V. 9.

L'anale est plus courte; elle a quatre rayons de moins. Les couleurs me paraissent très-peu différer de celles de l'espèce précédente. J'y vois la grande tache noire de la caudale.

Outre les exemplaires du Rio San-Francisco, le Muséum en a reçu deux autres par les soins de MM. Deville et de Castelnau. Ceux-là viennent des rivières de l'intérieur du Brésil.

Le plus grand de nos exemplaires a dix pouces et demi.

Le SALMIN DE D'ORBIGNY.

(*Salminus Orbignyanus*, nob.)

Une troisième espèce est celle que j'ai figurée dans l'Atlas ichthyologique de M. d'Orbigny, en la confondant dans un premier essai avec l'*Hydrocyon brevidens* de M. Cuvier.

22.

Je croyais que les différences étaient individuelles et qu'elles dépendaient de l'âge du poisson; mais les observations nouvelles que je viens de faire sur ces diverses espèces me les font maintenant mieux distinguer.

Celle-ci a les ciselures du sous-orbitaire très-profondes. La portion inférieure est plus que double de la partie remontant au-devant de l'œil, lequel est beaucoup plus large. Les dents antérieures de la mâchoire inférieure sont toutes égales, et celles de l'angle sont proportionnellement beaucoup plus grosses. On juge aisément de l'égalité des dents inférieures, quand elles sont enlevées, par l'absence de fossette aux intermaxillaires supérieurs, et par la continuité de toutes les dents de l'arc intérieur des intermaxillaires; elles sont au nombre de vingt. Il existe encore d'autres différences appréciables dans les rugosités profondes creusées sur le limbe du préopercule, dans les veinules de l'opercule, du sous-opercule et de l'interopercule. La portion horizontale des branches de la mâchoire inférieure est également profondément sillonnée. La caudale est comme trilobée; l'anale est basse et assez longue.

B. 4; D. 11; A. 25; C. 27; P. 16; V. 10.

Les écailles sont petites; il y en a cent dix rangées le long de chaque flanc. Quant à la couleur, elle est très-brillante. M. d'Orbigny nous l'a fait connaître par un très-beau dessin fait sur le poisson sortant de l'eau. C'est un vert olivâtre sur le dos, passant au jaune sur le flanc et se fondant dans un orangé brillant sur tout le ventre. Quinze ou seize rangées de points noirs occupent tout le dos et les côtés; mais le ventre n'a aucune tache. Le dessus de la tête est olive comme le dos. Les opercules sont orangés comme le ventre. Il en est de même des pectorales et des ventrales. La caudale a ses lobes orangés, avec les pointes jaunes. L'anale est de la même couleur. La grande tache noire de la caudale se fait remarquer à sa place ordinaire. Les deux dorsales sont olive, plus ou moins foncé.

M. d'Orbigny a rapporté au Muséum un superbe exemplaire, long de deux pieds et demi; mais il dit qu'il en a vu de beaucoup plus grands, qui avaient au moins trois pieds. Ce poisson habite, depuis les Missions jusqu'à Buénos-Ayres, dans tous les affluents du Parana ou de l'Uruguay. Cette espèce est extrêmement répandue, et M. d'Orbigny dit qu'on peut la considérer comme le Brochet des rivières de ce pays; car elle est très-carnassière et elle détruit une quantité considérable de poissons. Les Espagnols lui donnent, à cause de sa belle couleur dorée, le nom de *Dorado,* qui serait la traduction de son nom guarani: on l'appelle, dans ce dialecte, *Pira-yu* (poisson jaune).

M. d'Orbigny ajoute, dans ses notes, que ce Dorado poursuit les poissons qui voyagent en troupes; ce qui le fait entrer dans toutes les rivières, quels que soient leurs fonds ou leur rapidité. Il en a rencontré une fois une troupe si nombreuse dans un rapide, que les individus tellement pressés pouvaient à peine nager et qu'une partie de leur corps était hors de l'eau. Les habitants de la province de Corrientes prétendent le reconnaître par l'odeur, même à une assez grande distance. Les pêcheurs lui disaient souvent : Allons à la pêche; nous sentons qu'il passe des Dorados. Il a même eu soin de rapporter une légende de ce pays, dans laquelle les Indiens Payaguas racontent que les Espagnols sont sortis des Dorados, parce qu'ils sont plus blancs qu'eux; et que les naturels tirent leur origine du Pacu (*Prochilodus tæniatus*), d'où il suit que les Indiens valent beaucoup mieux que les Espagnols, parce que le Pacu est un bien meilleur poisson que le Dorado. Cependant, M. d'Orbigny ajoute que ce *Salminus* est un excellent poisson très-estimé dans le pays. On le prend à l'hameçon, en l'amorçant avec de la viande. Les Guaranis croient qu'on peut se préserver des attaques du *Pulex penetrans,* en se frottant les jambes avec la graisse de Dorado.

CHAPITRE XIV.

Des PACUS, CITHARINES, PIABUQUES *et* HÉMIODONTES.

Je réunirai dans un même chapitre les PACUS, les CITHA-
RINES, les PIABUQUES et les HÉMIODONTES, parce qu'ils ont
avec leurs dents festonnées un caractère commun, celui de
manquer de carène dentelée sous le ventre.

A. *Des* PACUS DE SPIX.

(*Prochilodus,* Agassiz.)

Ce genre a été fort imparfaitement connu de M. Cuvier.
Spix, en rapportant des fleuves du Brésil deux espèces de
ce groupe, reconnut, avec raison, qu'elles ne pouvaient
pas entrer dans le genre des Curimates de M. Cuvier, et il
en fit un genre sous le nom brésilien, que M. Agassiz chan-
gea en celui de *Prochilodus.* Il exprime la très-singulière
disposition des dents implantées sur la lèvre. J'avais adopté,
dans mon examen des poissons rapportés par M. d'Orbigny,
cette séparation générique. M. Muller a présenté une diagnose fort exacte dans son beau travail sur les Characins.

Ce genre est caractérisé par une bouche petite, protractile, fendue à l'extrémité du museau et entourée de lèvres
extrêmement épaisses; elles portent sous leur bord une
rangée de dents excessivement petites, semblables à des
cils, et qui, vues à un fort grossissement, sont courbées et
ont la couronne élargie en palette, quelquefois festonnée.
En arrière de la série marginale il existe, sur le milieu

des lèvres, une seconde série de dents semblables, formant
un arc rentrant vers le fond de la bouche. Ce sont d'ailleurs
des poissons à corps allongé, mais cependant trapu, un
peu comprimé, semblable à celui de nos carpes. Ils ont
quatre rayons à la membrane branchiostège. La branche
montante de l'estomac a des parois charnues, mais moins
épaisses que celles des Curimates; aussi cette sorte de gésier
est-elle plus allongée. Les intestins font encore d'assez
nombreuses circonvolutions; ils sont cependant moins
grêles que ceux des précédents. Le nombre des cœcums
est si considérable, que je n'ai pas même essayé de les
compter. M. Muller, qui a fait des observations semblables
sur l'anatomie de ces poissons, a très-judicieusement reconnu dans la première espèce le *Curimata* de Marcgrave.

La peinture du livre de Mentzel, conservée dans la
bibliothèque royale de Berlin, ne laisse aucun doute sur
la place générique de cette figure, que l'on a associée à tort
au *Salmo unimaculatus* : c'est donc le *Salmo curima* de la
seconde édition de M. Cuvier.

J'ai rapporté à ce genre mon *Curimatus tœniurus*, j'y
ai ajouté quelques espèces indiquées par M. Schomburgk,
et dont j'ai pu déterminer le genre avec certitude, parce
que plusieurs d'entre elles ont été données au Muséum par
cet habile voyageur. On va voir la description de ces
différentes espèces dans la monographie suivante.

Le Pacu argenté.

(*Prochilodus argenteus*, nob.)

Je commence la description des espèces de ce genre par
celle dont nous trouvons une figure parfaitement recon-

naissable dans le précieux ouvrage de Marcgrave; toute rude qu'elle paraît, elle est cependant meilleure que celle laissée par Spix, dans son Histoire des poissons du Brésil. On aurait toute incertitude sur cette synonymie, si M. Agassiz n'était venu nous éclairer par son excellente description.

Ce Curimate de Marcgrave a la forme générale du corps assez semblable à celle d'une Carpe. La courbure du profil est soutenue depuis le bout du museau jusqu'à la dorsale. Le profil du ventre appartient à un arc beaucoup moins convexe. La hauteur, mesurée sous l'aplomb de la dorsale, est environ du quart de la longueur totale. La tête est petite et n'a pas tout à fait le cinquième de cette même longueur. La distance du bout du museau jusqu'à la nuque atteint au bord postérieur du cercle de l'orbite. Le dessus de la tête est large et convexe, et égale trois fois le diamètre de l'œil. Un large sillon longitudinal est creusé sur le milieu de la tête entre les deux pariétaux, et il vient s'effacer sur la réunion des deux frontaux antérieurs; puis on voit de chaque côté des rugosités qui appartiennent au pariétal, et enfin, sur le bord de l'orbite, il en existe d'autres sculptées sur le sourcilier, le sous-orbitaire postérieur, et même sur le surscapulaire. Tout le reste de la tête est recouvert par une peau adipeuse, épaisse, lisse, qui se confond avec les grosses lèvres. L'œil n'a guère que le quart de la longueur de la tête, et cependant il ne paraît pas plus grand que celui du Curimate noirâtre; mais il faut remarquer que la tête de celui-ci est beaucoup plus allongée. Je trouve, pour les osselets sous-orbitaires, une chaîne de sept pièces. Le premier est oblong, avancé au-dessous de la narine, de manière à former une large fosse dans laquelle se cache l'angle très-gros et compliqué de la bouche. Nous reviendrons tout à l'heure là-dessus en décrivant les mâchoires. Le second sous-orbitaire est étroit, allongé, et recouvre un peu la branche horizontale de la mâchoire inférieure. Vient ensuite le troisième sous-orbitaire, qui constitue une grande plaque osseuse et arquée, couvrant presque toute la joue. Le quatrième, le cinquième et le sixième complètent

ce cercle, cuirassant la joue en passant par-dessus l'angle du préopercule et en touchant à l'opercule. Le septième remonte sur les
côtés du crâne et cache une grande fosse mastoïdienne. Nous voyons
au-dessus de l'œil un sourcilier qui se porte en avant jusqu'auprès
de la narine. Il en résulte que presque tout le cercle de l'orbite est
entouré par des os rugueux, très-solides. Il faut excepter le bord
antérieur, qui correspond à la cavité de la narine. Celle-ci est
couverte par la peau épaisse et muqueuse, étendue sur le dessus de
la tête. Les deux ouvertures sont grandes et rapprochées l'une de
l'autre ; elles ont au-devant d'elles un nasal très-développé, qui se
porte en avant sur le frontal, en donnant appui au premier sous-
orbitaire. C'est par la largeur de ces os et des frontaux antérieurs
que l'on se rend raison de la grandeur et de la voûte de la cavité,
dans laquelle viennent se retirer les angles de la mâchoire. C'est à
présent le cas de décrire la bouche. La petitesse de son ouverture
justifie très-bien le nom de *Boca chica* (petite bouche) que les
Espagnols donnent à ce poisson. L'épaisseur des lèvres peut faire
supposer que la bouche agit comme un organe de succion. Les os
maxillaires ou intermaxillaires sont à peine visibles dans l'épaisseur
de la lèvre ; cependant, lorsqu'on cherche avec soin ces pièces
osseuses, on ne tarde pas à reconnaître que l'extrémité du museau
est en partie formée par la saillie de l'ethmoïde ; que, sur les côtés
du tubercule osseux, se trouve attaché et perdu dans la peau un
assez court intermaxillaire, un peu dilaté à son extrémité, et sous
lequel existe un maxillaire tout aussi court, entraîné dans les mouvements du précédent, et tous deux servant à soutenir la lèvre
charnue. Le maxillaire et l'angle de la bouche se retirent entièrement dans la grande fossette sous-orbitaire, et y ramènent avec
eux l'angle de la mâchoire inférieure ; celle-ci mérite une attention
toute particulière, à cause de la remarquable division des os qui
la composent. En effet, le dentaire qui porte la lèvre est un os
plat, élargi vers la portion articulaire et creusé sur le devant jusqu'auprès de la symphyse par une gouttière courbée en arc comme
la mâchoire. Cet os s'articule avec un second, assez large, mince,
couché le long du sous-orbitaire, et qui se porte en arrière jusqu'au

jugal et au préopercule. Il me paraît l'analogue de l'articulaire. Enfin, sous lui, existent trois petits osselets linéaires, attachés à la suite l'un de l'autre, dont l'un peut être comparé à l'angulaire, et les deux autres seraient des complémentaires. Dans cette manière de voir, six osselets composeraient la branche de la mâchoire inférieure. Ce n'est pas le premier exemple d'une aussi grande division de cet os dans les poissons : il y en a sept dans les Lépisostées. Il résulte de cette disposition que le mouvement qui relève la mâchoire supérieure et la porte en avant, fait faire un mouvement de bascule au levier coudé qui forme la mâchoire inférieure, d'où il suit que, quand l'articulaire, couché sous le sous-orbitaire, vient à s'abaisser, il porte en bas, mais en avant, la mâchoire inférieure; de sorte que la bouche tend à s'ouvrir comme une sorte de ventouse charnue, dont les bords sont formés par des lèvres très-épaisses. L'ouverture même de la bouche n'est pas ronde; elle est plus haute que large et son pourtour est sinueux. Il n'y a aucune dent sur les os des mâchoires ou de la voûte palatine; mais les lèvres, charnues, ont sur tout le bord qui marque la séparation de la surface externe de l'interne, une rangée de petites dents, fines comme des cils. Ces dents, serrées et rapprochées, ont une assez longue portion radicale, et leur couronne est aplatie en une palette déviée sur le côté. La transparence de ces dents permet d'en faire l'examen microscopique. On y observe l'émail, creusé de canaux anastomosés, qui m'ont paru renflés, surtout à leur extrémité. Je n'ai pas vu ces canaux se prolonger dans la racine.

Au centre de chaque lèvre il y a deux chevrons qui se regardent par leur pointe quand les lèvres sont rapprochées et qui sont formés par deux arcs linéaires de dents semblables à celles du bord. La langue est un très-court tubercule, à peine détaché du corps de l'hyoïde. Les pharyngiens sont petits, les supérieurs sont hérissés de dents coniques et pointues, mais d'une extrême petitesse; les pharyngiens inférieurs sont recouverts d'une muqueuse plissée, ayant un grand nombre de papilles disposées par bandes transversales. Les ouïes sont médiocrement fendues; les quatre rayons de la membrane branchiostège sont tous visibles sous l'isthme assez

large du dessous de la gorge. Le bord membraneux de l'opercule
est étendu, mais peu épais. Quant à l'os même, il est assez grand;
car il couvre à lui seul plus du tiers postérieur de la joue. La surface
est ciselée de stries rayonnantes. Le sous-opercule est extrêmement
petit et réduit à un simple petit stylet. Le préopercule a son limbe
assez large, un peu caverneux; l'angle est arrondi; au-dessous de
l'ouïe et derrière son angle on voit, à l'extérieur, l'interopercule
qui remonte assez haut entre les deux précédentes pièces de l'appareil
operculaire. La dorsale s'élève à peu près sur le milieu du dos : elle
est au moins deux fois aussi haute que longue, et elle l'est presque
autant que le tronc mesuré sous elle. Le premier rayon est très-court;
le second, fortement collé au troisième, le suit à peu près dans les
deux tiers de sa longueur. Le quatrième, le cinquième et le sixième
s'allongent encore un peu moins, les autres vont en décroissant,
de manière que le dernier est un peu plus court que le second.
L'adipeuse est extrêmement petite. L'anale a un second rayon gros
et arqué, simple, mais très-évidemment articulé, les autres rayons
forment un large éventail; cette nageoire est d'ailleurs presque aussi
haute que longue; le dernier ne fait guère que les deux cinquièmes
du second. La caudale est fourchue, ses lobes sont larges, longs et
arrondis; cela dépend surtout de la longueur et de la largeur de
l'éventail de chaque rayon. Les pectorales sont étroites et pointues;
elles atteignent jusqu'à l'aisselle de la ventrale, dont l'insertion répond
au troisième ou au quatrième rayon de la dorsale. Il y a dans l'angle
de la nageoire une membrane écailleuse assez longue. Les ventrales
sont d'ailleurs plus larges que la pectorale.

B. 4 ; D. 12 — 0 ; A. 10 ; C. 23 ; P. 16 ; V. 9.

Les écailles sont de grandeur ordinaire : leur surface est rugueuse,
et quand on les examine au microscope, on voit que la partie centrale
offre des veinules anastomosées semblables à celles que nous avons
déjà indiquées dans les Ostéoglossum et plusieurs autres genres
voisins. On en compte quarante-sept rangées le long de la ligne
latérale. Celle-ci est droite depuis le scapulaire jusqu'au milieu de
la queue : elle est formée d'une série de petites tubulures relevées

sur chaque écaille. La couleur me paraît avoir été argentée avec quelques lignes flexueuses d'un vert rembruni plus marquées vers la queue que sur la région thorachique. Je ne vois point de taches sur la caudale ni sur les autres nageoires. La dorsale seule a quelques traces très-pâles de points grisâtres sur ses derniers rayons.

L'estomac de ce poisson m'a paru assez petit. Sa branche montante n'a pas des parois épaissies, quoiqu'elles soient encore évidemment musculaires. L'intestin est très-long et cache, par ses nombreux replis, l'estomac et le foie. La vessie aérienne est double; la seconde est très-grande et terminée en pointe assez aiguë. Nous n'avons trouvé dans l'intérieur de l'estomac que du limon.

Le poisson que nous avons sous les yeux a été rapporté du Rio San-Francisco du Brésil par notre confrère, M. Auguste de Saint-Hilaire. Il est long d'environ un pied.

C'est, comme je l'ai dit plus haut, sans aucun doute le *Curimata* de Marcgrave[1]. J'ai pour garant de cette détermination la comparaison que j'ai pu faire de notre poisson avec la figure originale, qui a été considérablement réduite dans l'Histoire des poissons du Brésil. Celle-ci existe dans le recueil des peintures conservées dans la bibliothèque royale de Berlin sous le titre de *Liber Mentzelii*. A la page 205 de ce livre de Mentzel il y a une autre peinture, longue de neuf pouces trois quarts, colorée en blanc verdâtre, sous le nom de *Curimata*[2], et dans laquelle on peut reconnaître encore plus facilement notre poisson à cause de la grandeur. Cet auteur dit qu'il est de bon goût, et nous verrons tout à l'heure que M. Spix confirma cette observation sur une autre espèce.

---

1. Marcgr., *Brasil.*, p. 156.
2. J'ai écrit très-distinctement *Curemata*, sur la copie que j'en ai prise dans la bibliothèque royale de Berlin, *lib. Mentz.*, p. 205.

Le PACU A CÔTES.

(*Prochilodus costatus*, nob.)

M. Auguste de Saint-Hilaire a rapporté du même fleuve
que le précédent un Pacu, qui paraît s'en distinguer par
plusieurs caractères essentiels.

Il a, en effet, le dos moins arqué; la tête plus étroite; le sillon
médian beaucoup plus large; les rugosités des sous-orbitaires, du
sourcilier et du surscapulaire beaucoup plus marquées. La courbure
de l'opercule est presque nulle vers le haut; ce qui rend cet os
plus étroit à la partie supérieure, et plus large à l'inférieure; il
offre, d'ailleurs, les mêmes ciselures que le précédent. La dorsale
est plus basse; la caudale a les lobes plus allongées; les pectorales
n'atteignent pas à l'aisselle des ventrales; on peut même ajouter
que l'anale est un peu plus petite. Nous trouvons un rayon de
moins à la dorsale et à l'anale.

B. 4; D. 11; A. 11; C. 23; P. 15; V. 9.

Mais il faut encore ajouter à ces caractères celui que nous tirons
de la présence de cinq carènes longitudinales, mousses, mais très-
sensibles au tact, comme à la vue, sur les côtés de la queue. Les
supérieures commencent à se montrer sous la dorsale, mais elles
ne deviennent sensibles qu'au delà de cette nageoire. Les écailles
sont de même grandeur et tout aussi rugueuses que celles de
l'espèce précédente. Il y en a le même nombre. La coloration du
poisson est la même.

L'individu desséché, conservé dans la collection, est
long de quinze pouces.

Le Pacu noiratre.

(*Prochilodus nigricans*, Agassiz.)

C'est auprès de ces espèces que nous plaçons celle figurée par Spix sous le nom de *Pacu nigricans,* et décrite par M. Agassiz sous celui de *Prochilodus nigricans.*

Ce poisson a le dessus du crâne tout au moins aussi large que celui de la première espèce. Le sillon ressemble, au contraire, davantage à celui de la seconde; elle a aussi le même opercule; mais le sixième sous-orbitaire est un peu différent; car il est plus trapézoïdal, plus profondément échancré en arrière, et il forme avec le cinquième une crête sourcilière, qui manque à l'espèce précédente. Le dos est assez convexe. La hauteur du tronc mesure le tiers de la longueur du corps en n'y comprenant pas la caudale. La dorsale n'est pas très-haute, et elle est aussi longue que large. L'anale est petite. Les pectorales sont courtes et n'atteignent pas à la ventrale. Les nombres sont :

D. 12; A. 10; C. 23; P. 16; V. 9.

Les écailles sont assez semblables, par leur grandeur, à celles des deux précédents Pacus; mais elles sont plus lisses, et l'on ne voit point ces côtes caractéristiques de l'espèce précédente. Le poisson a d'ailleurs des couleurs assez distinctes; car le corps est d'un vert noirâtre assez foncé. La dorsale et la caudale sont couvertes de points noirs, conservés dans les six individus de la collection d'origines diverses, et réunis sous nos yeux.

Cette description est faite d'après un individu long d'un pied, rapporté de l'Amazone par M. de Castelnau; il en avait, d'ailleurs, rassemblé plusieurs autres pris dans le même fleuve.

Outre la figure de Spix, et la description d'Agassiz[1] citées plus haut, nous ne devons pas oublier l'excellente figure que M. Muller[2] a donnée de la dentition de ce poisson dans ses *Horæ ichthyologicæ*.

Nous en avons encore un autre exemplaire, rapporté de l'Esséquibo par M. Robert Schomburgk.

Le PACU DOBULIN.

(*Prochilodus dobulinus*, nob.)

Nous décrirons sous ce nom une belle et grande espèce rapportée de l'Amazone par M. de Castelnau, parce qu'elle ressemble à l'un de nos Cyprins (*Cyp. dobula*).

La largeur de sa tête est, sans contredit, plus grande que celle d'aucune autre espèce du genre. Le corps est un ovale assez régulier, parce que le dos n'est pas, à beaucoup près, aussi arqué que celui des espèces précédentes; mais, comme le ventre l'est un peu plus, on retrouve la forme générale que j'indique ici. La dorsale ne me paraît pas avoir été très-haute; ses rayons sont gros; la caudale a les siens très-élargis; il en est de même de l'anale et de la ventrale. La pectorale est courte et arrondie.

B. 4; D. 11; A. 12; C. 23; P. 16; V. 9.

Les écailles sont un peu plus petites et plus lisses. Nous en comptons cinquante le long de la ligne latérale. La couleur paraît avoir été un argenté assez uniforme. Il n'y a aucune tache sur les nageoires.

L'individu est long de vingt pouces.

---

1. *Pisc. brasil.*, p. 64, t. 39.
2. Mull. et Troschel, *Horæ ichthyol.*, t. I, fig. 4 et 4 *a*.

Le Pacu brême.

(*Prochilodus brama*, nob.)

Voici encore une espèce nouvelle, aussi caractérisée par ses formes générales que par les différents détails qu'une étude attentive de ses parties peut y ajouter.

Ce poisson a la tête large; car cette largeur égale à peu près les deux tiers de la longueur. Le dessus du crâne est beaucoup plus plat que celui du *Prochilodus dobula*. Le sillon médian est assez marqué. Le front, le devant du museau, les sourciliers, les sous-orbitaires, le limbe du préopercule et l'interopercule sont lisses et sans aucune strie ni granulation. Il n'y a que quelques stries très-faibles le long du bord de l'opercule; tout le reste de sa surface est aussi uni que luisant. Il en est de même du préopercule, qui est beaucoup plus large que celui des espèces précédentes. L'œil est grand; son diamètre est trois fois et deux tiers dans la longueur de la tête, et deux fois et trois quarts seulement dans la largeur du crâne. Le tronc de ce poisson est haut et le dos est élevé, surtout au commencement de la dorsale. Sous l'aplomb de cette nageoire, la hauteur n'est que deux fois et deux tiers dans la longueur totale. La courbure du ventre est soutenue. La dorsale est haute et pointue; l'anale est courte et haute de l'avant. Sous ce rapport, ce poisson ne ressemble pas autant à une Brême que son nom pourrait l'indiquer; mais c'est par la forme générale que j'ai saisi cette ressemblance. L'adipeuse, quoique petite, est un peu plus développée que celle des espèces précédentes. La pectorale est étroite et pointue; elle n'atteint pas à la ventrale; mais sa pointe en approche plus que celle du *Prochilodus costatus*.

D. 11; A. 12; C. 23; P. 16; V. 9.

Les écailles sont sensiblement plus petites que celles de toutes les autres espèces. Nous en comptons soixante rangées le long de la ligne latérale. La couleur, verdâtre sur le dos, me paraît argentée sur tout le reste du corps, et je ne vois aucune tache sur les nageoires.

Cette belle espèce, très-nettement caractérisée, a été rapportée de l'Amazone par MM. Deville et de Castelnau. L'individu est long d'un pied.

Le Pacu rayé.

(*Prochilodus lineatus*, Val.)

C'est auprès de ces espèces qu'il faut encore placer celle que M. d'Orbigny a trouvée dans la rivière de la Plata à Buénos-Ayres.

Le poisson a la tête courte et petite. La courbure du dos est à peu près semblable à celle du ventre, et la hauteur du tronc est comprise à peu près quatre fois dans la longueur totale. La dorsale est pointue de l'avant. L'anale est courte; la caudale n'est pas très-profondément fourchue; la pectorale est étroite, pointue, et n'atteint pas, à beaucoup près, la ventrale.

D. 12; A. 11, etc.

Les écailles sont de grandeur moyenne. J'en compte à peu près cinquante entre l'ouïe et la caudale. La couleur est verte, à reflets argentés sur les flancs et un peu rembrunie sur le dos. On voit de chaque côté dix à douze lignes vertes longitudinales. Les nageoires impaires sont un peu plus claires que le dos et sans aucune tache. Les nageoires' paires sont grises.

Les individus, rapportés par M. d'Orbigny, sont longs de vingt-trois pouces. J'ai donné une figure de cette espèce dans l'Atlas ichthyologique de ce Voyage, pl. VIII, fig. 3, et je l'ai alors nommé *Pacu lineatus,* parce qu'au moment

de cette publication je me faisais des Curimates de
M. Cuvier une tout autre idée que celle que l'étude de
ce genre m'a donnée aujourd'hui; je croyais alors qu'il
fallait conserver le genre de Spix et réserver aux *Leporinus* le nom de Curimate.

Les Guaranis ont donné ce poisson à M. d'Orbigny
sous le nom de Pacu. Ce voyageur l'a trouvé dans le Rio
Parana et dans l'Uruguay; mais le Pacu est plus rare dans
la Plata, où il ne s'engage que dans les plus fortes chaleurs
de l'été. Il n'entre jamais dans les lagunes; il préfère les
endroits où il y a le plus de courants; il reste ordinairement au fond de l'eau; on le voit rarement paraître à
la surface; les individus vivent isolés; on le pêche à la
ligne. M. d'Orbigny dit que c'est un manger délicieux.
Les pêcheurs prétendent l'attirer en jetant des citrons
dans l'eau. Telles sont les notes que M. d'Orbigny a bien
voulu nous communiquer sur une espèce qui devient
assez grande, puisqu'on en voit des individus d'un mètre
de long; ceux de quatre-vingts centimètres ne sont pas
rares.

Le Pacu a queue rayée.

(*Prochilodus tœniurus*, Val.)

J'ai décrit, dès l'année 1817, dans mon premier travail
sur les poissons fluviatiles de l'Amérique équinoxiale, une
espèce que j'ai appelée *Curimatus tœniurus*[1]. C'est un
poisson du genre dont je traite, et

---

1. Recueil d'observ. zool. et d'anat. comp., t. II, p. 166.

22.

qui a le corps allongé; la dorsale assez avancée; la pectorale petite,
pointue; la caudale à lobes assez profondément fourchues. Les
premiers rayons de la dorsale ont leur filet externe prolongé en
une petite soie. Je retrouve ce même prolongement aussi aux rayons
de la ventrale. L'anale est basse. Les nombres sont semblables; mais
les écailles sont plus petites que dans aucune autre espèce; elles
portent toutes une petite carène verticale. Il y en a soixante-seize
rangées le long de la ligne latérale.

Ce poisson, desséché, est entièrement décoloré, et cependant on
voit encore très-distinctement sept bandelettes noires longitudinales
sur la caudale. Il y en a trois sur chaque lobe, et une médiane dans
la direction de la ligne latérale. Il est probable que le dos avait
quelques rayures longitudinales vertes ou grises; car on en voit
encore des traces.

L'individu que j'ai décrit n'a guère que sept pouces de
longueur. C'est à la générosité de M. de Humboldt que j'ai
dû la permission de faire connaître cette espèce, lorsqu'il
avait la bonté d'encourager les premiers essais de ma
carrière scientifique, en m'accordant l'honneur de mettre
mon nom à côté du sien dans notre Mémoire sur les poissons fluviatiles de l'Amérique équinoxiale. Qu'il veuille
bien accepter encore, après un si long espace de trente
années, l'expression de ma vive et pieuse reconnaissance!

Le PACU A DEUX TACHES.

(*Prochilodus binotatus,* nob.)

Le poisson figuré par M. Schomburgk[1], est une espèce
très-voisine de la précédente; car elle lui ressemble par

---

1. *Prochilodus binotatus.* Schomb., *Fish. of Guyana*, t. I, p. 260, pl. 29.

les rayures de la caudale, qui sont au nombre de trois
sur le lobe supérieur et de quatre sur l'inférieur; mais il
en diffère

par une tache noire sur le haut de l'épaule; par une autre tache
à l'éxtrémité de la queue, tout près de l'insertion des rayons de la
nageoire. Il n'y a sur le dos aucune trace de lignes longitudinales
noirâtres. C'est, d'ailleurs, un poisson dont le dessus de la tête est
coloré en olive foncé, passant sur le dos à un gris bleuâtre jusqu'à
la ligne latérale, au-dessous le corps est à couleur verdâtre et à
reflets argentés. La dorsale est vert bleuâtre; l'adipeuse olive; la
pectorale et la ventrale, verdâtres, ont dans leur aisselle une légère
teinte carminée. Le bord de la seconde des nageoires paires est
rouge de vermillon, et il y a deux traits de cette couleur sur la
pointe de l'anale. La caudale est jaune, et ses raies sont bleues.
L'œil est grand, et son iris est jaune.

D. 11; A. 10; P. 13; V. 9.

Ce poisson a été pris dans le Rio Branco.

Le Pacu brillant.

(*Prochilodus insignis*, nob.)

Nous trouvons dans le même ouvrage [1] une seconde
espèce un peu plus différente de celles que nous avons
examinées sur la nature, mais qui se rapproche cependant
de notre *Prochilodus tœniurus* par les rayures de sa
caudale.

Voici ce que nous apprend M. Schomburgk sur cette
espèce :

---

1. *Prochilodus insignis*. Schomburgk, *Fish. of Guyana*, t. I, p. 261, pl. 30.

C'est un poisson à corps assez haut, dont le dos et le ventre sont fortement arqués. Sa couleur est un bleu argenté passant au rose sous le ventre. La tête est verdâtre. L'anale, d'un carmin foncé, porte trois bandes noires, dont les deux premières sont courtes et sur la pointe antérieure; la troisième se rend du milieu de la base à l'angle postérieur. La caudale, d'un rouge orangé, porte onze raies longitudinales et un peu obliques. Les deux dorsales sont vertes, les pectorales et les ventrales ont les premiers rayons roses ou couleur de carmin pâle; le reste de la nageoire est jaune-verdâtre. Voici les nombres comptés par M. Schomburgk :

D. 9; A. 9; C. 22; P. 14; V. 8.

Ce Pacu habite le Rio Branco; il y est très-abondant et fort estimé comme nourriture. On le prend au filet et point à l'hameçon. Cette espèce, ainsi que la précédente, ne paraissent pas se trouver dans le Démérara ni dans l'Esséquibo.

Le Pacu a bandes roses.

(*Prochilodus rubrotœniatus*, nob.)

Une troisième espèce, mentionnée et figurée dans le même ouvrage, est celle qui paraîtrait porter plus spécialement, dans les dialectes des peuplades visitées par M. Schomburgk, le nom de *Curimate*.

Le dos est rembruni, à reflets verdâtres et les côtés élégamment rayés de bandes purpurines. La tête est verdâtre, la dorsale, la pectorale, la ventrale et l'anale ont une partie de leur membrane colorée en vert, et l'autre en carmin. La caudale est tout entière de cette dernière couleur, parsemée de points noirs.

D. 11; A. 10; C. 22; P. 15; V. 9.

Ce poisson existe dans les Rios Branco, Négro et Esséquibo et dans leurs tributaires. Il atteint huit pouces. On le prend dans des filets; il ne mord point à l'hameçon. Sa chair est blanche, très-savoureuse et fort estimée pour la table; mais on ne peut le conserver longtemps après sa mort, et il périt presque aussitôt qu'on le sort de l'eau. C'est une espèce qui a, comme l'observe l'auteur de l'Ichthyologie de la Guyane, quelque affinité avec le *Curimatus lineatus* de la Plata; mais je lui en trouve encore de plus grandes avec le *Curimatus nigricans,* dont la caudale est couverte de points. Je le crois cependant d'une espèce particulière.

Le Pacu de Humboldt.

(*Prochilodus Humboldti, C. Amazonum,* Humb.)

C'est pour déterminer les affinités de l'espèce qui va faire le sujet de cet article, que j'ai publié la description du *Prochilodus tœniurus.* J'ai vu le dessin fait sur les lieux par mon illustre ami, et l'exactitude qu'il mettait à faire toutes ses observations ayant toujours été confirmée par nous-même chaque fois que nous avons été assez heureux pour obtenir les mêmes poissons que lui, me fait croire que son *Curimatus Amazonum* est une espèce particulière que nous n'avons pas encore retrouvée.

Voici ce que dit M. de Humboldt de son *Boquichico :*

C'est un beau poisson à grandes écailles, qui a la première dorsale placée au-dessus des ventrales, qui est d'un blanc verdâtre, à reflets argentés, et dont la caudale, fourchue, est de la couleur du corps et sans aucune tache, dont les écailles sont rondes, grandes et assez lâchement imbriquées.

La tête n'a guère que le cinquième de la longueur totale. La bouche est petite, munie de lèvres protractiles, sans dents; les yeux grands, jaunes et latéraux. Voici les nombres tels qu'il les a comptés :

B. 4; D. 8 à 10; A. 9; C. 20; P. 14; V. 9.

Il faut ajouter à ces caractères celui que l'on doit tirer du dessin, c'est que les écailles au-dessous de la ligne latérale sont plus grandes que celles du dos. Je ne ferais pas attention à ce caractère, si nous ne l'avions observé constamment dans toutes les espèces de Curimates. Je suis porté à croire que les voyageurs retrouveront dans le haut Amazone le Pacu décrit par M. de Humboldt, et qui offre la réunion de caractères communs aux Prochilodus et aux Curimates. On ne peut en effet supposer, que le poisson qui nous occupe, puisse appartenir au genre Curimate; car M. de Humboldt n'aurait pas manqué de dire *labiis nullis.*

Cette nouvelle espèce devient assez grande, puisque l'individu dessiné avait dix-sept pouces de longueur. M. de Humboldt l'a vu pêcher dans le haut Maragnon, vis-à-vis de la cataracte de Rentema, dans la province de Saint-Jean de Bracamoros, dans un endroit où la surface du fleuve est élevée de quatre cents mètres au-dessus du niveau de l'Océan.

Puisque nous connaissons maintenant plusieurs autres espèces de Pacus dans l'Amazone, j'ai pensé qu'on ne pouvait plus laisser à celui-ci le nom de *C. Amazonum*[1], et je n'ai pas hésité à dédier à l'illustre voyageur le poisson qu'il nous a fait connaître.

---

1. Recueil d'observ. de zool. et d'anat. comp., t. II, p. 165, pl. 45, fig. 2.

Le Pacu réticulé.

(*Prochilodus reticulatus*, nob.)

M. Plée nous a apporté de la lagune de Maracaïbo un *Prochilodus,* que les Espagnols appellent, comme sur l'Amazone, *Boca chica.* Il n'est pas sans avoir quelque ressemblance avec le poisson du même nom décrit dans le Recueil des observations zoologiques.

Cependant toutes les écailles sont égales entre elles, et elles sont toutes bordées d'un trait verdâtre et comme enfoncé, ce qui couvre le corps du poisson d'une réticulation remarquable et dont on ne voit aucune trace dans les espèces précédentes. Toutes ces écailles sont d'ailleurs recouvertes d'aspérités couchées sur la surface suivant la longueur du poisson et qui ont l'air d'être elles-mêmes imbriquées. Les bords sont légèrement frangés.

Ce poisson, d'ailleurs, a la forme allongée de nos Gardons. La hauteur est comprise quatre fois et un quart dans la longueur totale. La tête, courte, y est comprise cinq fois et un tiers. Le sillon du dessus du crâne est large et enfoncé. Il n'y a que très-peu de scabrosités sur les pariétaux, et les sous-orbitaires ont une simple carène dans le milieu. Les pectorales sont loin d'atteindre aux ventrales ; la dorsale est médiocre et insérée en avant. L'anale est petite ; la caudale est fourchue. Le premier interépineux de la dorsale est bifide.

D. 11 — 0 ; A. 11 ; C. 23 ; P. 16 ; V. 9.

Nous comptons quarante-quatre écailles le long de la ligne latérale. La couleur paraît avoir été verdâtre plus ou moins argenté vers le bas ; la dorsale est ponctuée. Je ne vois aucune tache sur les autres nageoires.

Nous possédons six exemplaires de ce poisson, longs de dix à treize pouces, et sur lesquels M. Plée a eu soin d'indiquer les sexes. Il n'y a pas de différence extérieure entre les mâles et les femelles.

B. *Des* Citharines.

(*Citharinus*, Cuv.)

M. Cuvier a suivi, pour la constitution du genre Citharine, la même marche que pour ses Curimates. Il a réuni, dans des sections qu'il caractérisait incomplétement, des espèces constituant des genres évidemment différents. M. Muller n'a pas manqué de saisir ce qui devait compléter son travail, en établissant un genre *Distichodus,* dont nous parlerons plus loin, et en réservant le nom de Citharine aux poissons qui ont le corps élevé, comprimé, rhomboïdal. La bouche, fendue horizontalement à l'extrémité du museau, a l'arcade supérieure presque entièrement formée par des intermaxillaires, les maxillaires étant rejetés sur les côtés et couvrant l'angle de la bouche. Les dents sont extrêmement petites, implantées sur les lèvres, elles paraissent comme de simples cils; vues à un fort grossissement, on reconnaît qu'elles sont coniques et un peu recourbées; elles sont sur un seul rang; il n'y a pas de rangée interne comme dans les Pacus.

En caractérisant ainsi les Citharines on reconnaît leur affinité avec le genre précédent, et, cependant on arrive facilement à les en distinguer. Mais cela nous conduit à réunir dans ce genre l'espèce américaine dont M. Muller a fait le genre *Chilodus.* En lisant la description détaillée que nous en donnons, on reconnaît, comme l'a bien établi M. Muller, que c'est un petit Salmonoïde à dents petites, cylindriques, disposées sur un seul rang sur les lèvres devant l'intermaxillaire et sur la mâchoire inférieure. Ces deux espèces ont une anatomie peu différente : elles se nourrissent toutes deux du limon des fleuves; elles ont plusieurs appendices pyloriques; leurs intestins font de nombreuses circonvolutions. Les différences dans les nombres ne me paraissent être que simplement spécifiques.

La Citharine de Geoffroy.

(*Citharinus Geoffrœi*, Cuv.)

Le Nil nourrit en très-grande abondance un poisson à corps comprimé, à peu près elliptique, que les Arabes nomment *Gamor el lelleh* ou *Astre de la nuit*, à cause de ses teintes blanches et brillantes, à reflets argentés. Le museau est déprimé; la nuque un peu concave; puis la circonscription du profil monte par une courbe régulière jusqu'à la dorsale, et se continue au delà de cette nageoire en faisant une petite saillie à l'adipeuse. La courbure du ventre est peu sensible jusqu'à l'anale; de là le corps remonte assez obliquement jusqu'à la queue. La hauteur de ce tronçon est quatre fois et demie à cinq fois dans celle du tronc, mesurée sous la dorsale. Cette hauteur est deux fois et demie dans la longueur totale. J'ai cependant un individu qui paraît légèrement plus haut. La hauteur de la tête, mesurée à l'aplomb de la nuque, et portée sur la joue, n'atteint qu'au bord du préopercule. L'œil, dont le diamètre n'est guère que du cinquième de la longueur de la tête, est rapproché du bout du museau et à peu près au milieu de la hauteur de la joue. La longueur entière de la tête est quatre fois et un tiers dans la longueur totale. Les sous-orbitaires sont étroits; le premier ne recouvre pas le maxillaire; le troisième est le plus large de tous, mais il n'atteint pas au bord du limbe. Le préopercule a son angle tout à fait arrondi; son bord montant dirigé un peu obliquement; l'inférieur descend aussi un peu vers l'articulation de la mâchoire. Il faut remarquer que le cercle de l'orbite est large, comparativement

à la grandeur de l'œil, et que son diamètre est à peu près le quart
de la longueur de la tête. Le sourcilier est peu mobile, assez
large; il contribue à l'écartement du dessus du crâne, qui est assez
convexe; l'intervalle qui sépare les deux yeux est plus que double
du diamètre de l'orbite. Bien que l'extrémité du museau fasse une
petite saillie, on doit dire, cependant, que la bouche est fendue
horizontalement à l'extrémité. Toute l'arcade supérieure est formée
par l'intermaxillaire; le maxillaire n'étant qu'un très-petit osselet
articulé à l'extrémité de l'os précédent, est placé de chaque côté
de l'angle de la bouche. La mâchoire inférieure a ses branches
déprimées et élargies horizontalement; elles forment, en dessous,
deux palettes écartées, mobiles à la symphyse, laquelle est relevée
en un petit tubercule. Les lèvres sont tellement minces, qu'on peut
à peine donner ce nom au bourrelet de la peau qui recouvre les
os des mâchoires, et c'est cependant sur elles que sont implantées
les dents fines, comme les cils d'une veloutée; elles sont, par
conséquent, beaucoup plus petites que celles des Pacus; elles ne
forment pas, comme les dents de ces poissons, ces lignes recourbées en chevron sur elles-mêmes, qui en simulent deux rangées.
La forme de la bouche, la petite saillie du museau sont plus
semblables à ce que nous voyons dans les Curimates. L'opercule
est grand, à bord convexe et porté en arrière; sa surface est tout
à fait lisse et brillante. Un sous-opercule, étroit et mince, et qui
remonte jusqu'à l'angle, élargit encore toute cette partie vers le bas.
Enfin, l'interopercule se montre derrière l'angle arrondi du préopercule en une assez grande plaque triangulaire, prolongée en
avant en une palette mince et étroite. Les ouïes sont très-largement
fendues, et cependant la membrane branchiostège est attachée sous
l'isthme jusqu'à la ceinture humérale; elle s'étend ensuite en un
large bord membraneux au delà de l'opercule; elle est soutenue par
quatre rayons. La pectorale, qui est courte et ovale, atteint à peine
à l'aisselle de la ventrale; la dorsale est haute et pointue de l'avant.
L'adipeuse est généralement assez longue et assez large; mais je la
vois varier d'étendue sur les nombreux individus que j'ai sous les
yeux. La caudale est fourchue; l'anale est longue, basse; ses premiers

rayons dépassent un peu les suivants, et je vois le nombre des rayons
varier de vingt-sept à trente.

B. 4; D. 19; A. 27 — 30; C. 27; P. 16; V. 10.

La couleur des individus conservés dans l'esprit de vin est un
gris violacé, plombé, devenant argenté sur toutes les parties inférieures. Les nageoires paraissent jaunes. Nous pouvons juger du
poisson par un très-beau dessin que M. Geoffroy a fait faire en
Égypte, sur le frais, par M. Redouté. Il lui donne des teintes qui
ressemblent assez à celles de notre Brême, c'est-à-dire, que le dessus
du corps est vert-foncé; que cette teinte s'efface, en ne devenant
plus que des points sur la base des écailles des flancs. Tout le corps
est glacé d'argent. La dorsale est verdâtre, avec les premiers rayons
rougeâtres. Le lobe supérieur de la caudale est aussi de la couleur
du dos; le lobe inférieur, ainsi que l'anale et les ventrales, sont
rougeâtres. La pectorale n'a de rouge que dans l'aisselle; le reste est
verdâtre. L'adipeuse a une large bordure rougeâtre. Les écailles sont
petites; il y en a de quatre-vingt-cinq à quatre-vingt-dix rangées
de chaque côté, et dans la hauteur nous en avons trouvé constamment quarante, quoique nous les ayons comptées sur des exemplaires
de largeur en apparence assez différente. Examinées au microscope,
elles montrent une structure curieuse à cause du grand nombre de
stries concentriques et des petites ciselures entrecoupées, dont la
partie radicale seule est marquée.

Il y a dans les collections du Muséum plus de vingt
exemplaires de cette espèce, depuis cinq pouces de
longueur jusqu'à dix-neuf. C'est d'après l'examen de ces
individus que je me suis décidé à ne reconnaître qu'une
seule espèce de ce genre dans les grands fleuves de
l'Afrique. M. Geoffroy en a rapporté du Nil un assez grand
nombre. M. Darnaud en a pris dans le haut Nil et jusque
dans le Nil blanc. MM. Jubelin et Leprieur en ont envoyé
du Sénégal. La comparaison minutieuse que j'ai faite des

Citharines de ces différents fleuves, a été jusqu'à l'examen microscopique des écailles, et il y a sous ce rapport la ressemblance la plus complète entre les poissons du Nil et ceux du Sénégal.

M. Geoffroy a décrit et figuré la Citharine dans le grand ouvrage sur l'Égypte [1], sous le nom de Serrasalme citharine (*Serrasalmus citharinus*). Il faut avouer qu'à cette époque ce zoologiste élargissait beaucoup le cadre du genre Serrasalme de Lacépède, pour réunir un poisson qui a la gueule aussi fortement armée que l'espèce américaine, à celui qu'il observait dans le Nil. M. Geoffroy reconnaît que la carène du ventre n'est pas dentelée, et il fonde la ressemblance principale sur l'aplatissement des flancs, et la grande dimension en hauteur du corps de son poisson. Il a imaginé le nom de Citharine, parce qu'il a cru reconnaître en lui le poisson dont Aristote, Athénée, Strabon ont fait mention sous le nom de Κίθαρος. J'avoue que rien ne me paraît plus incertain que cette détermination. Tous les auteurs cités par Athénée, Phérécrates, Épicharme, Apollodore et Archestrate parlent du *Citharus* comme d'un poisson agréable au goût, et M. Geoffroy dit précisément que la chair de son Serrasalme est fade. Cette observation n'avait point échappé à la sagacité de l'auteur qui faisait ce rapprochement; il n'aurait dû d'ailleurs conserver aucun doute sur la différence du Κίθαρος des anciens et de son poisson, s'il eût tenu plus compte de l'épithète remarquable de Χαρχαροδος, donné par Aristote au Κίθαρος. Il est impossible d'appliquer un semblable trait à la Citharine. Si l'on veut chercher lequel des poissons

---

1. Geoff., Égypte, in-fol., 1809, p. 40, poiss., pl. 5.

du Nil peut mériter cette épithète, il me semble qu'on
se tromperait moins en la donnant à notre Hydrocyon.

Nous aurons d'ailleurs occasion de revenir sur l'application du nom de Κίθαρος des Grecs, car les ichthyologistes
du 16.ᵉ siècle ont appliqué ce nom à certaines espèces de
Pleuronectes; et il est en effet probable qu'Élien a donné
ce nom à un poisson de cette famille. Après m'être expliqué
sur cette synonymie ancienne de ce poisson du Nil, il n'en
est pas moins établi aujourd'hui en ichthyologie que la
Citharine de Geoffroy ne soit une espèce parfaitement
caractérisée. Il est assez curieux de voir qu'un poisson
dont nous avons autant d'individus, ait échappé aux
recherches d'Hasselquist et de Forskal. Ces auteurs et
Linné, qui a contribué à faire connaître les espèces
déposées dans le Musée d'Upsal par son élève Hasselquist,
n'en font aucune mention.

M. Muller, qui a mieux circonscrit le genre Citharine
que ne l'avait fait M. Cuvier, et qui se l'est en quelque
sorte approprié par la précision qu'il a su donner à sa
diagnose, a cru devoir distinguer une seconde espèce de
Citharine sous le nom de *Citharinus latus* d'Ehrenberg.
Il lui donne pour caractère d'avoir soixante-huit rangées
d'écailles entre l'ouïe et la caudale, tandis que la Citharine
de Geoffroy en aurait quatre-vingt-six. Il indique aussi
vingt-deux rayons à la dorsale et vingt-six à l'anale. Je
trouve dans mes notes un dessin fait à Berlin d'un *Citharinus latus* d'Ehrenberg, où j'ai compté vingt-neuf rayons
à l'anale. Je me crois cependant très-sûr de la détermination spécifique que je prenais à Berlin, parce que c'est
avec M. Ehrenberg que j'ai complété tout le travail de
la détermination des poissons rapportés par ce célèbre

voyageur. D'ailleurs en examinant maintenant, dans les collections nationales de Paris, les nombreux exemplaires qui y sont réunis, j'ai trouvé des variations considérables dans le nombre des écailles, dans ceux des rayons de l'anale, ainsi que dans les proportions relatives de la hauteur et de la longueur du corps de ces différents individus; et j'ai vu non-seulement ces variations dans les individus du Nil, mais elles se reproduisent aussi dans ceux du Sénégal. Cela me fait penser que le *Citharinus latus* peut bien être une simple variété de l'espèce de Geoffroy.

J'ai retrouvé parmi les dessins de M. Riffaut une de ces variétés courtes qui semblerait appartenir au *Citharinus latus*. Il porte le même nom arabe de *Kmar el lelle*.

La CITHARINE CHILODE.

(*Citharinus chilodus*, nob.; *Chilodus punctatus*, Muller.)

Nous voyons presque toutes les espèces de Salmonoïdes du Nil former des genres qui se trouvent représentés en Amérique par des congénères souvent beaucoup plus nombreuses. Je crois que le petit poisson dont M. Muller a fait un genre particulier sous le nom de *Chilodus,* est un nouvel exemple de cette reproduction des genres africains en Amérique. Qu'on lise, en effet, la diagnose inscrite dans les *Horæ ichthyologicæ,* et l'on ne verra aucune différence notable dans l'expression des caractères.

L'espèce qui fait le sujet de cette remarque est un petit poisson dont la forme rappellerait celle de plusieurs de nos petits cyprins, et notamment celle de la Bouvière (*Cyprinus amarus*), de même que la Citharine de Geoffroy, pourrait être facilement comparée à la Brême. Le dos est beaucoup plus convexe que le ventre. La hauteur du tronc est égale à celle de la tête et au quart de la longueur totale. Le museau est petit, mince et déprimé. L'intervalle qui sépare les deux yeux est égal au diamètre de l'œil; le dessus du crâne est méplat. L'œil est assez grand. Son diamètre n'est guère que deux fois et demie dans la longueur de la tête. L'intervalle entre le bord de l'orbite et l'extrémité du museau égale les trois quarts de ce diamètre. Le premier sous-orbitaire couvre presque tout cet espace; il est irrégulièrement quadrilatère. Le second est étroit, triangulaire et prolongé en pointe, qui s'étend sur le troisième sous-orbitaire. Les trois suivants complètent ce cercle de l'orbite en cuirassant la joue, et ils vont rejoindre le sourcilier, qui est petit, mais très-mobile. L'opercule est de grandeur médiocre et triangulaire; il a au-dessous de lui un assez large sous-opercule, triangulaire et strié; au-devant d'eux est un interopercule assez grand. L'isthme est excessivement étroit dans ce poisson, car les deux appareils operculaires se touchent entre eux. Les ouïes sont largement fendues, quoique la membrane branchiostège soit attachée au chevron de la ceinture humérale. La bouche, fendue en travers à l'extrémité du museau, est bordée par des lèvres assez épaisses, qui cachent entièrement les maxillaires ou les intermaxillaires, qui, d'ailleurs, sont fort petits. La mâchoire inférieure est un peu plus longue que la supérieure. Les dents sont très-petites, mobiles sur les lèvres charnues, qui les portent. Celles de la mâchoire supérieure sont en petit nombre et ne correspondent qu'aux intermaxillaires; elles sont coniques, un peu obtuses et beaucoup moins fines que celles de la mâchoire inférieure, dont l'apparence est celle de simples soies, couchées horizontalement sur le devant de la bouche. La ceinture humérale porte tout à fait vers le bas des pectorales, étroites et courtes, qui n'atteignent pas tout à fait l'aisselle de la ventrale, laquelle est beaucoup plus longue et beaucoup plus large que la nageoire antérieure. La dorsale est à peu près quadrilatère, et a ses rayons prolongés en filets assez courts. L'anale est basse; la caudale est fourchue.

B. 4; D. 11; A. 13; C. 21; P. 16; V. 9.

Les écailles sont assez fortes, au nombre de vingt-cinq le long de la ligne latérale. Les stries d'accroissement, examinées au microscope, sous un grossissement peu considérable, n'apparaissent que sur les bords; le centre de l'écaille n'a que de fines granulations. La couleur, d'un roux verdâtre, offre des points assez nombreux, disposés par bandes sur chaque côté. Une bandelette noire, longitudinale, traverse le corps. Les nageoires sont aussi pointillées de noir.

L'individu, long de deux pouces et demi, que nous devons à M. Schomburgk, vient du lac Amucu, de l'intérieur de la Guyane. M. Muller, auteur de ce genre, a décrit et figuré la même espèce dans ses *Horæ ichthyologicæ*. C'est le *Chilodus punctatus* de MM. Muller et Troschel, qui ont donné également une bonne figure des dents grossies.

L'anatomie de cette espèce montre que l'intestin n'est pas très-long; il n'a que trois circonvolutions. Les appendices cœcales sont au nombre de dix; mais il paraît qu'elles varient dans cette espèce, comme dans la plupart des autres, car M. Muller n'en a compté que huit. L'estomac était rempli de limon.

C. *Des* Piabuques.

Le genre des Piabuques a été établi par M. Cuvier; mais il ne l'a pas caractérisé comme nous le circonscrivons aujourd'hui. En effet, faisant reposer les caractères sur la petitesse de la tête et de la fente de la bouche, sur la forme d'un corps comprimé avec une carène du ventre non dentelée et sur une très-longue anale, M. Cuvier y réunissait un certain nombre de poissons qui appartiennent, par leur dentition, à des groupes distincts; car le *Salmo bimaculatus* et le *S. melanurus* de Bloch ont la dentition des Tétragonoptères, caractérisés par leurs deux rangs de dents festonnées à la mâchoire supérieure. Le *Salmo gibbosus* de Gronovius, qui a des dents longues et coniques sur un seul rang, appartient encore à un autre genre fort bien caractérisé par M. Muller, sous le nom d'*Epicyrtus*. Je dois ajouter que la longueur de l'anale n'est qu'un caractère spécifique; car le *Salmo argentinus* seul a l'anale longue et étendue.

Il résulte de ces réflexions, que nos Piabuques ne comprendront plus que les espèces à dents tranchantes et comprimées, dont la couronne est dentelée et qui sont remarquables par leur mobilité sur la lèvre dans laquelle elles sont implantées. Cette rangée unique de dents correspond aux intermaxillaires et à la mâchoire inférieure. L'intestin des Piabuques ne fait qu'une seule circonvolution; le pylore est entouré d'un certain nombre de cœcums.

Ce genre, ainsi caractérisé, doit ramener à lui les espèces qu'Agassiz avait réunies pour en former son genre des Schizodons; et, quoique cette subdivision ait été adoptée par M. Muller, je n'hésite pas à la confondre dans mes Piabuques. Je ne vois aucune différence essentielle dans les caractères que je considère comme génériques, et j'ai soin d'ajouter, ce qui me paraît avoir échappé à mon illustre confrère de Berlin, le caractère fort essentiel de la mobilité des dents labiales. C'est là ce qui m'autorise à placer les Piabuques à la suite des *Prochilodus* et des Citharines.

Aux deux espèces de Piabuques (l'une décrite par Bloch, l'autre que j'appelle *Piabuca schizodon,* voulant rappeler par cette épithète quel était le type du genre ainsi nommé par Agassiz), j'ajoute une troisième, qui fait partie des collections du Muséum.

Le Piabuque argentin.

(*Piabuca argentina,* Cuv.)

Le poisson décrit par Marcgrave sous le nom de *Piabucu,* et dont Kœlreuter a publié une description beaucoup plus étendue sous le nom de *Trutta dentata,* a pris dans le *Systema naturæ* le nom de *Salmo argentinus :* c'est la première espèce de ce genre.

Il a le corps tellement comprimé que l'abdomen est tranchant et qu'on voit sur les individus parfaitement conservés une carène molle, formée par la saillie de deux rangées d'écailles; mais cette carène n'est pas dentelée. Je vois la hauteur du corps varier dans les deux individus que j'ai sous les yeux. Le plus grand a la hauteur comprise cinq fois dans la longueur totale. Dans un plus petit, elle y est comprise six fois. La tête est petite. Sa longueur est une fois et demie dans la plus grande hauteur du tronc chez l'un; chez l'autre, elle est égale à cette hauteur. Je ne crois pas, cependant, que ces différences puissent être considérées comme des caractères spécifiques; elles dépendent de l'âge des individus. Le dessus du crâne est court; mais la crête interpariétale se prolonge assez loin entre les muscles du dos. L'œil, qui est recouvert par une adipeuse plus ou moins large, est assez grand; son diamètre fait le tiers de la longueur de la tête. Les intermaxillaires sont en partie cachés sous une lèvre assez épaisse et dans laquelle sont généralement implantées les dents. Les maxillaires sont petits et ne forment qu'une palette étroite sur l'angle de la bouche; la mâchoire inférieure est plus courte que la supérieure; l'ouverture de la bouche est petite. Les dents des deux mâchoires sont comprimées, serrées l'une contre l'autre, et ont leur bord dentelé. Les dents pharyngiennes sont aussi comprimées, à couronne terminée par trois pointes, dont la postérieure est longue et courbée en un crochet fort aigu. M. Müller a représenté avec exactitude la forme singulière de ces dents pharyngiennes; elles sont semblables à celles des *Leporinus*. Bloch avait déjà bien observé et figuré les dents maxillaires. La joue est cuirassée par les sous-orbitaires comme dans les genres précédents. La suture, entre le troisième et le quatrième, correspond à l'angle du préopercule. On n'en voit que le limbe, lequel est assez large dans cette espèce; car il cache presque en entier l'interopercule. L'opercule est haut, et le sous-opercule est un arc très-étroit. Les ouïes sont assez largement fendues et n'adhèrent pas à la ceinture humérale sous l'isthme de la gorge. La dorsale est reculée sur la seconde moitié du dos, et ses derniers rayons répondent aux premiers de l'anale; elle est deux fois plus haute que longue. L'anale est très-allongée; car elle mesure, à peu de chose près, le tiers de la longueur totale; mais elle est basse. La caudale est profondément échancrée; les ventrales sont courtes; car elles n'ont guère que les deux tiers de la pectorale. Leur pointe touche presque à l'anale. Les pectorales atteignent à la ventrale.

B. 4; D. 11; A. 46; C. 23; P. 16; V. 8.

Les écailles sont petites, finement striées; il y en a quatre-vingt-deux rangées entre l'ouïe et la caudale. La ligne latérale s'infléchit un peu vers le bas dès sa naissance. Arrivée à l'aplomb de la ventrale, elle se rend en ligne droite à la caudale par le milieu de la hauteur du tronc. La couleur a dû être un vert plus ou moins roussâtre sur le dos, et s'éclaircissant par des reflets argentés sur le ventre. On voit, par reflet, des lignes longitudinales un peu onduleuses vers l'origine de l'anale, et une bandelette longitudinale argentée, droite, depuis la tempe jusqu'à la caudale, au-dessus de la ligne latérale. Une tache noire oblongue existe sur la base de la queue.

Nous possédons un exemplaire de cette espèce, long de six pouces, provenant des collections cédées à la République française par le Cabinet du Stathouder, et un autre, plus petit, qui n'a que trois pouces et demi, et que le Muséum doit à la générosité de M. Temminck, directeur du cabinet de Leyde. Ces deux poissons viennent de Surinam; on leur compte dix cœcums au pylore; l'intestin ne fait qu'une circonvolution; je l'ai trouvé rempli de limon.

La rudesse de la figure de Marcgrave[1] rend assez difficile de reconnaître, dans le poisson que nous venons de décrire, le *Piabucu*. Si l'on veut consulter la figure du livre de Mentzel[2], ainsi que je l'ai fait pendant mon séjour à Berlin, les doutes augmentent au lieu de diminuer; car cette peinture représente un poisson qui est bien loin d'avoir une anale aussi longue que celle du *Salmo argentinus* de Bloch ou de Kœlreuter. La dorsale est placée beaucoup plus en avant; c'est d'ailleurs un poisson vert sur le corps et sur les nageoires; la pectorale seule est brune; une bandelette longitudinale blanche, mais non brillante, ce qui semble faire croire qu'elle n'était pas argentée, règne le long des flancs. Je ne trouve donc pas plus d'accord pour les couleurs que pour le trait, et j'ai lieu de répéter, ce que je disais tout à l'heure, que la détermination du *Piabucu* ne devait être faite qu'avec beaucoup de doute, quoiqu'il ait été accepté depuis Kœlreuter par tous les natura-

---

1. Marcgr., n.° 170.
2. Mentzel, n.° 155.

listes. De semblables doutes ne peuvent pas s'élever sur la détermination de l'espèce décrite et figurée par Kœlreuter[1], et qui a pris rang dans la douzième édition du *Systema naturæ* sous le nom de *Salmo argentinus*, mais que son illustre auteur ne place pas dans son groupe des Characins caractérisé par les quatre rayons de la membrane branchiostège, mais dans celui des Truites. Or, je crois que c'est la présence de cette espèce dans cette subdivision qui a fait étendre par Linné dans le caractère générique le nombre des rayons de la membrane branchiostège de quatre à dix. Bloch[2] possédait ce poisson; il ne dit pas, dans son ouvrage, d'où il le tenait; il l'indique seulement comme une espèce habitant les rivières de l'Amérique méridionale. La figure qu'il en a donnée est meilleure que celle de Kœlreuter. M. de Lacépède[3] l'a inscrit parmi ses Characins, et, enfin, M. Muller[4], en inscrivant le *Piabuca argentina* de M. Cuvier, a fait figurer la remarquable dentition de cette espèce.

Le Piabuque schizodonte.

(*Piabuca schizodon*, nob.)

La dentition maxillaire ou pharyngienne du poisson dont Spix a laissé une figure parfaitement reconnaissable sous le nom de *Curimatus fasciatus*, et qui est devenu pour M. Agassiz son genre *Schizodon*, me détermine à ne pas adopter ce genre, mais à le considérer comme une espèce de nos Piabuques.

---

1. Kœlr., *Nov. Comment. petropolit.*, t. VIII, 1761, p. 413, tab. 14, fig. 4.
2. Bloch, pl. 382, fig. 1.
3. Lacép., t. V, p. 272.
4. Mull. et Trosch., *Horæ ichthyol.*, p. 9, tab. 1, fig. 1.

Ce poisson a le corps allongé; les flancs arrondis; le ventre non tranchant. La hauteur du tronc sous la dorsale est quatre fois dans la longueur du corps, en n'y comprenant pas la caudale. La tête est comprise cinq fois dans la même mesure. Ce qui contribue à la faire paraître encore petite, c'est la dépression de son museau. Le diamètre de l'œil est deux fois et deux tiers dans l'intervalle de l'un à l'autre. Tout le dessus de la tête est d'ailleurs lisse et couvert d'une peau épaisse. Le diamètre de l'œil est contenu cinq fois dans la longueur de la tête, et cet organe est éloigné du bout du museau de deux fois son diamètre. Les sous-orbitaires sont en partie cachés sous l'épaisseur de la peau, étendue sur toute la joue. L'opercule est bombé et forme un triangle assez grand. Le sous-opercule est étroit; le bord, membraneux, est très-large. L'angle du préopercule est arrondi; il y a des pores très-visibles, percés sur la peau qui recouvre le limbe, et il y en a aussi sur la branche de la mâchoire inférieure. L'interopercule est oblong et se montre au-devant du sous-opercule par une petite plaque triangulaire. La bouche est petite, peu fendue. Il n'y a de dents que sur l'intermaxillaire et sur la mâchoire inférieure. Ces dents, aplaties, ont leur couronne dentelée; elles sont en petit nombre; je n'en vois que huit à chaque mâchoire. La fente des ouïes est assez large, et cependant la membrane branchiostège adhère, à la suite de l'isthme, à la ceinture humérale. La dorsale est placée sur la première moitié du corps. Les ventrales répondent au premier rayon de cette nageoire. L'anale est courte et basse.

B. 4; D. 13; A. 11; C. 23; P. 16; V. 9.

Les écailles sont grandes et assez fortes. Il y en a quarante-deux de chaque côté du corps. La couleur est un vert olivâtre plus ou moins doré, à reflets argentés sur le bord de chaque écaille. Quatre ou cinq bandelettes noires descendent du dos sur l'abdomen.

Nos individus sont longs de douze à seize pouces. Nous les tenons de l'Amazone, par M. de Castelnau; de l'Esséquibo, par M. Schomburgk. Longtemps auparavant,

M. Plée en avait rapporté un exemplaire des eaux douces du golfe du Mexique, près de la lagune de Maracaïbo.

Ces Piabuques ont, comme le précédent, une seule circonvolution à l'intestin; mais le nombre de leurs cœcums est beaucoup plus considérable; ils varient de vingt à vingt-quatre.

Ce Piabuque schizodon, décrit par Agassiz et figuré par Spix[1], a été également figuré par M. Schomburgk[2]. Les couleurs indiquées par ce naturaliste se rapportent à ce que nous avons décrit. L'individu vient du Rio Branco, et M. Schomburgk dit qu'il a trouvé dans l'estomac des débris de fruits d'un palmier du genre *Astrocaryum.*

Nous en avons un autre exemplaire, cédé par le Musée de Leyde, qui l'avait reçu de Surinam par M. Diepering.

Le PIABUQUE A BANDELETTE.

(*Piabuca vittata,* nob.)

Une autre espèce, semblable à la précédente

par la forme générale, par la brièveté de son anale, par la petitesse de sa tête et par son museau déprimé, offre cependant un caractère remarquable par la force des épines qui hérissent le bord des dents.

B. 4; D. 11; A. 9; C. 23; P. 16; V. 10.

Les écailles paraissent un peu plus petites. J'en ai compté quarante-cinq rangées le long de la ligne latérale. Les couleurs sont sensiblement différentes de l'espèce précédente. Le dos est vert plus ou moins foncé et les flancs sont argentés. Il y a quelques traces de taches

---

1. Spix, *Pisc. Brasil.*, p. 66, tab. 36.
2. Schomb., *Fish. of Guyan.*, vol. 1, part. 1, p. 252, pl. 26.

noires assez larges, mais diffuses, le long des flancs. L'antérieure, très-effacée, répond à la pectorale. La seconde et la troisième sont plus diffuses; elles répondent d'abord à l'insertion de la pectorale; puis, pour la seconde, à l'intervalle qui sépare les ventrales de l'anale. Mais une ligne longitudinale, noire et très-marquée, est tracée par le milieu du tronçon de la queue.

L'individu desséché que je décris est long de dix pouces. Il a été rapporté de l'Amazone par M. de Castelnau.

D. *Du genre* HÉMIODONTE (*Hemiodus*).

On doit l'établissement de ce genre à M. Muller. Il en a indiqué les caractères essentiels dans les Comptes-rendus de l'Académie des sciences de Berlin pour juin 1842, et il a reproduit avec un peu plus de détail la diagnose de ce genre dans ses *Horæ ichthyologicæ*. On va voir cependant que je ne la présente pas tout à fait comme le célèbre anatomiste de Berlin. Ces Salmonoïdes ont une dentition fort remarquable. Une seule rangée de petites dents, rapprochées l'une contre l'autre, existe à la mâchoire supérieure seulement; l'inférieure en est entièrement dépourvue. Ces dents sont comprimées, arrondies en avant, et tout le bord de la couronne est finement dentelé. Elles sont mobiles sur la lèvre supérieure comme les dents des Pacus. Dans les quatre individus que j'ai examinés, j'ai toujours pu faire mouvoir les dents comme les touches d'un piano : elles ne sont donc pas implantées sur les os de la mâchoire. Tout l'arc dentaire en est pourvu, et comme les intermaxillaires sont très-petits et cachés dans l'épaisseur des lèvres, il est évident que les dents correspondent aussi bien à ces petits osselets qu'aux maxillaires

eux-mêmes. Il ne faut donc pas croire que les dents
soient sur l'os intermaxillaire seul. On voit une bonne
représentation de cette dentition, grossie, à la figure 6
de la planche 1 du Mémoire de MM. Muller et Troschel.
Ces poissons ont d'ailleurs la bouche très-petite, le corps
allongé, le ventre arrondi. De même que dans les Curimates, les écailles abdominales sont plus grandes que
celles du dos. La membrane branchiostège a quatre rayons
du côté gauche, et cinq du côté droit. Les dents pharyngiennes sont en velours. Les viscères ressemblent à
ceux de la plupart des espèces de cette famille, car nous
trouvons une branche montante de l'estomac très-muscu-
laire, des intestins enroulés, une vessie natatoire double.

Je n'ai vu qu'une seule espèce de ce genre, et je lui
conserve le nom que M. Schomburgk lui a imposé dans
son Histoire des poissons de la Guyane, parce que je ne
puis avoir aucun doute sur l'identité de mes exemplaires
et des siens. Il faut cependant remarquer qu'il a laissé
échapper quelques inexactitudes dans ses descriptions.

A la suite de cet article, j'indiquerai avec beaucoup
de doute le poisson probablement très-voisin, décrit et
figuré par Bloch sous le nom de *Salmo unimaculatus.*
Mais je ne puis admettre avec cet auteur que nous re-
trouvions dans ces *Hemiodus* le troisième Charax de
Gronovius[1]. Ce savant naturaliste cite le Curimate de
Pison, ou, ce qui est la même chose, celui de Marcgrave, qui n'est certainement pas notre poisson. Il dit
très-positivement qu'il y a des dents aux deux mâchoires,
et que la dorsale a les rayons antérieurs très-longs (*pinna*

______

1. Gronovius, *Zooph.*, p. 123, n.° 379.

dorsi prior inermis, ossiculorum decem, anterioribus longissimis). Ce caractère ne conviendrait qu'à notre première espèce de Curimate. Or, le reste de la description ne peut s'accorder avec une espèce de ce genre. On voit donc qu'il reste les plus grandes incertitudes sur le poisson décrit par l'ichthyologiste de Leyde.

Bloch a également cité sous son poisson le Curimate de Marcgrave, erreur que M. Muller a déjà rectifiée, en rapportant cette citation à sa véritable place.

Les Hémiodontes, originaires de la Guyane et du Brésil, paraissent se nourrir, comme leurs congénères, de la vase du fond des eaux. M. Schomburgk dit qu'elles ne mordent pas à l'hameçon.

L'Hémiodonte a caudale rayée.

(*Hemiodus notatus*, nob.)

J'ai sous les yeux quatre exemplaires d'un poisson qui rentre évidemment dans le genre établi par M. Muller.

Le corps est de forme élégante et semblable à celui de nos Cyprins ou de nos petites Marènes. La hauteur du corps est comprise quatre fois dans la longueur, mesurée depuis le bout du museau jusqu'au centre de la fourche de la caudale, ou quatre fois et demie dans la longueur totale. La tête est petite, plus courte que la hauteur. L'œil est assez grand; car le diamètre mesure au moins le tiers de la longueur de la tête. Il est recouvert par une large et double adipeuse qui avance de chaque côté sur l'ouverture de la pupille. Il y a six osselets sous-orbitaires. Le premier est petit, au-dessous de la narine et assez éloigné de l'œil, car il touche au maxillaire. Le second est étroit, longitudinal et tout à fait en dessous. Le troisième, triangulaire, se prolonge en arrière en une plaque assez forte, augmentée derrière l'œil par le quatrième. Le cinquième est vertical et placé entre l'œil et l'opercule; le sixième revient horizontalement sur la portion postérieure du cercle de l'orbite. Comme ces os s'étendent sur le bord du préopercule, ils cuirassent toute la joue. On ne voit donc que le limbe de cette pièce operculaire, réduite presque uniquement à l'extérieur à la portion horizontale. L'opercule est assez grand et en demi-cercle. Le sous-opercule forme un arc étroit; l'interopercule est très-petit. Au-dessus de l'œil on voit un sourcilier étroit et recouvert en partie par la peau épaisse et comme chagrinée qui recouvre toute la surface du crâne. Cette sorte de chagrin donne au-dessus de la tête une apparence écailleuse. Il n'y a, d'ailleurs, aucune strie ni cannelure sur ce crâne. Les narines sont percées au-devant du sourcilier et un peu en dessus. Les deux ouvertures de chacune d'elles sont très-rapprochées l'une de l'autre. La bouche est très-petite. La mâchoire supérieure est plus longue que l'inférieure, et la recouvre entièrement. Les deux branches de la mâchoire inférieure forment une sorte de petite palette aplatie, qui n'a guère qu'un mouvement d'abaissement ou d'élévation sur la tête. L'extrémité postérieure de la branche répond au milieu de l'œil. La mâchoire supérieure est formée par de très-petits intermaxillaires, perdus en quelque sorte dans l'épaisseur de la lèvre, et par des maxillaires, petits et courts, mobiles sur les côtés, très-faiblement protractiles dans les mouvements de la mâchoire inférieure. La lèvre est assez grosse, mais peu mobile, et paraît peu charnue, parce qu'elle est en quelque sorte solidifiée par les dents implantées dans son épaisseur. Elles sont mobiles et disposées sur un seul rang, serrées à côté l'une de l'autre, et vont en diminuant à mesure qu'on s'approche de l'angle. Quoique petites, il est facile de les compter; elles sont au nombre de vingt-huit. Chaque dent a la couronne aplatie, un peu bombée en avant, et tout le bord finement crénelé. Il n'en existe pas à la mâchoire inférieure. Les ouïes sont largement fendues et libres sous un isthme assez large. Je compte cinq rayons à la membrane branchiostège du côté droit, et quatre à celle du côté gauche. Les dents pharyngiennes sont en velours ras. La dorsale répond à peu près au milieu de la longueur du corps, en n'y comprenant pas la caudale. Cette nageoire trapézoïdale est assez haute de l'avant. L'anale est basse et petite. La caudale est profondément fourchue et ses lobes sont étroits. La pectorale est pointue et plus petite que la ventrale.

B. 4 — 5; D. 11 ; A. 11; C. 25; P. 16; V. 11.

Il y a, le long de la ligne latérale, soixante-dix rangées d'écailles; mais il faut remarquer qu'elles grandissent sensiblement au-dessous de cette ligne, et que celles du ventre sont cinq à six fois aussi grandes que celles du dos. Ces grandes écailles montrent une surface extérieure fortement striée, en rayonnant du centre vers la circonférence. La portion radicale n'a que de très-fines stries d'accroissement. La couleur du poisson paraît avoir été verdâtre sur le dos et argentée très-brillante sous le ventre. Au-dessus de la ligne latérale et un peu au delà de la dorsale, il existe une tache ronde et noire sur le milieu de chaque côté. La caudale a une bandelette noire longitudinale sur chacun de ses lobes. La branche montante de l'estomac a des parois épaisses. L'intestin n'a qu'une circonvolution. La longueur de nos individus est de six à sept pouces.

La collection du Muséum en possède depuis longtemps un individu donné par M. Cuvier, et qui avait été rapporté des eaux douces de Surinam par Levaillant; deux autres ont été cédés à notre collection nationale par·le Musée de Leyde; enfin, nous en avons un quatrième qui a été envoyé du Brésil par M. de Castelnau. C'est incontestablement l'*Anodus notatus* des poissons de la Guyane de M. Schomburgk[1]. La figure montre positivement les dents. Dans la description on indique un seul rang de dents à chaque mâchoire. J'ai lieu de croire que cette erreur a été commise d'après une détermination un peu

---

1. Schomb., *Fish. of Guyan.*, part. 1, p. 218, pl. 15.

légère faite sur l'inspection du dessin; car, je tiens de
M. Schomburgk que cette publication n'a pas été faite
d'après ses objets eux-mêmes, mais seulement d'après ses
dessins et ses notes, et on voit que l'auteur anglais n'ajoutait pas une grande importance au caractère de la dentition,
puisqu'il place, à la vérité avec un point de doute, une
espèce à laquelle il attribue des dents à chaque mâchoire
dans un genre dont la diagnose transcrite par lui-même
porte l'expression de *dentes nulli*. Je suis d'autant plus
certain de ma détermination, que le célèbre voyageur à
la Guyane m'a permis de calquer ses dessins originaux,
et il est facile de voir qu'il n'a point indiqué de dents à
la mâchoire inférieure. Les couleurs sont un olive pâle,
devenant jaunâtre sur l'opercule; le dos est d'un gris
bleuâtre avec quelques marbrures pâles; la dorsale est
verdâtre, et les autres nageoires ont quelques teintes
jaunes; les barres de la caudale sont d'un vert bleuâtre
très-foncé. M. Schomburgk s'est procuré ce poisson en
passant sur un fond de sable du Rio Négro. Il observe
qu'il ne mord pas à l'hameçon.

L'Hémiodonte a une tache.

(*Hemiodus unimaculatus*, Mull.)

Ce n'est qu'avec beaucoup de doute que je présente,
comme une espèce distincte de la précédente, le poisson
décrit et figuré par Bloch sous le nom de *Salmo unimaculatus*. Il ressemble, en effet, sous presque tous les
rapports à l'espèce que je viens de faire connaître ;

mais il n'y a aucune trace de tache sur la caudale. Cette nageoire
a ses lobes beaucoup plus longs et plus pointus; la dorsale et

l'anale sont proportionnellement plus hautes; les pectorales plus longues et les ventrales plus petites. Enfin toutes les écailles sont d'égale grandeur au-dessus comme au-dessous de la ligne latérale. Il me semble que ce caractère est si frappant qu'il n'aurait pas échappé à Bloch ni à son dessinateur, pour peu qu'ils aient considéré le poisson avec la moindre attention.

Je me serais volontiers rangé à l'opinion de considérer le poisson de Bloch comme de la même espèce que le précédent, si M. Muller ne me paraissait pas avoir décrit d'après nature l'*Hemiodus*, qu'il rapporte sans hésiter au *Salmo unimaculatus* de Bloch. Or, M. Muller ne parle que de la couleur argentée du poisson et de la tache noire marquée sur le milieu des côtés. J'ai peine à croire que deux observateurs aussi exacts que MM. Muller et Troschel, aient négligé de citer les bandelettes de la caudale. D'un autre coté, je ne puis admettre qu'elles se détruisent par l'action de l'alcool, puisque je les trouve encore aussi visibles que la tache sur l'exemplaire conservé dans l'alcool, et rapporté de Surinam par Levaillant en 1788. Ces raisons me font croire que l'*Hemiodus unimaculatus* de MM. Muller et Troschel est un poisson d'une espèce particulière et déjà connue de Bloch.

Le poisson de M. Muller a les mêmes nombres que le nôtre.

D. 11; A. 11—12; V. 11; P. 17.

Bloch avait reçu ses exemplaires de Surinam.

CHAPITRE XV.

Du genre TÉTRAGONOPTÈRE (*Tétragonopterus*).

Nous trouvons la première indication de ce genre dans Séba. On voit qu'Artedi avait la pensée de désigner sous ce nom un poisson à corps assez élevé, à bouche petite, ayant deux rangs de dents à la mâchoire supérieure et un seul à l'inférieure; c'est ce qu'il a parfaitement indiqué dans la description détaillée, donnée, dans son *Species,* du *Coregonus amboinensis.* M. Cuvier, en adoptant ce genre dans sa première édition, a fait de son poisson une description plus détaillée dans son Mémoire sur les Mylètes, où il a caractérisé ses Chalcées. Il a aussi eu soin de remarquer, dans ce mémoire, qu'Artedi lui avait donné par erreur la dénomination de Tétragonoptère, en croyant que ce poisson pouvait se rapporter aux Tétragonoptères de Klein, qui ne sont autres que les Tétrodons de Linné. Dans la seconde édition du Règne animal, M. Cuvier a fait rentrer dans ses Tétragonoptères son *Chalceus fasciatus,* puis le *Serrasalmus chalceus* de Spix; il avait en cela parfaitement raison; mais il a laissé une diagnose fort incomplète des Tétragonoptères, puisqu'il dit que ces poissons ont les dents tranchantes et dentelées des Serrasalmes. Cette comparaison est inexacte non-seulement quant aux dents, mais aussi quant à la disposition des os de la mâchoire supérieure, bordée dans les Serrasalmes par l'intermaxillaire seul.

M. Muller a repris les Tétragonoptères d'Artedi et de M. Cuvier, et en a bien exposé la diagnose caractéristique. Mais je ne crois pas qu'il ait été aussi heureux dans la synonymie. Ainsi il réunit sous sa première espèce, *Tetra-gonopterus argenteus,* cinq poissons différents. Il en est de même de son *T. maculatus,* où il fait de plus un double emploi; car je ne pense pas que le *T. rutilus* de Jenyns soit différent du *T. fasciatus* de M. Cuvier. D'ailleurs je dois ici faire remarquer qu'en réunissant le *S. bimaculatus* de Bloch au second Charax de Gronovius pour en faire mon *T. Gronovii,* je ne place ce poisson qu'avec beaucoup de doute dans ce genre, puisque Grono-vius ne lui donne qu'une seule rangée de dents à chaque mâchoire. Ce caractère le rapprocherait du *T. interruptus* de Jenyns, qui, comme l'observe M. Muller, appartient peut-être à un genre différent des Tétragonoptères, à cause de cette unique rangée de dents. Mais on sait que dans l'ouvrage que je publie je ne parle qu'avec une très-grande réserve des poissons que je n'ai pas vus, et je n'oserais pas, sur une simple description, ériger un genre. Il me paraît probable cependant que cette combinaison doit exister: elle compléterait dans ce groupe celle que nous offrent les Tétragonoptères avec deux rangs de dents à la mâchoire supérieure, les Piabucines, avec leurs deux rangs de dents à la mâchoire inférieure seulement, et les Gastéropelecus, qui en ont deux à chaque mâchoire.

La splanchnologie des Tétragonoptères ressemble à celle de toutes les espèces de ce groupe. L'intestin ne fait qu'une circonvolution; le nombre des cœcums varie beaucoup suivant les espèces, et je crois même suivant les individus. J'en ai trouvé treize dans mon *T. rufipes* et vingt-quatre dans un *T. maculatus.* L'estomac était rempli de débris d'insectes et de petits poissons.

Le Tétragonoptère d'Artedi.

(*Tetragonopterus Artedii*, nob.)

Comme j'ai sous les yeux, dans les collections du Muséum, un des Tétragonoptères du cabinet du Stathouder, qui a servi aux travaux d'Artedi, je suis à même de reconnaître la figure peu correcte que nous trouvons dans Séba.

Ce poisson a le corps rhomboïdal. Cependant, l'espèce suivante l'a plus régulier, parce que, dans celle dont nous nous occupons, la courbe inférieure du ventre est plus simple depuis la gorge jusqu'à la queue. La ligne du profil du dos est d'abord un peu concave sur la nuque; puis elle forme une courbure convexe jusqu'à la dorsale; elle redescend ensuite vers la queue, étant un peu convexe entre les deux nageoires. La tête mesure à peu près le quart de la longueur totale. L'œil est grand, car son diamètre est à peu près la moitié de la longueur de la tête. L'intervalle d'un œil à l'autre est un peu plus petit que ce diamètre. Le museau est gros et obtus. La bouche est fendue en travers. La mâchoire inférieure est seule mobile. Quand elle s'abaisse, la fente de la bouche devient assez grande. Il n'y a guère que la moitié du diamètre de l'œil entre le bord antérieur de l'orbite et l'angle de la bouche. On trouve un premier et très-petit sous-orbitaire au-devant de l'œil; puis un second, élargi en une petite palette, et qui ne descend pas au-dessous du maxillaire; puis un troisième, assez grand, triangulaire, obtus vers le bas, couvre toute la joue. Trois autres sous-orbitaires étroits remontent jusqu'au haut de l'œil en s'appuyant sur le bord montant du préopercule. Le limbe de cet os descend jusqu'à la fente de l'ouïe, en cachant presque en entier l'interopercule. L'opercule est haut et étroit; il n'y a qu'un très-petit sous-opercule. La fente des ouïes est grande. La membrane branchiostège est soutenue par quatre rayons. Les intermaxillaires ont deux rangées de dents comprimées, à couronne tricuspide; les internes sont un peu plus grandes que les antérieures. Je vois des dents semblables , à la mâchoire inférieure. Les maxillaires n'ont que quelques dents coniques près de l'articulation; puis une fine denticulation tout le long du bord. La dorsale est haute, mais peu large. L'anale est basse et à peu près de même hauteur sur toute son étendue; la caudale est fourchue; la pectorale dépasse l'insertion de la ventrale.

B. 4; D. 11; A. 40; C. 21; P. 15; V. 8. *

Les écailles sont assez grandes; on en compte trente rangées le long des flancs, entre l'ouïe et la queue. La couleur du poisson, conservé depuis très-longtemps dans l'alcool, est argenté. On voit que le dos devait être plus foncé que le ventre. Une bandelette longitudinale blanche va de l'angle supérieur de l'ouïe au bord dorsal de la queue, tout près de la caudale. Une seconde bandelette, argentée, très-marquée, part de la tempe et va s'évanouir sur le dos, un peu au delà de la dorsale. Il en existe une autre, plus petite, entre celle-ci et la première, et qui correspond à l'intervalle des deux nageoires. Puis on peut croire que toute la carène du dos, depuis la nuque jusqu'à la caudale, était également argentée. La base de la nageoire seule serait foncée. Enfin, un trait argenté et oblique est tracé sur le bas des côtés; il part obliquement du dernier rayon de l'anale, et va s'évanouir avant d'atteindre l'extrémité antérieure de la nageoire.

Outre l'exemplaire que j'ai sous les yeux, je sais qu'il en existe un second au Musée de Leyde dont les couleurs sont distribuées tout à fait comme celles que je viens de

----

* On ne doit pas s'étonner que nos nombres ne concordent pas exactement avec ceux d'Artedi [1]; car si la description des dents ne laisse aucun doute sur la détermination générique de l'espèce décrite et figurée par ce célèbre ichthyologiste, on doit conclure qu'il n'a pas compté les nombres avec beaucoup d'exactitude, puisqu'il indique pour le nombre des rayons branchiostèges 5 ou 6, qu'il avoue avoir eu de la peine à compter. Il dit D. 12; A. 34, etc.

[1] Artedi, *Sp.*, p. 44, n.° 4.

décrire. M. Temminck, directeur de ce Musée, qui a rendu tant de services à notre ichthyologie, m'a permis d'en prendre le dessin.

Nos individus sont longs de trois pouces et quelque chose.

J'ai dit, au commencement de cet article, que je croyais pouvoir rapporter au poisson dont nous nous occupons ici, la figure de Séba[1]; cependant je dois faire observer qu'elle représente l'extrémité du museau beaucoup plus convexe; l'œil plus petit; mais comme il est évident que le dessin des écailles et des nageoires n'a pas été suffisamment soigné, je n'ose me décider à établir ici une synonymie rigoureuse, et je me demande si cette figure n'aurait pas été faite d'après une espèce distincte, quoique très-voisine de toutes celles que nous rapprochons dans ce chapitre.

Si les ichthyologistes retrouvaient, dans les collections d'Amsterdam ou d'Utrecht, les types de cette espèce, elles devraient prendre le nom de *Tetragonopterus Sebœ,* puisque cet auteur aurait le premier publié ce *Coregonoides amboinensis* d'Artedi. On serait encore autorisé à établir cette espèce, si elle n'avait effectivement, comme le dit Artedi, que trente-quatre rayons à l'anale. Toutefois on ne peut que s'étonner de voir Gronovius[2] associer la figure de Séba à son cinquième Charax, dont il a publié une bonne figure dans son *Museum ichthyologicum.* Cette erreur de Gronovius n'a pas manqué d'être copiée par Gmelin et par Bloch.

---

1. Séba, *Thes.*, t. III, pl. 34, fig. 3.
2. Gronov., *Mus.*, tab. 1, fig. 5, et *Zoophyl.*, p. 124, n.° 381.

Le Tétragonoptère argenté

(*Tetragonopterus argenteus*, Cuv.)

me paraît une espèce extrêmement voisine de la précédente, qui s'en distingue plus par les couleurs que par les
formes. Je ne crois pas être cependant en dehors de la
vérité en disant que le profil de la nuque est un peu plus
concave, et que l'œil est un peu plus grand. En voici
d'ailleurs la description détaillée.

La distance du bout du museau à la dorsale est, à très-peu de
chose près, égale à celle de la dorsale à la caudale et aux deux
côtés inférieurs qui vont de chaque extrémité du corps à la plus
grande saillie du ventre. La hauteur est aussi égale à sa longueur
et à peu près moitié de celle du corps. Le museau est gros et obtus.
La mâchoire inférieure dépasse un peu la supérieure quand elle est
relevée, et beaucoup, quand elle est abaissée. La ligne du profil
monte par une courbe concave sur la nuque, qui se redresse et devient convexe jusqu'à la dorsale. De cette nageoire jusqu'à la queue,
la ligne descend très-obliquement, et elle est très-peu convexe entre
les deux nageoires du dos. La ligne du profil inférieur est très-peu
concave depuis le museau jusqu'à l'anus; elle monte, droite et
oblique, le long de l'anale jusqu'à la queue, dont la hauteur est
comprise quatre fois et demie dans celle du tronc. La tête est
courte. Sa longueur est un peu moindre que le quart de la longueur
totale. L'œil est grand; son diamètre est, à peu de chose près,
moitié de la longueur de la tête; il est tout à fait sur le haut de la
joue, sans que, cependant, le cercle de l'orbite entame la ligne
du profil; car il est évidemment au-dessous de la nuque. L'intervalle qui sépare les deux yeux est égal au diamètre de l'œil. Entre
le bout du museau et le bord antérieur de l'orbite il n'y a que la
moitié du diamètre. Le premier sous-orbitaire est très-petit, mobile
derrière le haut du maxillaire. Le second forme une petite palette,

un peu élargie vers le bas, et correspond à l'extrémité du même os. Le troisième est une grande plaque triangulaire, obtuse vers le bas; elle couvre presque toute la joue; le quatrième est étroit et trapézoïdal; le cinquième et le sixième remontent derrière l'œil, en touchant à tout le bord montant du préopercule. Leur largeur est plus petite que la moitié du diamètre de l'orbite. On ne voit que le limbe inférieur du préopercule, dont l'angle, très-mousse, descend assez bas; il couvre presque tout l'interopercule. L'opercule est haut et très-étroit, et le sous-opercule très-petit. Les ouïes sont très-largement fendues. L'isthme de la gorge est étroit. La fente de la bouche devient assez grande quand la mâchoire inférieure est abaissée; la supérieure est très-peu mobile. Les inter-maxillaires portent deux rangs de dents tricuspides; les maxillaires n'ont que deux ou trois petites canines auprès de leur articulation. Les dents de la mâchoire inférieure, semblables à celles des inter-maxillaires, sont sur un seul rang. J'ai indiqué plus haut la place qu'occupe la dorsale. Cette nageoire est deux fois plus haute que large; ses derniers rayons sont bas. L'anale est à peu près d'égale hauteur dans toute sa longueur; la caudale est fourchue; les pecto-rales atteignent au delà de l'insertion des ventrales.

B. 4; D. 11; A. 40; C. 21; P. 15; V. 8.

Les écailles sont assez grandes, assez fortes, et nous en comptons trente entre l'ouïe et la caudale. La ligne latérale est très-marquée et courbe à son origine. La couleur paraît avoir été verdâtre sur le dos et argentée sur tout le reste du corps. En avant de la dorsale on voit descendre du dos deux bandes foncées, visibles surtout par reflet, dont l'une s'arrête sur le haut de la fente des ouïes, et la seconde descend jusqu'à la ligne latérale, à peu près vers le milieu de la pectorale. Une tache noire, très-marquée, occupe l'extrémité de la queue le long de la base de la caudale.

L'exemplaire que je décris est celui qui a servi à M. Cuvier[1]; il a près de quatre pouces de longueur. J'in-

---

1. Cuv., Mém. du Mus., t. IV, p. 455.

siste sur cette identité, parce que M. Cuvier n'a compté que trente-quatre rayons à l'anale, précisément le même nombre que celui indiqué par Artedi. J'ai vérifié plusieurs fois le nombre que j'indique.

Il y a lieu de croire que ce poisson est originaire de Bahia, car il a été rapporté du cabinet d'Ajuda par M. Geoffroy Saint-Hilaire.

Le Tétragonoptère aux pieds roux.

(*Tetragonopterus rufipes*, nob.)

Ce Tétragonoptère est une espèce très-voisine des précédentes; cependant elle s'en distingue un peu par les formes et surtout par les couleurs.

La crête interpariétale s'élève encore assez haut pour rendre la nuque concave; mais les trois exemplaires que j'ai sous les yeux me prouvent que cette concavité est moins profonde que chez les espèces précédentes, parce qu'au-dessus de l'œil le front est un peu convexe. A partir de la crête interpariétale jusqu'à la dorsale, la courbe du profil du dos s'élève obliquement; mais elle est peu convexe. Enfin, la saillie inférieure du profil près de l'anus est un peu plus reculée par rapport à la position de la dorsale. L'œil est aussi plus grand. Les nombres des rayons des nageoires et des écailles sont semblables.

B. 4; D. 11; A. 40; C. 21; P. 15; V. 8.

M. d'Orbigny, qui a vu le poisson frais, l'a dessiné olivâtre, rembruni sur le dos et sur la tête. Les opercules sont argentés. La dorsale, à base jaunâtre, a toute sa seconde moitié rembrunie, et sur un de mes exemplaires je vois que les extrémités de la caudale sont aussi plus foncées; les pectorales et l'adipeuse tiennent de la couleur générale du corps; les ventrales et l'anale sont vivement colorées en orangé.

Ce poisson a été pris sur le marché de Buénos-Ayres. Nos exemplaires sont longs de cinq pouces.

Le Tétragonoptère de Schomburgk.

(*Tetragonopterus Schomburgkii*, nob.)

Parmi ces espèces à nuque concave, j'en trouve une dans les collections de M. Schomburgk qui se distingue de toutes les précédentes

par la grandeur de l'orbite; car le diamètre n'est qu'une fois et deux tiers dans la longueur de la tête. La hauteur, sous la dorsale, est égale à la moitié de la longueur du corps, en n'y comprenant pas la caudale. Les dents de la mâchoire inférieure sont assez fortes.

B. 4; D. 11; A. 32; C. 25; P. 14; V. 8.

La couleur est un olivâtre clair sur le dos, devenant irisé de bleu et de rose sur les flancs. Une large tache noire est sur l'épaule; une autre à la base de la queue, et enfin, je vois que le bout du museau et l'angle sont fort rembrunis. La caudale a une bande verticale effacée; la dorsale est pâle.

Tel est le poisson pris par M. Schomburgk dans l'Esséquibo, et dont il m'a communiqué le dessin. Ce voyageur a donné aux collections du Muséum un exemplaire de cette espèce; mais l'individu a été blessé, de sorte qu'il n'est pas possible de décrire avec détail et d'après nature le contour depuis la nuque jusqu'à la dorsale. Ce que je vois du profil du ventre et de la portion postérieure du corps, me prouve qu'il est différent des espèces voisines, et d'ailleurs sur cet exemplaire il est facile de saisir le caractère de la grandeur de l'orbite. Le poisson est long de six pouces.

Le Tétragonoptère orbiculaire.

(*Tetragonopterus orbicularis*, nob.)

Je désigne sous ce nom une espèce, qui se distingue des précédentes

par un corps plus arrondi. La hauteur n'est qu'une fois et demie dans la longueur totale. La nuque est un peu moins concave. La dorsale est moins pointue de l'avant. La tête est proportionnellement plus courte; car elle n'est que le cinquième de la longueur totale. L'œil est contenu deux fois et demie dans cette tête. Le troisième sous-orbitaire a son angle inférieur plus fermé, et le limbe du préopercule, sous lui, est aussi plus anguleux. La caudale est plus fourchue, et ses lobes un peu plus aigus.

B. 4; D. 11; A. 34; C. 21; P. 11; V. 7.

La dorsale est moins haute; l'anale est plus courte. Le nombre des écailles sur les flancs est de trente-cinq.

Je possède un exemplaire de cette espèce, rapporté de l'Esséquibo par M. Schomburgk. Il a près de quatre pouces de long; sa couleur était olivâtre; une bandelette longitudinale et argentée a laissé des traces sur la queue; on voit sur les flancs et sous la dorsale une tache noirâtre presque effacée; il n'y a pas de tache noire à la base de la caudale; mais les rayons mitoyens me paraissent plus foncés dans l'angle de la fourche.

J'ai trois autres individus, rapportés de l'Amazone par M. de Castelnau. Ceux-là n'ont guère que deux pouces et demi; ils ont conservé le brillant argenté du corps. Le long de la colonne vertébrale, une bandelette argentée, paraissant bleue par reflet, semble limiter la couleur roussâtre ou verdâtre du dos. J'aperçois sur un de ces exemplaires un reste de tache noirâtre, un peu plus avancée que dans celui de M. Schomburgk. Je ne doute pas cependant que tous ces individus n'appartiennent qu'à une seule et même espèce.

Le Tétragonoptère brême.

(*Tetragonopterus abramis*, Jen.)

M. Jenyns a donné, sous le nom que nous lui conservons, la description et la figure d'une espèce très-voisine de celle-ci.

Elle a cependant la nuque moins concave; le profil, en général, plus régulier et plus semblable à celui du ventre; la couleur d'un argenté bleuâtre, avec une bandelette brillante sur chaque côté. Il y a une tache noire sur l'épaule et une bande de même couleur sur le milieu de la caudale; celle-ci paraît s'être effacée dans l'alcool; mais la tache de l'épaule est restée visible.

M. Jenyns a fait suivre la descríption très-détaillée de son espèce de quelques observations sur ses affinités. En indiquant le *Tetragonopterus chalceus* de Spix, il remarque que son *T. abramis* a les écailles beaucoup plus petites.

Ce poisson a été pris en octobre par M. Darwin dans le Rio Parana.

Le Tétragonoptère chalcée

(*Tetragonopterus chalceus*, Agassiz[1].)

Est une espèce

à nuque très-concave, creusée d'un sillon longitudinal, qui avance

---

1. Agassiz, *Pisc. Brasil.*, p. 70, pl. 33, fig. 1.

jusqu'entre les yeux. Au delà de la nuque, le profil du dos est un peu moins élevé que celui des espèces précédentes. Les nombres, d'après M. Agassiz, sont :

D. 12; A. 32; C. 25; P. 14; V. 8.

Tout le corps est couvert de grandes écailles minces, plus hautes que longues. La couleur est un vert rembruni sur le haut du dos, devenant dorée sur tout le reste du corps. Ces teintes dorées se fondent dans le bleuâtre des nageoires. Je ne puis mieux comparer ces couleurs qu'à celles du *Cyprinus carassius*. Les opercules sont argentés. L'individu conservé dans l'alcool existe dans le Musée de Munich, il est long de trois pouces trois quarts.

Comme M. Spix n'a indiqué aucune tache humérale ni caudale; que M. Agassiz n'en parle pas dans sa description; et comme, d'un autre côté, les nombreux individus conservés dans nos collections, conservent parfaitement les taches noires dont ils sont ornés, je ne crois pas me tromper, en pensant que cette espèce manque de ces taches si générales dans presque tous les poissons de ce genre et qu'il faut la considérer comme distincte. Je me fonde d'ailleurs, pour établir cette distinction, non pas seulement sur cette variété des couleurs, mais sur des différences bien marquées dans le dessin du contour.

Après avoir décrit ces espèces orbiculaires, nous arrivons à une suite d'autres poissons que le caractère de la dentition place auprès des Tétragonoptères, sans qu'ils aient la forme élevée de ceux-ci. Cette différence dans les formes est assez grande pour que j'aie cherché avec soin, si je ne trouverais pas quelque caractère accessoire pour les séparer. Loin de cela, j'arrive à la forme très-allongée des Tétragonoptères

de Schomburgk par une intermédiaire déjà connue de
Linné et de Bloch. Cette transition justifie pour moi les
réunions que j'ai faites de quelques genres précédents
établis par mes prédécesseurs.

Je vais commencer par la description de l'espèce à corps
le plus haut dans ce groupe des Tétragonoptères allongés.

Le Tétragonoptère de Linné.

(*Tetragonopterus Linnæi*, nob.)

La première de ces espèces

a le corps en ovale allongé, dont la hauteur mesure le tiers de la
longueur totale. La tête y est comprise à peu près cinq fois. La
dorsale est pointue de l'avant; l'anale est basse, assez longue; la
caudale est fourchue.

D. 10; A. 32; C. 25; P. 13; V. 8.

Le museau est petit et un peu pointu. La couleur est un argenté
verdâtre sur le dos. Une bandelette brillante va de l'épaule à la
queue. Il y a deux taches de chaque côté du corps; l'une, sur
l'épaule; l'autre, sur la queue. Notre exemplaire a près de trois pouces.

Il a été envoyé de Cayenne par M. Leprieur.

C'est, des espèces que j'ai sous les yeux, celle qui ressemble le plus à la figure du poisson donné par Linné sous
le nom d'*Albula maculata*.[1]

---

1. Linn., *Mus. Ad. Freder.*, tab. 32, n.° 78.

Le Tétragonoptère de Gronovius.

(*Tetragonopterus Gronovii,* nob.)

Si l'on compare à la précédente espèce la figure de Gronovius[1], reproduite dans le *Zoophylacium,* on ne tarde pas à reconnaître les différences principales qui existent entre le dessin de son contour et celui de la figure du Musée du prince Adolphe-Fréderic. Or, je retrouve dans un assez grand nombre de poissons, qui nous sont venus de Surinam, les mêmes différences entre celui que j'ai appelé *T. de Linné* et celui-ci que je dédierai, par une raison analogue, à la mémoire de Gronovius.

Le corps est allongé. La plus grande hauteur répond à la région des pectorales, et non pas, comme dans le précédent, à celle de la dorsale. Cela dépend de la saillie du ventre en avant des ventrales. Cette hauteur est un peu moins considérable que celle de l'espèce précédente; car elle est contenue trois fois et quelque chose dans la longueur totale. Pour le reste, les poissons se ressemblent sous tous les rapports. Ce qui me paraît le caractère essentiel de cette espèce, en la comparant à la suivante, serait la brièveté de l'os huméral.

D. 11; A. 32; C. 25; P. 12; V. 8.

Il y a quarante écailles le long des flancs. On trouve les mêmes taches sur l'épaule et sur la queue, et le fond de la couleur est semblable.

Nos exemplaires sont venus de Surinam par MM. Leschenault et Doumerc, et des rivières de la Guyane, par M. Schomburgk.

---

1. *Mus. ichthyol.,* t. I, pl. 1, fig. 5.

Je me crois d'autant plus fondé à établir cette espèce, que je retrouve parfaitement le même profil dans le *Salmo bimaculatus* de Bloch[1]. J'ai déjà eu occasion de remarquer comment la synonymie de cet auteur est erronée. Si la figure de Gronovius, comparée au poisson que j'ai sous les yeux, me détermine à rapporter sa description au genre des Tétragonoptères, je dois cependant faire observer que les paroles de Gronovius[2] me laissent encore dans l'incertitude; car il dit expressément, qu'il n'existe qu'un seul rang de dents à chaque mâchoire. Si les dents étaient mobiles sur les lèvres, ce que les auteurs de ce temps n'observaient pas avec autant d'attention que nous le faisons aujourd'hui, son poisson prendrait place dans nos Piabuques et serait une nouvelle espèce de ce genre. Mais le grand nombre d'individus de tous ces Tétragonoptères à tache sur le haut de l'épaule, que nous avons reçus des différents points de l'Amérique méridionale, me font cependant penser que le poisson dessiné par Gronovius devait être un Tétragonoptère.

Le TÉTRAGONOPTÈRE A BANDELETTE.

(*Tetragonopterus tæniatus*, Jenyns.)

Le Tétragonoptère, publié sous ce nom par M. Jenyns, est encore excessivement voisin du précédent;

car il a les mêmes formes générales; les mêmes couleurs; mais il s'en distingue par deux caractères faciles à apprécier. L'un d'eux consiste dans une plus grande largeur de l'os de l'épaule, qui fait au-dessus

---

1. Pl. 382, fig. 2.
2. Gronov., *Mus. ichthyol.*, p. 19, n.° 54, tab. 1, fig. 5.

de la pectorale un petit écusson triangulaire, très-notable. Enfin, il se distingue encore par le nombre des rayons de l'anale, qui est plus courte. Cette nageoire n'a que vingt-sept rayons.

B. 4 ; D. 10 ; A. 27 ; C. 25 ; P. 14 ; V. 8.

Les collections du Muséum possèdent un exemplaire de ce poisson, long de cinq pouces: il vient de la Mana, par M. Leschenault. Outre l'exemplaire que j'examine ici, j'ai la certitude qu'il en existe un autre, semblable, dans le Musée de Leyde, qui a été envoyé de Surinam par M. Diepering. Sur le dessin que j'en ai pris, le caractère du scapulaire y est très-nettement exprimé. Ma détermination, relativement à l'espèce de M. Jenyns, n'est fondée que sur la similitude du nombre des rayons, et encore n'en compte-t-il que vingt-cinq à l'anale.

Le TÉTRAGONOPTÈRE A GRANDES ÉCAILLES.

(*Tetragonopterus grandisquamis*, Mull.)

MM. Muller et Troschel[1] ont une autre espèce, distincte par ses grands yeux.

La hauteur est deux fois et demie dans la longueur. Les nombres des rayons de l'anale sont les mêmes que ceux de l'espèce précédente, et elle ne me paraît en différer que par l'absence de tache humérale.

D. 11 ; A. 28 ; P. 14 ; V. 9.

Cette espèce est conservée dans le Musée de Berlin ; je l'ai observée à Leyde, où les individus proviennent des collections faites à Surinam par M. Diepering. Je dois

---

1. Mull. et Trochel, *Horæ ichthyol.*, t. VIII, fig. 2, p. 27.

cependant faire observer que ce poisson me paraît extrêmement voisin de notre *T. tœniatus;* car, dans les individus
de cette dernière espèce, la tache humérale est quelquefois
très-peu marquée. Elle ne devient, en quelque sorte, visible
que sur les exemplaires qui ont perdu leurs écailles. Il faudrait, pour plus de certitude, pouvoir rapprocher tous ces
individus.

Le MOJARRA.

(*Tetragonopterus Orbignyanus*, nob.)

Le voyageur, auquel nous dédions cette espèce, a eu
le soin de dessiner sur les lieux ce nouveau Tétragonoptère.

Il ressemble tout à fait au *Tetragonopterus Gronovii* par la
forme générale. Il a cependant le dos un peu plus convexe. A en
juger par le dessin fait sur le poisson récemment tiré de l'eau, les
couleurs sont assez différentes. Le dos est gris, avec une assez large
bande qui descend jusqu'à la ligne latérale, en passant derrière la
tache humérale et sans se confondre avec elle. Tout le reste du dos
est couvert de séries verticales de points noirâtres, qui ne descendent
pas au-dessous de la ligne latérale. La tache caudale se prolonge en
bandelette. Toutes les nageoires sont d'un assez beau jaune citron.

Outre les exemplaires de M. d'Orbigny, nous en avons
reçu deux autres qui avaient été envoyés de la Plata à
M. Baillon.

M. d'Orbigny nous a donné sur cette espèce les ren-
seignements qu'il a recueillis dans le pays. On l'y connaît
sous le nom de *Mojarra*. Il est répandu, depuis les
Missions jusqu'à Buénos-Ayres, dans le Parana, l'Uruguay
et la Plata. Il préfère les fonds sablonneux et rocailleux,

où le courant est rapide; il se jette avec avidité sur les corps
en putréfaction. Il ne craint pas d'attaquer les hommes qui
se baignent, et il les blesse en leur emportant des morceaux
de peau. C'est une des espèces les plus voraces et les plus
acharnées. Les individus ne deviennent pas très-grands;
ils ne dépassent guère sept à huit pouces. La tache noire
de la caudale est peu marquée sur les jeunes. Ce poisson
sert de nourriture aux Dorados (*Salminus Orbignyanus*).
Les habitants le mangent et l'aiment beaucoup. On se plaît
à le pêcher, à cause de son extrême voracité. Il suffit,
pour le prendre, d'attacher une épingle pliée au bout d'un
fil fixé à une petite baguette et de battre l'eau pour le
faire venir. On l'amorce avec un petit morceau de viande
crue.

Le Tétragonoptère fascé.

(*Tetragonopterus fasciatus*, nob.)

C'est effectivement ici la place du poisson que M. Cuvier[1]
a décrit et figuré dans les Mémoires du Muséum sous le
nom de *Chalceus fasciatus*.

Cette espèce se distingue des précédentes

par un corps un peu plus régulièrement ovale et allongé. La plus
grande courbure du profil du ventre est en arrière des ventrales.
Le museau est aussi plus gros et plus obtus. Les nombres sont
d'ailleurs les mêmes. Les rayons de l'anale ont des scabrosités
sensibles et semblables à celles que nous retrouverons dans une
des espèces suivantes.

C'est un poisson brun roussâtre sur le dos, verdâtre sur les
flancs, avec une bande longitudinale bleuâtre, à reflets argentés,

---

1. Cuvier, Mém. du Mus., t. V, p. 352, pl. 26, fig. 2.

qui se confond sur la queue avec la tache de l'extrémité. On retrouve aussi celle de l'épaule.

D. 11; A. 25; C. 25; P. 14; V. 8.

D'après le dessin de M. d'Orbigny, les nageoires sont roses, assez brillantes.

Les premiers exemplaires apportés à M. Cuvier viennent du Rio San-Francisco, par M. de Saint-Hilaire. Nous en avons reçu d'autres, par MM. Quoy et Gaimard, et récemment M. de Castelnau en a envoyé aussi des eaux douces de ce pays. Les plus longs individus ont cinq pouces.

Je ne puis pas croire qu'il faille distinguer de l'espèce précédente le *T. rutilus* de M. Jenyns [1]. Quoi qu'il en soit, il est certain qu'elle ressemble beaucoup plus aux individus décrits par M. Cuvier sous le nom de *T. fasciatus,* qu'aux différents Tétragonoptères auxquels M. Muller les a associés dans son espèce de *T. maculatus*. Les formes sont tout à fait semblables. Les nombres sont :

D. 10; A. 29, etc.

M. Jenyns indique un brun verdâtre à reflets irisés sur le dos, les nageoires d'un orangé foncé, avec une bande longitudinale noirâtre sur la caudale. L'espèce observée par M. Darwin, vient du Rio Parana.

Je trouve dans les notes de M. d'Orbigny, que c'est le *Salmone* des Espagnols de Buénos-Ayres; qu'on le prend communément dans la Plata pendant le mois de janvier; qu'il est plus rare depuis le mois de mars jusqu'au mois de septembre. Ce poisson paraît venir de l'Uruguay;

---

1. Jenys, *Zool. of the voy. of the Beagle, fish.*, pl. 23, n.° 2.

22.

M. d'Orbigny ne l'a pas rencontré dans le Parana. C'est un excellent poisson, très-estimé, qui atteint jusqu'à un pied au moins de long. La tache qui est derrière les opercules est bleuâtre, et elle disparaît chez les adultes. Je ne serais pas étonné que ce Salmone de Buénos-Ayres ne constituât une espèce distincte de celle du Brésil.

Le Tétragonoptère a nageoires rugueuses.

(*Tetragonopterus scabripinnis*, nob.)

M. Jenyns a observé un de ces petits Tétragonoptères, qui a des scabrosités sensibles sur les rayons; elles sont un peu plus grosses sur l'anale que sur les autres nageoires. Le poisson a, d'ailleurs, le corps plus allongé; car la hauteur est comprise trois fois et deux tiers dans la longueur totale.

D. 10; A. 27; C. 19, etc.

Leurs couleurs sont semblables à celles des espèces précédemment décrites. Ces petits poissons nous viennent de la rivière qui coule devant Lima, le Rio Rimac. Ils ont été envoyés par M. Fontaine.

Nos exemplaires sont longs de trois pouces. Ils ressemblent très-bien à la figure que M. Jenyns[1] nous a laissée de cette espèce.

Le Tétragonoptère a ligne latérale interrompue.

(*Tetragonopterus interruptus*, Jenyns.)

Le même naturaliste[2] a désigné, sous le nom que nous lui conservons, une espèce très-voisine de celle-ci,

---

1. *Zool. of the Beagle, fish.*, pl. 23, n.° 3.
2. Jenyns, *Zool. of the Beagle, fish.*, pl. 24, n.° 4.

qui a cependant le corps un peu plus court et un peu plus haut, et qui a un caractère remarquable dans la brièveté de la ligne latérale; elle cesse, en effet, vers le premier tiers du corps.

Ce serait une des espèces à anale des plus courtes; car M. Jenyns n'y a compté que vingt rayons.

Ce poisson vient de Maldonado, où il a été pris par M. Darwin. Il est long de deux pouces et demi.

M. Muller remarque, avec raison, que ce Tétragonoptère étant indiqué par M. Jenyns avec un seul rang de dents à la mâchoire supérieure, appartient peut-être à un autre genre. Tout en acceptant la justesse de cette observation, je ne l'étendrai pas autant que mon célèbre confrère, je dirai seulement que ce poisson devrait prendre place dans le groupe des Piabuques; mais comme je ne l'ai pas vu, je n'ai pas trouvé de graves inconvénients à le laisser où le premier auteur, qui en a fait la description, l'a placé.

Le Tétragonoptère du Pérou.

(*Tetragonopterus peruanus*, nob.)

Je crois que nous retrouvons le Tétragonoptère indiqué sous ce nom par M. Muller[1] dans un petit poisson extrêmement voisin du précédent

par ses formes générales; mais qui a une ligne latérale, étendue, comme à l'ordinaire, jusqu'à la caudale. Les nombres sont les mêmes:

D. 11; A. 30 — 32.

Notre espèce vient, comme les individus de M. Muller, du Pérou : elle a été pêchée, avec la précédente, par M. Fontaine dans la Rimac, auprès de Lima. Ceux du Musée de Berlin viennent aussi du même endroit.

---

1. Mull. et Trosch., *Horæ ichthyol.*, p. 14, n.° 4, et p. 28, t. VIII, fig. 1.

Le Tétragonoptère Wappi.

(*Tetragonopterus Wappi*, nob.)

M. Schomburgk nous a donné sous ce nom indien un petit Tétragonoptère

à troisième sous-orbitaire convexe et strié, qui a les nageoires courtes et arrondies; le corps oblong; car la hauteur est trois fois et deux tiers dans la longueur totale.

D. 11; A. 25; C. 25; P. 13; V. 8.

Le dos est vert, tacheté de noirâtre; le ventre rouge; les flancs bleuâtres; les nageoires sont rougeâtres. On retrouve la trace d'une tache humérale et une bandelette noire oblongue, plus foncée sur la queue qu'en avant de la ventrale.

Ce petit poisson, long de quatre pouces, paraît avoir quelque affinité avec le *T. fasciatus;* mais il est plus allongé, et son sous-orbitaire le distinguerait suffisamment, quand même il aurait perdu ses couleurs.

Le Tétragonoptère viejita.

(*Tetragonopterus viejita*, nob.)

A cette longue liste d'espèces, nous avons encore à ajouter celle que nous trouvons dans les collections de M. Plée.

Elle est remarquable entre toutes par la grosseur de ses dents, qui, d'ailleurs, ont tout à fait les caractères de celles du genre. Le corps est allongé; les écailles sont assez grandes; la caudale a une bandelette oblongue, qui rappelle celle du *T. fasciatus*.

D. 11; A. 27; P. 13, etc.

Ce poisson est long de cinq pouces et demi; il vient de la lagune de Maracaïbo. Je crois devoir rapporter à cette espèce un exemplaire du Brésil méridional qui a été recueilli par M. Auguste de Saint-Hilaire.

Le TÉTRAGONOPTÈRE A QUEUE NOIRE.

(*Tetragonopterus melanurus*, nob.)

Après l'espèce précédente, si remarquable par ses grosses dents, nous avons à placer celle que Bloch a désignée sous le nom de *Salmo melanurus*.

Le corps est allongé, et la hauteur est du cinquième de la longueur totale. Les maxillaires sont coudés un peu au-dessous de leur articulation avec les intermaxillaires, et c'est au-dessus du coude qu'il y a quelques dents. La mâchoire inférieure est mobile et longue, d'où il resulte que la bouche paraît plus fendue que celles des autres Tétragonoptères. La pectorale est longue, et atteint jusqu'à l'insertion de la ventrale; l'anale occupe aussi une assez grande étendue.

D. 11; A. 25, etc.

Malgré la différence du nombre des rayons à l'anale entre nos exemplaires et ceux comptés par Bloch, je ne puis douter de l'identité spécifique de nos poissons.

Nous en avons plusieurs exemplaires de la Guyane donnés par M. Schomburgk.

Le TÉTRAGONOPTÈRE A CAUDALE MOUCHETÉE.

(*Tetragonopterus spilurus*, nob.)

Un autre petit Tétragonoptère, originaire de Surinam, et que le Musée de Leyde a cédé aux collections nationales de Paris, est remarquable

par la longueur de son anale; car c'est le seul de tous ces poissons où elle ait quarante-huit rayons. Il a d'ailleurs la courbure du ventre très-arquée aux ventrales; la hauteur de la queue très-petite; le museau pointu.

D. 11; A. 48, etc.

Ce petit poisson, quoique décoloré, a une bandelette argentée très-marquée sur les flancs et une tache noire sur la base de la caudale. Il a été envoyé par M. Diepering. Les exemplaires n'ont que deux pouces.

CHAPITRE XVI.

Du genre BRYCIN (*Brycinus*).

Je sépare des Tétragonoptères un poisson du Nil, qui me paraît cependant représenter dans ce fleuve les poissons de ce genre. Mes *Bricynus* ont le corps allongé comme les Chalcées, les dents crénelées, serrées l'une contre l'autre comme les Tétragonoptères. L'intervalle qui sépare les deux rangées de la mâchoire supérieure est plus large. Enfin, je trouve un caractère distinctif dans la présence du talon de la couronne. La dorsale et l'anale sont hautes. Je ne connais encore qu'une espèce de ce genre, qui se trouve également dans le Sénégal.

Le BRYCIN AUX GRANDES ÉCAILLES.

(*Brycinus macrolepidotus*, nob.)

Le poisson que je vais décrire, ressemble plus au *Chalceus Nurse* qu'au *C. Hasselquisti*.

La forme générale du tronc peut être comparée à celle d'une Carpe, soit par la rondeur du dos, soit par la hauteur des flancs et de la queue. Cette hauteur, prise au-dessus de la ventrale, est quatre fois dans la distance du bout du museau à la base de la queue. L'épaisseur est un peu moindre que la moitié de la hauteur. La tête est courte et du cinquième de la longueur totale. L'œil est éloigné du bout du museau de près de deux diamètres, lequel est compris quatre fois et demie dans la longueur totale. La distance d'un œil à l'autre est de deux fois et demie ce diamètre. Au-devant de l'œil est un premier sous-orbitaire, dont la partie supérieure me semble même détachée en une petite palette, située derrière la narine; puis on voit le second sous-orbitaire, rectangle assez régulier, derrière le maxillaire; le troisième est placé entre l'œil et l'angle du préopercule; il touche au limbe de l'os; le quatrième et le cinquième suivent le bord montant de l'opercule; le sixième est tout à fait au-dessus de l'œil, et se lie à un sourcilier épais et peu mobile. Tous ces os sont assez fortement striés. Il en est de même de tous ceux qui concourent à former le dessus du crâne et la nuque. L'opercule, à bord postérieur arqué, descend obliquement vers l'angle du limbe; le sous-opercule est petit et fort étroit; l'interopercule est long et en partie caché par le préopercule, surtout vers l'angle. L'extrémité du museau est aplatie et avance comme une espèce de petite palette. Toute cette saillie est formée par les intermaxillaires. Sur les côtés de la bouche descendent les maxillaires articulés à l'extrémité des premiers os. Ils n'ont aucune dent; celles des intermaxillaires sont sur deux rangs très-notablement écartés l'un de l'autre. La couronne des dents de la rangée extérieure est comprimée et dentelée. Je compte cinq de ces dents à chaque os. Les dents de la seconde rangée sont assez différentes entre elles. Les quatre moyennes ont la couronne large et tronquée, et ces espèces de molaires portent trois carènes denticulées. Vient ensuite de chaque côté une dent comprimée, dont la couronne n'a que deux carènes dentées; puis, une quatrième dent, dont la couronne n'a qu'une seule carène assez longue et multidentée. Les dents de la mâchoire inférieure ont aussi la carène antérieure multidentée; mais le reste de la dent est taillé en biseau. Leur nombre est de huit, et derrière les deux mitoyennes il y en a deux petites tronquées, dont le bord antérieur de la couronne se relève en une pointe triangulaire assez aiguë. On voit, par conséquent, que les dents sont voisines de celles des Chalcées; mais qu'on peut, cependant, les en distinguer très-nettement. La dorsale de notre poisson est reculée sur la seconde moitié du corps, et répond à l'intervalle qui sépare les ventrales de l'anale. Cette nageoire est trapézoïdale, et assez haute de l'avant. La caudale est plutôt échancrée que fourchue; les ventrales sont larges et triangulaires; les pectorales sont insérées à la base d'un huméral, qui se montre au dehors sous l'opercule en une assez large palette triangulaire, à bord inférieur festonné. Ces deux huméraux se rejoignent sous la gorge, de manière à former une carène assez sensible. La pectorale est longue, et atteint à l'insertion de la ventrale.

B. 4; D. 10; A. 16; C. 27; P. 13; V. 10.

Les écailles de ce poisson étaient très-grandes. J'en compte vingt-trois rangées le long des flancs.

L'individu que j'ai sous les yeux est entièrement décoloré. J'ai examiné ses viscères, et j'ai trouvé un estomac très-grand, mais à parois très-minces, rempli de débris végétaux, consistant en fragments très-divisés de graines de dicotylédones et de rhizomes de monocotylédones. La vessie natatoire ne se prolonge pas au delà de l'anale, c'est-à-dire que la cavité abdominale ne s'étend pas comme celle des Chalcées du Nil.

Je ne puis rien voir de l'état des couleurs de ce poisson, mais je ne crois pas me tromper en rapportant à notre espèce un des dessins faits sur le haut Nil par M. Riffaut. Ce dessin représente incontestablement un poisson du même genre, et je le crois bien de la même espèce. Le voyageur a coloré le dos en vert, les flancs et le ventre sont restés blancs, le bas de l'opercule était cramoisi, les nageoires d'un joli gris rosé. C'est le n.° 98 des dessins de M. Riffaut : le poisson est nommé *Cambout*.

L'individu a été envoyé du Sénégal : il est long de quatorze pouces.

CHAPITRE XVII.

Du genre PIABUCINE (*Piabucina*).

Je séparerai des Tétragonoptères et des Piabuques un poisson qui semble tenir, par ses formes et par sa dentition, de ces deux genres, mais qui, cependant, présente une combinaison dont M. Muller n'a pas trouvé d'exemple dans le cabinet dont il dispose. Mes Piabucines sont des poissons à corps allongé comme les Piabuques, à dents crénelées, fixes, comme celles des Tétragonoptères ; ils se distinguent de ceux-ci, par ce que la double rangée de dents est à la mâchoire inférieure; il n'y en a qu'une à la supérieure : c'est donc tout à fait l'inverse des Tétragonoptères. Je n'en connais qu'une espèce qui ressemble assez à un *Erythrinus;* voilà pourquoi je l'appelle

PIABUCINE ÉRYTHRINOÏDE.

(*Piabucina erythrinoides*, nob.)

Le seul poisson connu jusqu'à présent dans ce genre a tout à fait l'apparence extérieure d'un Érythrin; mais lorsqu'on étudie avec soin les différentes parties de son organisation, on ne tarde pas à reconnaître qu'il faut l'en distinguer, et qu'il appartient à la famille des Salmonoïdes.

Il a le corps allongé et arrondi. La hauteur n'est que le sixième de la longueur totale. La tête est assez grande. La mâchoire inférieure dépasse la supérieure, et termine un museau large et arrondi. Le dessus de la tête est légèrement convexe et assez large. Il n'y a que deux fois le diamètre dans l'intervalle des deux yeux, et ce diamètre est égal au cinquième de la tête. Au-devant de l'œil sont d'abord deux très-petits sous-orbitaires; puis en vient un troisième très-grand, à peu près trapézoïdal, suivi d'un quatrième, triangulaire. Ces deux-là forment une grande pièce, qui recouvre le préopercule tout entier, car il cache le bord montant du limbe. Le cinquième sous-orbitaire est étroit, allongé. Il a au-dessus de lui et en arrière un sixième petit osselet, qui touche tout à fait au haut de l'opercule. En avant de cet os et au-dessus du cinquième sous-orbitaire, est une petite pièce osseuse, triangulaire et mobile, placée derrière l'œil, et qu'on peut considérer comme un sourcilier. L'opercule est assez grand. Son angle est rejeté tout à fait vers le bas. Le sous-opercule et l'interopercule sont tous les deux étroits et presque linéaires. Les maxillaires sont très-petits, et n'ont que quelques faibles dents auprès de l'intermaxillaire. Ceux-ci sont, au contraire, assez longs, et forment la plus grande partie du bord de la bouche. Ils sont armés de dents assez fortes, à couronne tricuspide, serrées l'une contre l'autre et sur un seul rang. La mâchoire inférieure porte une rangée de dents externes, semblables à celles d'en haut, et derrière elles se trouve un second rang de dents également tricus-pides, mais très-petites et couchées sur l'os; elles rappellent, à la forme près, ce que nous observerons dans les *Salminus*. Les dents pharyngiennes sont petites, serrées et coniques, à couronne tout à fait simple. Les ouïes sont très-largement fendues, et la membrane est soutenue par quatre rayons. La dorsale répond à peu près au milieu de la longueur totale; elle est haute, mais étroite. L'anale est rejetée assez en arrière; elle est basse, arrondie, et ses rayons sont très-larges. La caudale a le lobe supérieur pointu et plus long que l'inférieur, qui est arrondi. La base est couverte d'écailles.

B. 4; D. 10; A. 12; C. 21; P. 16; V. 8.

Les écailles sont assez grandes, assez lâches, mais résistantes; elles sont finement ciselées par de nombreuses stries d'accroissement, parallèles au bord; puis, le centre est couvert d'un très-joli réseau, qui envoie des rayons tout au pourtour de l'écaille. Il y en a trente-sept entre l'ouïe et la caudale. La couleur est plus ou moins verdâtre, avec une bandelette longitudinale obscure sur le dos, et une seconde, de même couleur et de même largeur, par le milieu des côtés. Une tache noire est placée sur la base des quatre premiers rayons de la dorsale, et une autre sur l'origine des rayons de la caudale.

Tel est le curieux poisson que nous devons aux recherches éclairées et assidues de l'infortuné M. Plée. Ce zélé naturaliste l'a trouvé dans les rivières de Maracaïbo, du côté du Parija, avec le *Paradon suborbitale.*

Les deux individus que je possède ne sont pas en assez bon état pour essayer de faire sur eux des recherches anatomiques.

Le plus grand a sept pouces de long.

CHAPITRE XVIII.

Des Serpes *ou* Gasteropelecus.

Le très-petit poisson qui a donné lieu à l'établissement
du genre *Gasteropelecus,* a été d'abord décrit et figuré
par Gronovius dans le second fascicule de son *Museum
ichthyologicum* [1]. Mais la description est inexacte; car cet
habile naturaliste ne vit ni les ventrales, ni l'adipeuse; aussi
ne furent-elles pas représentées dans sa figure. Il est assez
singulier que Linné, en acceptant ce que Gronovius venait
de dire de ce poisson, l'ait placé dans son ordre des abdominaux, au lieu de l'introduire dans celui des Apodes, et
cependant je crois que Linné avait observé la Serpe,
puisque en la mentionnant dans la dixième édition du
Systema naturæ parmi ses Clupées, il indique deux rayons
à la membrane branchiostège. La petitesse des ventrales
et celle de l'adipeuse font qu'il n'aperçoit pas aussi ces
nageoires, de sorte que ce petit Salmonoïde, qui constitue
un genre certainement bien distinct, se trouve confondu
parmi les Clupées; il plaça cette espèce, à laquelle il
donnait pour diagnose *pinnis ventralibus nullis,* à côté
de son *Clupea sima,* dont les ventrales sont extrêmement
petites. Ce *Clupea sima* est établi dans la dixième édition,
d'après un petit poisson du Musée de Holm, qui a six
rayons à la membrane branchiostège, cinquante-trois à
l'anale, et que nous avons reconnu parmi nos espèces du
genre Pellone, clupéoïdes remarquables par la petitesse de

---

1. Gronov., *Mus. ichth.*, t. II, p. 7, n.º 255; tab. 7, fig. 5.

leurs ventrales. Quelque temps après la publication de la dixième édition, Kœlreuter[1] donna, dans les Actes de Pétersbourg, une nouvelle description et une nouvelle figure du *Gasteropelecus*. C'est sans aucun doute la Serpe que décrit le naturaliste de Pétersbourg. Il lui compte, comme Gronovius, trente-deux rayons à l'anale, ce qui ne l'empêche pas de le confondre avec le *Clupea sima* de Linné, peut-être même de faire une double confusion, car au lieu de citer à la suite de la phrase de Linné l'épithète de *Clupea sima*, il donne *Clupea sternicla*. Mais Linné, dans la douzième édition, vient augmenter la confusion de toute cette synonymie; car il cite sous son *Clupea sima*, bien établi dans la dixième édition et bien caractérisé par son anale de cinquante-trois rayons, le *Gasteropelecus* de Kœlreuter, qui n'en a que trente-deux, et qu'il semble alors distinguer du *Gasteropelecus* de Gronovius, qu'il cite toujours sous le nom de *Sternicla*. Pallas, dans son huitième fascicule des *Specilegia zoologica*[2], revint sur le travail de ses prédécesseurs. Il reconnaît la seconde nageoire ou l'adipeuse, ainsi que les ventrales, de sorte qu'il était tout près de rectifier ce que Gronovius, Linné et Kœlreuter avaient laissé échapper d'inexact sur ce poisson. Mais malheureusement Pallas a adopté la confusion du *Systema naturæ* relativement au *Clupea sima*; c'est là ce qui explique son étonnement de ce que Linné n'ait pas vu l'adipeuse de la Serpe, lorsqu'il en observait les ventrales. Il faut donc attribuer à Pallas la découverte de l'adipeuse de notre poisson et lui donner le mérite de

---

1. *Comment. nov. Petrop.*, t. VIII, 1761, p. 405, tab. 14, fig. 1, 2, 3.
2. Pallas, *Spec. zool., fasc.* 8, p. 50, tab. 3, fig. 4.

l'avoir parfaitement placé dans le groupe des Saumons. Bloch, en profitant du travail de son illustre compatriote, n'a pas, comme on le conçoit bien, débrouillé les erreurs de synonymie faites avant lui. Il a été suivi ponctuellement par M. de Lacépède. M. Cuvier, dans la première édition du Règne animal, ne me paraît pas avoir encore une idée bien nette de ce genre, qu'il prend dans Bloch et dans Lacépède. Il donne des dents coniques à la mâchoire supérieure, et des tranchantes et dentelées à l'inférieure. Il place mieux ce genre dans la seconde édition, en le rapprochant de ses Characins, mais il ne le caractérise pas plus exactement. C'est M. Muller qui a établi avec une grande précision la diagnose de ce genre. Il a très-bien vu que les dents de l'intermaxillaire et de la mâchoire inférieuré ont une couronne tricuspide, que la pointe du milieu est plus longue que celle des côtés, qu'elles sont sur deux rangs; car c'est évidemment par un *lapsus calami* qu'il les indique *unisériales*, attendu qu'il ajoute que les dents du maxillaire sont coniques et sur un seul rang. On conçoit qu'ainsi caractérisées, les Serpes constituent un genre parfaitement distinct dans ce groupe des Characins. Ces petits poissons sont remarquables par la brièveté de leur intestin. J'ai vu, comme M. Muller, qu'il ne fait qu'un seul angle sigmoïdal, et j'ai trouvé sept cœcums autour du pylore. Nous ne connaissons encore qu'une seule espèce de ce genre, originaire de Surinam.

La Serpe.

(*Gasteropelecus sternicla*, Pallas).

Ce petit poisson

a le corps excessivement étroit et très-haut à l'aplomb des pectorales.
Il rappelle, par la forme comprimée et tranchante de son ventre,
celle des Pristigastres, dans la famille des Clupées; mais ici le tranchant du ventre n'a aucune dentelure. La plus grande hauteur des
flancs est moitié, ou à peu de chose près, de la longueur totale.
J'ai, en effet, un de ces petits poissons, dont la hauteur, portée
deux fois sur le corps, n'atteint qu'à la base de la caudale, et j'en
ai un autre où elle atteint presque à l'extrémité de la nageoire. Dans
l'un et l'autre, l'épaisseur n'est guère que du cinquième de la
hauteur. La tête est très-petite, et surtout très-peu élevée; car sa
hauteur, mesurée par le travers de l'œil, ne fait guère que moitié
de sa longueur, laquelle est comprise quatre fois et quelque chose
dans la longueur totale. L'œil est assez grand. Le premier sous-
orbitaire est étroit, le second et le troisième sont plus larges, et
couvrent tout le préopercule. L'opercule est triangulaire. Son bord
inférieur est très-oblique; son sous-opercule est étroit; on ne voit
pas, au dehors, l'interopercule. La fente des ouïes est longue, très-
oblique d'arrière en avant, et de haut en bas, parce que la ceinture
humérale se porte entre les deux branches de la mâchoire inférieure
plus en avant que l'œil. La bouche est assez largement fendue pour
un si petit poisson. Les dents sont assez grosses; il y en a deux
rangs sur les intermaxillaires; un seul sur les maxillaires et sur la
mâchoire inférieure. Les premières ont la couronne tricuspide,
l'épine du milieu étant plus longue que les deux latérales. Les
dents du second rang de l'intermaxillaire sont semblables aux précédentes; elles sont seulement un peu plus petites; celles de la
mâchoire inférieure ont encore la même forme, seulement les
mitoyennes sont plus grandes. Les dents du maxillaire sont coniques, très-pointues; les deux premières, après l'articulation, sont
plus grosses que les deux ou trois suivantes. J'ai trouvé sur les
deux exemplaires que j'ai à ma disposition cette double rangée de
dents à l'intermaxillaire. Il ne me paraît pas, d'ailleurs, possible de
croire que j'ai sous les yeux un poisson d'espèce et peut-être même
de genre différents de celui de Bloch. Les pharyngiennes sont
serrées, fines et en velours; vues à un fort grossissement, il est

facile de s'assurer qu'elles sont coniques et pointues. La dorsale est reculée sur le dos, car son premier rayon correspond à peu près aux deux tiers de la longueur du corps, en n'y comprenant pas la caudale. L'adipeuse est très-petite et tombe facilement; cependant, elle existe sur nos individus comme sur ceux de Bloch. L'anale est longue; elle commence au-devant de l'aplomb de la dorsale; ses derniers rayons touchent au lobe de la caudale; celle-ci est fourchue. La pectorale est très-longue, insérée au tiers supérieur de la hauteur; ses rayons sont arqués. La nageoire atteint l'extrémité de la dorsale. Les ventrales sont excessivement petites, insérées très-peu en avant de l'anale.

B. 4; D. 9; A. 33; C. 21; P. 11; V. 6.

Les écailles, au nombre de trente, entre l'ouïe et la caudale, sont assez fermes; elles ont de nombreuses stries d'accroissement et quelques rares rayons divergents sur leur surface. La couleur est verdâtre sur le dos, argentée au-dessous de la ligne latérale. Une petite bandelette bleuâtre, plus visible vers la queue que sur la région antérieure, suit le trajet de cette ligne.

Les collections du Muséum possèdent deux exemplaires de ce poisson, l'un provenant du cabinet du Stathouder, et l'autre acheté par moi à Amsterdam avec d'autres poissons que le marchand recevait de Surinam.

La longueur de nos exemplaires est de deux pouces.

M. Muller a observé sept appendices pyloriques, un très-court intestin ne faisant pas même de circonvolution. Il a trouvé, dans les exemplaires qu'il a disséqués, des insectes dans l'estomac.

<hr>

CHAPITRE XIX.

Des Distichodes (*Distichodus*).

Le poisson dont il va être question dans ce genre est, comme l'a très-justement remarqué M. Geoffroy Saint-Hilaire, celui qui a été parfaitement décrit par Hasselquist sous le nom de *Salmo niloticus cauda squamosa.*[1] Ce voyageur l'entendait désigner par les Arabes de son temps, sous le nom de *Nefasch.* Mais très-peu de temps après la publication d'Hasselquist, Linné donna, dans la dixième édition du *Systema naturæ,* sous le même nom de *Salmo niloticus,* l'indication d'un poisson tout différent, qui, comme l'avait très-bien vu Forskal, est le Raï (*Alestes dentex*), et qu'il reconnaissait pour être très-éloigné du *Salmo niloticus* d'Hasselquist, qui est le Nefasch des Égyptiens. Pour appuyer cette proposition, Forskal ajoutait que le Nefasch a quatre rayons aux branchies, vingt-trois à la dorsale, et la base de la queue couverte d'écailles. Ce sont ces traits qui ont été employés dans la treizième édition du *Systema naturæ,* pour établir le *Salmo ægyptius,* que Gmelin reconnaît en même temps pour le *Salmo niloticus* d'Hasselquist, par conséquent on doit admettre que le *Salmo ægyptius* est une espèce bien établie. Elle a été désignée dans l'Encyclopédie méthodique sous le nom de *Salmone nefasch,* épithète adoptée par M. de Lacépède, quand il a inscrit ce poisson dans son genre des Characins. Cette dernière détermination a été suivie par M. Geoffroy Saint-Hilaire, qui a donné, dans l'ouvrage d'Égypte, une description fort détaillée de ce

---

1. *Iter palestinum*, p. 378, n.° 88.

poisson. Il l'a accompagnée d'une magnifique figure peinte d'après le vivant sur les bords du Nil, par Redouté. Ce characin nefasch est sur la même planche que la Citharine.

M. Cuvier, n'ayant pas assez insisté sur la différence de dentition de ces deux poissons, les a réunis dans son genre des Citharines. C'est M. Muller qui a, dans sa Monographie de la famille des Characins, fondé le genre *Distichodus*. Il est, en effet, parfaitement caractérisé par un double rang de dents aux deux mâchoires. Elles sont petites, serrées, à couronne un peu comprimée et bifide. Le corps est allongé, comprimé, l'abdomen arrondi. La caudale et l'adipeuse sont couvertes de petites écailles semblables à celles du corps. Il n'y a guère que le bord qui soit nu. Ces poissons ont un assez long estomac; la branche montante est allongée et très-charnue. Le pylore est pourvu de nombreux cœcums, allongés comme des petits intestins; on en voit sur une assez longue étendue du duodénum et d'un seul côté. Le canal intestinal est d'ailleurs assez large et fait quatre circonvolutions. Ces Nefasch se nourrissent de plantes; on conçoit qu'ils peuvent très-bien les couper au moyen de la forme de leurs dents.

Nous ne connaissons dans ce genre qu'une seule espèce, qui a été parfaitement décrite par Hasselquist, dont Linné n'a pas parlé, que Forskal a assez nettement caractérisée, que M. Geoffroy a fait mieux connaître encore par la belle figure qu'il en a donnée : c'est le Nefasch des Arabes.

En voici la description. Pour éviter cependant toutes les confusions qui résultent de l'emploi des épithètes de *niloticus* ou d'*ægyptius* données à ces différents Salmonoïdes, je suivrai l'exemple de Lacépède, et j'appellerai le poisson

Le Nefasch.

(*Distichodus nefasch*, nob.)

Le Nefasch du Nil est un Salmonoïde

à corps allongé, à profil inférieur droit et oblique, depuis le bout
du museau jusqu'au delà des pectorales, à peu près horizontal jusqu'à l'anale, et qui a la queue assez grosse; car sa hauteur est deux
fois et deux tiers dans celle du tronc. Le profil du dos monte par
une ligne courbe, depuis le bout du museau jusqu'à la dorsale; la
courbure se continue en s'abaissant un peu jusqu'à la fin de la
nageoire du dos; après quoi la ligne du profil s'abaisse insensiblement en faisant quelques ondulations jusqu'à la caudale. La hauteur est trois fois et quatre cinquièmes dans la longueur totale. La
tête est petite et courte; elle est cinq fois et deux tiers dans la
longueur totale. Le museau est déprimé. L'intervalle entre les
yeux est convexe et trois fois plus grand que le diamètre de l'œil.
Le premier sous-orbitaire est tout à fait couché horizontalement
au-devant de l'orbite, et recouvre le haut du maxillaire. Le second
est une petite pièce attachée derrière le bord de la mâchoire; il
fait, avec le précédent, une échancrure, qui est remplie par la
portion visible de cet os. Le troisième sous-orbitaire est étroit
et oblong. Les trois autres sont de très-petits osselets qui complètent le cercle de l'orbite. Aucun de ces os ne touche au bord
du préopercule, et ne cuirasse, par conséquent, la joue. Le bord
montant du préopercule descend tout droit; puis dans la direction
de l'angle de la bouche; il donne un peu au-dessus une sorte de
petit talon, qui vient élargir le bas du limbe arrondi. L'interopercule est petit, assez étroit. L'opercule est trapézoïdal et convexe; sa
surface est striée; son angle postérieur est arrondi. Le sous-opercule
est étroit et lisse; le bord membraneux de l'opercule est large.
La fente de l'ouïe est assez grande, quoique la membrane soit
attachée sous l'isthme dans une assez grande partie de sa longueur.
Il y a quatre rayons à la membrane branchiostège. La bouche est

fendue horizontalement et un peu sous le museau. L'ouverture n'est pas très-grande, à cause du peu de mobilité des deux mâchoires. La supérieure est formée par les intermaxillaires, qui seuls portent des dents. Le maxillaire n'en a aucune; il est articulé et couché sur les angles de la bouche. La mâchoire inférieure a des dents semblables à celles de la supérieure; ses deux branches, courtes et écartées, reçoivent entre elles un isthme assez large et la plus grande partie de la membrane branchiostège. Les dents sont implantées sur deux rangs, et quoiqu'elles ne soient pas attachées uniquement à la lèvre, elles sont cependant encore assez mobiles; elles sont toutes semblables entre elles, serrées les unes contre les autres. Chaque dent est une espèce de lame comprimée, dont la couronne est assez profondément entaillée, de sorte qu'elle est échancrée ou même bifide. Il n'y en a point sur le vomer ni sur la langue. Les dents pharyngiennes sont en fins velours. Le bord de l'opercule et sa large membrane cachent presque toute la ceinture humérale. On n'aperçoit que la petite plaque osseuse de l'huméral, au-dessous de laquelle est articulée la pectorale. Le surscapulaire est long et grêle. Le scapulaire est petit, court et étroit. Il est beaucoup moins visible que l'os précédent; mais l'huméral et les deux autres pièces de l'avant-bras, le radial et le cubital, forment une assez grande ceinture osseuse, dont la force est encore augmentée par un gros styléal. La pectorale est courte; la ventrale est un peu plus large et un peu plus longue. Le premier rayon de la dorsale répond à cette nageoire. Elle est allongée et peu haute. L'anale est courte et un peu arrondie. Il en est de même des deux lobes de la caudale, qui sont, de plus, recouverts d'écailles, semblables à celles du corps, jusqu'à l'extrémité de leurs rayons. L'adipeuse est aussi entièrement écailleuse.

B. 4; D. 24; A. 15; C. 27; P. 18; V. 11.

Les écailles du corps sont petites, tellement ciliées que la surface du poisson est une véritable râpe. Il est impossible de remonter la main de l'extrémité de la queue vers la tête. Ces aspérités, vues à la loupe ou au microscope, rendent le bord libre de chaque écaille hérissé de dentelures assez longues. Tout le reste est marqué de stries concentriques. C'est une véritable écaille de cténoïde par la portion libre, et de cycloïde dans tout le reste. La couleur est un vert uniforme, à reflets argentés. D'après la figure de Redouté, la caudale serait bordée de blanchâtre; d'après celle de M. Riffaut, la base de toutes ces nageoires serait un peu roussâtre.

J'ai sous les yeux un nombre assez considérable d'individus de cette espèce; car il n'y en a pas moins de dix-neuf de toute taille, depuis six pouces jusqu'à dix-neuf. Les plus anciens de la collection ont été rapportés du Nil par M. Geoffroy et par M. Olivier. M. Darnaud en a aussi de très-beaux, pris dans le Nil blanc, et enfin il y en a d'autres qui proviennent du Sénégal. Cette multiplicité d'individus me prouve que certains d'entre eux ont une forme plus trapue que la plupart des autres; mais comme je trouve ces variations aussi bien dans le Nil que dans le Sénégal, et que d'ailleurs les exemplaires n'offrent aucune différence spécifique notable, je me crois suffisamment autorisé à dire que le Nefasch est un poisson commun à ces deux grands fleuves de l'Afrique équatoriale ou septentrionale.

CHAPITRE XX.

Du genre ALESTE (*Alestes*, Mull.)

Ce genre, justement fondé par M. Muller, comprend plusieurs espèces que M. Cuvier réunissait dans ses Mylètes. Il est caractérisé, parce que les dents de l'intermaxillaire sont sur deux rangées : celles du rang externe ont trois pointes tranchantes; la couronne des dents de la rangée postérieure est plus obtuse; elle a aussi quelques pointes saillantes. Le maxillaire n'a aucune dent. La mâchoire inférieure a aussi les dents sur deux rangs : elles sont assez épaisses, creusées en gouttière; les bords sont plutôt festonnés que dentelés. Derrière les dents mitoyennes on en voit deux petites, coniques. Les pharyngiennes sont très-petites, mais elles existent. Je fais cette remarque, parce qu'elles paraissent avoir échappé aux observations de l'illustre fondateur de ce genre. Dans ce poisson, les intestins ne font qu'une circonvolution; nous comptons dix à douze appendices au pylore pour les espèces du Nil; celle du Sénégal en a quatorze.

On voit que dans toutes les espèces de ces différents genres le nombre des cœcums varie beaucoup; je crois même que les variations sont individuelles. Les Alestes sont voraces et se nourrissent d'insectes, de vers et de poissons. Les espèces de ce genre nous ont offert une particularité des plus notables, qui n'a pas échappé aux habiles investigations de mon célèbre confrère et ami. M. Muller a très-bien remarqué que la vessie natatoire, en se prolongeant au delà de l'abdomen, dans la cavité conique qu'elle se creuse entre les muscles sacro-coccygiens, est étendue au côté droit des interépineux de l'anale, de telle façon qu'elle n'est plus placée symétriquement, ce qui est contraire à ce qu'on observe généralement dans les autres poissons. Car j'ai eu occasion de signaler, dans le cours de cet ouvrage, un grand nombre d'exemples de ce prolongement de la vessie au delà de la cavité abdominale, mais l'organe était bifurqué, et chaque corne passait l'une à droite, l'autre à gauche des interépineux de l'anale.

Le Raï.

(*Alestes Hasselquisti*, Muller.)

Le Raï du Nil est un Salmonoïde

à corps allongé, comprimé. Le ventre l'est un peu plus que le dos, sans être pour cela tranchant. La hauteur est comprise six fois dans la longueur totale de certains individus; dans d'autres, je ne la trouve que cinq fois. L'épaisseur fait en général le tiers de la hauteur. La ligne du profil s'élève par une courbe très-peu sensible, mais régulièrement convexe, depuis l'extrémité du museau jusqu'à la dorsale; elle se soulève au delà de cette nageoire. La courbure du ventre me paraît moins sensible, car on pourrait presque dire que le profil est rectiligne depuis le bout du museau jusqu'à l'anale, et qu'il se relève ensuite obliquement vers la caudale. La hauteur de la queue est deux fois et deux tiers dans celle du tronc. La tête est petite; elle a le museau étroit et obtus. La longueur est un peu plus grande que le septième du corps entier. L'œil, placé au milieu de la hauteur de la joue, mais plus près du bout du museau que de l'opercule, est assez grand. Son diamètre mesure le quart de la longueur de la tête. L'iris est recouvert par une paupière adipeuse, qui conserve beaucoup de transparence sur la cornée, mais qui devient sensiblement épaisse entre l'œil et le maxillaire. Je vois au-dessus de l'orbite un sourcilier mince, peu mobile; son extrémité antérieure atteint au bord de la narine postérieure. Je trouve au-devant de l'œil, le long du maxillaire, un premier sous-orbitaire fort étroit, et qui recouvre toute la partie montante du maxillaire, et touche même au bord de l'intermaxillaire. Cette première pièce sous-orbitaire donne attache au bord antérieur de la paupière adipeuse. Vient ensuite un second sous-orbitaire, petit os rectangulaire, dont le bord antérieur est articulé sur la palette latérale du maxillaire. Il se rétrécit un peu en arrière pour s'articuler avec le troisième sous-orbitaire; celui-ci s'étend jusqu'au bord postérieur de l'orbite, et couvre ensuite tout le bas de la joue jusqu'au limbe du préopercule. Je trouve ensuite derrière l'œil le quatrième et le cinquième sous-orbitaire; puis, enfin, le sixième, plus convexe, occupe toute la région temporale postorbitaire, et vient s'appuyer sur le sourcilier. On ne voit du préopercule, comme dans toutes les espèces de cette famille, que le limbe un peu caverneux de cet os. L'interopercule est long et étroit; l'opercule est une très-grande plaque en croissant, qui protége toute la partie postérieure de la joue; le sous-opercule est une petite plaque mince, comme écailleuse, étroite, mais longue. Les ouïes sont assez largement fendues. Nous comptons facilement les quatre rayons de la membrane branchiostège. La bouche est petite. La mâchoire inférieure a son mouvement de bascule ordinaire; la supérieure est très-peu mobile. Le bord est presque entièrement formé par l'intermaxillaire. Celui-ci est un petit os très-épais vers la symphyse; il se prolonge en un arc à double courbure, derrière lequel monte la plus grande partie du maxillaire, qui s'articule sur l'extrémité de l'ethmoïde, d'où il résulte que la mâchoire des Alestes est une très-curieuse exception dans toute cette famille des Characins; car si l'on ne tenait pas compte des affinités naturelles et de l'ensemble des caractères du poisson, mais qu'on se laissât guider par les seuls rapports du maxillaire et de l'intermaxillaire, il est certain qu'on ne placerait pas les Alestes dans la famille des Salmonoïdes.

L'intermaxillaire a dû être dilaté pour donner de la place à l'insertion des larges dents mitoyennes, implantées sur lui. Il y en a deux rangées; l'une, antérieure et courte, composée de trois petites dents peu distantes, à couronne tronquée et sans dentelures. Derrière est une seconde rangée de quatre autres dents comprimées, dont la couronne est plus longue que large. Cette couronne, un peu creusée en gouttière, porte, en arrière et sur sa troncature, un petit talon pointu. Le maxillaire n'a aucune dent; on l'aperçoit près de l'angle de la mâchoire par une simple petite palette articulée à l'extrémité de l'intermaxillaire; mais tout le corps de l'os remonte derrière le premier et le second sous-orbitaire. La mâchoire inférieure a des dents assez épaisses, creuses, dont les bords sont plutôt festonnés que dentelés, et dont l'angle antérieur remonte en un petit talon qui correspond à l'intervalle des deux rangées de dents supérieures, ou plutôt qui contribue à user la couronne des dents de la première rangée et toute la partie antérieure des dents de la seconde, en même temps que le talon de la seconde rangée supérieure userait le talon postérieur des dents d'en bas. Derrière les deux dents mitoyennes sont deux petites dents coniques. Les pharyngiennes sont très-petites. La dorsale est au milieu du tronc, en n'y comprenant pas la caudale; elle est pointue de l'avant; une fois et deux tiers aussi haute que longue; le dernier rayon n'a guère que le tiers des premiers. L'anale est longue, ayant à peu près les deux tiers de la hauteur du tronc au-dessus d'elle. La caudale est profondément fourchue; les ventrales sont attachées au-devant de la dorsale, et cependant les pectorales, quoique étroites et pointues, ne les atteignent pas. Ces nageoires paires ont chacune dans leur aisselle un appendice écailleux, assez long et pointu.

B. 4; D. 10; A. 22; C. 23; P. 15; V. 9.

Les écailles sont assez grandes, orbiculaires; neuf stries rayonnent du centre sur toute la circonférence. M. Riffaut dit que le poisson a le dos brunâtre; les flancs gris; la dorsale et la ventrale brunes; le lobe supérieur de la caudale est de la même teinte, mais l'inférieur et l'anale sont rouges. La couleur est verdâtre sur le dos, ainsi que nous en pouvons juger par un très-beau dessin peint sur le frais par Redouté : le dessous des côtés est glacé d'argent ; c'est le dessin qui a servi d'original à la planche gravée dans l'ouvrage d'Égypte.

Les viscères digestifs de ce poisson ne présentent rien de très-particulier. Nous avons trouvé douze appendices pyloriques ; un estomac replié sur lui-même ; la branche montante n'a pas des parois notablement épaisses ; le duodénum descend jusqu'à la moitié de l'intervalle compris entre le diaphragme et l'anus ; puis il remonte dans le côté droit pour atteindre de nouveau jusqu'au diaphragme et se courber ensuite pour se rendre droit à l'anus. La vessie natatoire est double ; la portion antérieure a des parois fibreuses, épaisses et brillantes ; la postérieure est très-longue et occupe, comme l'a fait justement remarquer M. Müller, une position très singulière, et dont il y a peu d'exemples dans la classe des poissons, puisqu'elle s'étend à droite des interépineux de l'anale, à travers les muscles de la queue jusqu'à la caudale, sans être, par conséquent, placée symétriquement par rapport aux organes voisins.

La longueur de nos exemplaires est de quinze pouces.

Les premiers qui ont été placés dans les collections nationales, ont été rapportés du Nil par M. Geoffroy Saint-Hilaire lors de l'expédition française en Égypte. Depuis, M. Ehrenberg en a donné d'autres individus.

Nous voyons cette espèce remonter dans le haut Nil ; car M. Darnaud en a envoyé plusieurs exemplaires dans la belle collection qu'il a donnée au Muséum, et qui avait été faite pendant son excursion au Nil blanc.

Ce Raï a été parfaitement décrit par Hasselquist sous le nom de *Salmo dentex*. Je crois seulement que cet habile naturaliste a fait une fausse application de la dénomination arabe de ces espèces du Nil, en disant que c'est le *Kalb el Bar* des Égyptiens, ce nom étant celui de nos Hydrocyons. Linné n'accepta pas la détermination

de son élève, et il fit, dès la dixième édition, du *Salmo*
d'Hasselquist son *Cyprinus dentex*, et cependant dans
ce même ouvrage il donne parmi ses *Salmo* un *Salmo
niloticus*, qui ne peut être autre chose qu'un double
emploi du Raï ou de ce *Cyprinus dentex* de Linné. C'est
ce que Forskal a parfaitement vu, quand il a dit *Salmo
niloticus Linnæi est Arabum Rai*, espèce très-différente
du *Salmo niloticus* d'Hasselquist, qui est le Nefasch des
Égyptiens. Il faut bien faire attention que les notes de
Forskal n'ont pas été mises en ordre avec assez de soin
pour qu'il n'y ait pas ici une légère confusion. On en a
fait une plus grande en plaçant les observations de Forskal
sur le *S. dentex* d'Hasselquist sous son *S. Roschal;* car
tout ce qu'il dit de ce poisson appartient, comme l'a
très-bien vu M. Cuvier, à l'*Hydrocyon Forskalii*. C'est
pour éviter toutes ces confusions que M. Cuvier, en
décrivant ce poisson parmi ses Mylètes, lui a donné le
nom de *M. Hasselquisti*, qu'il faut conserver. M. de Lacépède avait accepté, dans son Ichthyologie, cette détermination du *S. niloticus* de Linné, dont il trouvait la
pensée dans l'Encyclopédie méthodique. C'est pour cela
qu'il fit paraître le Raï sous le nom de *Characinus niloticus*, mais en conservant par un double emploi et dans
ce même genre un *Characinus dentex*, qu'il tirait de
Linné et d'Hasselquist.

Cette synonymie, fort embrouillée, avait été éclaircie
par les travaux de M. Geoffroy, et ensuite par M. Cuvier,
dans les différentes notes du Règne animal, mais ils n'avaient
pas suffisamment établi l'identité du *Salmo niloticus* de
Linné et du *Cyprinus dentex*. Il ne peut y avoir aucun
doute sur ce point. On devait croire que les travaux de

savants aussi illustres seraient compris par les voyageurs, jaloux de publier eux-mêmes les résultats de leurs recherches. C'est ce qui n'a pas été fait cependant par M. Joannis, qui, après avoir conservé dans son tableau des poissons du Nil, publié en 1835, un *Characinus niloticus* de Geoffroy, associé dans ce mémoire au *Characinus nefasch* du même auteur, lesquels sont cependant des genres différents et bien déterminés par M. Cuvier, vient ajouter à sa liste un *Myletes baremoze*[1], lequel n'est autre chose, ainsi que M. Muller le reconnaît tout comme moi, qu'un nouveau nom donné à l'espèce dont nous nous occupons.

M. Ruppell a observé ce poisson, et nous a appris qu'on le nomme au Caire *Rachés*.

M. Riffaut a aussi dessiné le Raï dans son expédition sur le haut Nil. Ses teintes s'accordent assez bien avec celles données par les autres voyageurs; il a écrit pour nom arabe *Raie*.

L'ALESTE NURSE.

(*Alestes nurse*, nob.)

Le savant et habile naturaliste de Francfort[2] a découvert dans le Nil une seconde espèce qui avait échappé aux recherches d'Hasselquist, de Forskal et de M. Geoffroy.

C'est un poisson à corps plus court, plus haut et remarquable par la brièveté de son anale. On peut encore ajouter que le museau est un peu plus pointu et la tête plus courte.

---

1. Joannis, Mag. zool. de Guérin, 1835, Poissons, pl. 6.
2. Ruppell, *Fortsetz. der Beschr. und Abbild. mehrerer neuer Fische im Nil entdeckt, von D.* Ed. Ruppell, mit drei Steindrucktafeln; Frankfurt am Main,* 1832.

B. 4; D. 10; A. 15; C. 25; P. 13; V. 9.

Suivant M. Ruppell, la couleur est d'un bleu argenté sur le dos, verdâtre sur le sommet de la tête. La dorsale est verdâtre; l'anale, les pectorales et les ventrales, transparentes et couleur de chair. Le bord libre de la caudale et de l'anale est rose carminé.

L'individu, long de six pouces, a été rapporté du Nil par M. Joannis.

M. Ruppell ajoute que les dents sont prismatiques et tout à fait semblables à celles du *Myletes Hasselquistii*. Ce poisson, rare au Caire dans le mois de mars, s'y trouve plus abondant en été. Les pêcheurs l'appellent *Nurse*.

M. Muller a cité avec raison cet Aleste dans sa Monographie; mais il s'est trompé en croyant que le *Myletes guile* de M. Joannis est le même poisson. Nous possédons, dans la collection du Jardin des plantes, l'exemplaire original décrit sous ce nom, et l'on verra plus loin que ce prétendu Mylètes est du genre des Chalcées.

Je trouve aussi ce poisson dessiné d'une manière reconnaissable dans la collection de peintures de M. Riffaut. Il porte le nom de *Baramauze*. Toutes les nageoires sont lisérées de rose. Ce nom se rapproche assez de celui que M. Joannis a appliqué au Raï ordinaire; mais le dessin de M. Riffaut a un autre intérêt pour moi, car il me met sur la voie de déterminer le *Myletes Allenii* de M. Bennett.[1]

Je suis, en effet, très-porté à croire, que le *Myletes* indiqué plutôt que décrit dans les *Proceedings* sous ce nom, n'est autre que le *M. nurse*. En effet, les nombres de l'anale s'accordent assez pour justifier ce rapprochement, ainsi que la position de la dorsale. Ce poisson,

---

1. Bennett, *Proceedings of the zool. soc.*, 1834, p. 45.

rapporté par le lieutenant Allen, est conservé, avec les autres objets de l'expédition de Quorra dans l'intérieur de l'Afrique, dans le cabinet de la société zoologique.

L'ALESTE SETHENTÉE.

(*Alestes sethente*, nob.)

Le Sénégal nourrit aussi une espèce d'Alestes, plus voisine par la forme raccourcie de son corps de l'*A. nurse* que de la première; mais elle se rapproche de celle-ci par la longueur de son anale.

Le poisson a d'ailleurs la tête courte; les lobes de la caudale très-profondément fourchus; la dorsale un peu en arrière des ventrales.

B. 4; D. 10; A. 22; C. 25; P. 13; V. 9.

Les couleurs sont assez différentes, parce que nous voyons les flancs marqués d'une large bandelette longitudinale noirâtre; elle est plus visible par reflet que par un regard direct. Les lobes de la caudale ont aussi une bandelette longitudinale noire.

Nous possédons plusieurs exemplaires de cette espèce envoyés par M. Jubelin, lorsqu'il était gouverneur de la colonie. Il est facile de s'assurer que ce poisson, comme le précédent, a la vessie natatoire placée comme dans l'A. d'Hasselquist.

Nos exemplaires ont un pied de long.

CHAPITRE XXI.

Du genre MYLÈTES.

Le genre des Mylètes, établi par M. Cuvier, devient maintenant le chef de file d'une petite famille naturelle. M. Muller a subdivisé les Mylètes, en retirant les Alestes et les Myleus, et je crois devoir moi-même y établir un plus grand nombre de genres. Il faut réserver pour le genre Mylètes tel que nous l'entendons aujourd'hui, les espèces qui ont des dents à couronne tronquée sur deux rangs aux intermaxillaires; point de dents sur les maxillaires, et dont la mâchoire inférieure porte deux rangées de dents à couronne tronquée. Dans quelques Mylètes, comme dans le *M. macropomus,* la rangée interne est composée de sept dents, mais dans la plupart des autres il n'y a que deux dents coniques derrière la symphyse. Ces dents, à couronne tronquée, sont prismatiques, avec les arêtes mousses. Le bord antérieur des dents de la première rangée est mince, tranchant et faiblement denticulé; les dents de la seconde rangée ont le bord postérieur plus élevé et le milieu est un peu plus pointu.

Le corps de ces poissons est comprimé; le ventre est caréné et souvent même fortement dentelé; cependant toutes les espèces n'ont pas les angles des chevrons de la carène assez saillants pour établir une dentelure en scie; le premier interépineux de leur dorsale se termine par une épine saillante, couchée horizontalement et dirigée en avant. Très-souvent la base de cette épine touche au premier rayon de la nageoire du dos, en se bifurquant en deux pointes, ainsi que Bloch l'a figuré depuis longtemps dans le Serrasalme. Les Mylètes se nourrissent de substances végétales et animales. Nous avons fréquemment trouvé, dans leur estomac, différents débris de grosses larves d'insectes de la famille des Capricornes ou des Lamies, et des fragments de tiges ou de fruits de diverses plantes. Leurs intestins sont assez longs. M. Muller n'a vu que deux circonvolutions dans le *M. asterias,* et seize appendices au pylore. J'en ai trouvé un plus grand nombre dans le *M. rhomboidalis,* et l'intestin faisait trois replis. L'estomac est un long cul-de-sac. La branche pylorique est assez épaisse, mais courte.

Lorsque M. Cuvier composa le genre Mylètes, il y réunissait des espèces américaines qui, à cette époque, étaient nouvelles et dont il a fait le sujet du Mémoire, publié dans les Recueils du Muséum. Ce sont ses *Myletes macropomus, brachypomus, rhomboidalis, duriventris.* Presque à la même époque je fis connaître, dans le tome II des Observations zoologiques de M. de Humboldt, le *M. Pacu* de l'Orénoque, et Spix et Agassiz publièrent bientôt leur *Myletes bidens,* espèce qu'on doit conserver, et un *Myletes aureus,* qui n'est autre que le *Myletes duriventris* de M. Cuvier. M. Muller reprit ce travail dans sa Monographie des Characins, mais je ne crois pas qu'il faille admettre toutes les espèces qu'il y a établies. Ainsi je ne doute pas, d'après le nombre d'exemplaires que j'ai pu comparer entre eux, que le *M. latus* et le *M. Schomburgkii* ne soient le même que le *M. rhomboidalis* de M. Cuvier. On verra paraître plusieurs espèces nouvelles dans le travail que je vais présenter. Nous les devons aux recherches de M. Schomburgk, de M. Deville, de M. Castelnau et de M. Plée. M. de Montravel en a aussi rapporté une espèce fort curieuse de l'Amazone.

22.

Le Mylète a large opercule.

(*Myletes macropomus*, Cuvier).

Une des plus grandes espèces de ce genre est celle décrite et figurée par M. Cuvier sous le nom de *M. macropomus.* C'est d'après l'exemplaire du Muséum d'histoire naturelle et qui a servi à M. Cuvier, que je fais la description suivante :

Le poisson a le corps allongé, elliptique. La hauteur fait le tiers de la longueur totale. La courbure du dos est régulière et peu sensible, depuis le bout du museau jusqu'à la dorsale. Le point le plus élevé de la courbe est vers la nuque. La courbure du ventre est un peu plus forte. Une carène dentelée marque ce contour. Les écailles qui forment la dentelure sont grosses et très-visibles; mais comme leurs pointes sont mousses et couchées les unes sur les autres, il en résulte que la carène n'est pas épineuse. La longueur de la tête surpasse un peu le quart de la longueur totale. Dans ce poisson, le développement des pièces osseuses qui couvrent la joue est fort remarquable. Le dessus de la tête est cuirassé par une sorte de casque grenu, formé par les os du crâne, cachés, dans l'état frais, par une peau mince et lisse. L'œil est sur le devant de la joue, très-près de l'extrémité du museau; car il n'en est éloigné que d'une fois et demie son diamètre, qui n'est que le huitième de la longueur totale. Il n'y a qu'une largeur de l'orbite entre le bord et l'extrémité antérieure du maxillaire. Nous trouvons au-devant de l'œil, un très-petit sous-orbitaire, élargi à son origine en une petite palette, et prolongé ensuite en un appendice grêle, qui descend le long du maxillaire. La moitié de cet os peut se retirer sous le bord antérieur du second sous-orbitaire : c'est une pièce irrégulièrement quadrilatère, assez large, dont le bord postérieur atteint au delà de l'articulation de la mâchoire inférieure. Viennent ensuite le troisième et le quatrième sous-orbitaire; ce sont deux très-grandes

plaques osseuses, rugueuses, étendues sur toute la joue; puis, au-
devant et au-dessus de l'œil, est un cinquième os, que l'on peut
considérer tout aussi bien comme un sourcilier par sa position au-
dessus de l'orbite, que comme un sous-orbitaire. Je rattache cette
pièce à la chaîne de ces osselets, parce que nous avons vu déjà
dans d'autres genres le dernier sous-orbitaire se placer ainsi sur le
haut de l'orbite; à la vérité, il n'avançait pas autant. La joue, ainsi
cuirassée par ces grands sous-orbitaires, est encore protégée par
un large limbe osseux et rugueux du préopercule. Sa largeur, mesurée de l'angle très-mousse de cet os à la concavité qui regarde
l'œil, est égale à celle du troisième sous-orbitaire placé au-devant.
Le bord montant de l'os est légèrement rentrant, et le bord inférieur
est concave. L'interopercule le dépasse un peu en se montrant
comme une longue bandelette étroite et osseuse, à surface lisse.
Le sous-opercule est encore un peu plus étroit et tout aussi long.
Quant à l'opercule, c'est une très-large plaque convexe, à bord
postérieur, arqué en une sorte de courbe elliptique. La hauteur
de l'os égale une fois et deux tiers sa largeur. Le bord membraneux
de l'opercule est très-développé; les ouïes sont très-fendues; la
membrane branchiostège a cinq rayons de chaque côté. Les narines,
situées tout près de l'extrémité du museau et à la face supérieure,
sont profondes. Les deux ouvertures sont rapprochées et séparées
par une simple papille membraneuse; la postérieure est très-large.
La bouche, fendue en travers, est assez grande : c'est la conséquence
de la largeur du crâne; car l'intervalle d'un œil à l'autre égale cinq
fois le diamètre de l'orbite. Tout le bord supérieur de l'arcade
dentaire est formé par les deux intermaxillaires. Ils portent deux
rangées de dents : l'externe composée de cinq sur chaque os; puis
viennent, par derrière, quatre autres dents; elles sont, suivant
l'expression de M. Cuvier, prismatiques, mais à arêtes mousses.
La couronne est tronquée. Le bord antérieur des premières est
mince, tranchant et faiblement denticulé; c'est le bord postérieur
des secondes qui est plus élevé. Le milieu du bord est plus pointu;
il y a des granulations plutôt que des dentelures sur le bord antérieur. A la mâchoire inférieure, je vois aussi deux rangées de dents;

l'une, antérieure, composée de douze à quatorze dents; puis, une seconde, sur le milieu de la mâchoire, n'est formée que de six dents. La couronne des deux dents mitoyennes antérieures est creusée en gouttière arquée; les autres dents ont le bord relevé en pointe. Les dents postérieures mitoyennes sont longues et pointues; les deux latérales sont plus petites, mais également pointues. Le premier rayon de la dorsale s'élève à peu près sur le milieu de la hauteur du corps; les rayons sont tous gros et épais; la base est à peine plus petite que la hauteur de la nageoire. L'adipeuse porte sur tout le bord une suite de rayons osseux, et sa base est recouverte de petites écailles. On ne peut pas dire, cependant, que ce soit une véritable nageoire à rayons mobiles, comme ceux de la dorsale ou de l'anale; car il n'y a pas de membrane entre ces différents filets. La largeur et l'ossification des rayons de la caudale sont également fort remarquables; elle est échancrée, et ses lobes sont arrondis. L'anale est assez étendue sous le ventre; ses rayons sont forts et arqués, et sa base est recouverte de petites écailles. Les ventrales sont insérées au-devant de la dorsale, et les pectorales, articulées assez bas, répondent presque à l'articulation du sous-opercule.

B. 5; D. 16; A. 25; C. 21; P. 17; V. 8.

Je compte quatre-vingts rangées d'écailles le long des flancs; elles sont petites et assez fortement striées. La couleur paraît avoir été uniforme et verdâtre.

Notre individu est long de vingt-sept pouces; il est très-probablement originaire des rivières du Brésil; nous l'avons reçu du cabinet d'Ajuda.

Le MYLÈTE A OPERCULE COURT.

(*Myletes brachypomus*, Cuv.)

Une seconde espèce, qui me paraît devenir aussi grande que la précédente, a fait également le sujet des recherches de M. Cuvier.

Le corps est un peu plus court et plus haut; car la hauteur est un peu plus grande que le tiers de la longueur totale. La tête est plus petite et plus courte. Sa longueur est le cinquième de celle du corps entier. Le museau, plus convexe en dessus, a l'extrémité plus arrondie, et par conséquent, un peu plus saillante. Le diamètre de l'œil n'est contenu que cinq fois et un tiers dans la longueur de la tête. Le bord de l'orbite n'est éloigné de l'articulation du maxillaire que de la moitié de son diamètre. Le second sous-orbitaire paraît plus intimement uni au premier, et il s'élargit en une large plaque osseuse, dont le bord dépasse en dessous celui du troisième sous-orbitaire; celui-ci est rétréci, de sorte qu'il n'atteint pas le bord du limbe du préopercule. Le quatrième sous-orbitaire est étroit, un peu plus long que le précédent, et enfin, le cinquième, est une très-large plaque à bord postérieur, arrondi, et couvrant derrière l'œil tout le haut de la tempe. Il me paraît, autant que je puis en juger sur un poisson desséché, qu'il existe au-dessous de lui un sixième sous-orbitaire plus petit, à moins que cette surface rugueuse n'appartienne au frontal postérieur. Au-dessus de l'œil est un petit sourcilier terminé en pointe. Les narines sont un peu plus latérales, et l'ouverture postérieure est moins grande. L'arcade de la mâchoire supérieure est en ogive arrondie, au lieu d'être droite comme dans l'espèce précédente. Il y a cinq dents à chaque intermaxillaire pour la rangée antérieure, et quatre pour la postérieure; elles sont un peu plus petites que celles du *Myletes macropomus*. La mâchoire inférieure a quatorze dents sur le rang externe, et il n'y en avait que deux derrière les dents mitoyennes; ce serait donc sept dents antérieures sur chaque branche, avec une seule sur le second rang. Une autre différence notable dans la dentition de cette espèce, lorsqu'on la compare à la précédente, consiste dans la présence de deux petites dents implantées sur le haut du maxillaire, tout près de son articulation. J'ai fait connaître que les sous-orbitaires ne viennent pas dans ce poisson cuirasser complétement la joue. Un arc encore assez large, couvert par une simple peau adipeuse, existe entre ces os et le limbe du préopercule; celui-ci est cependant assez grand, car il descend sur le bas de la joue; sa portion angulaire est

tout arrondie. Le bord inférieur de l'os est presque droit, et le
bord montant légèrement sinueux. L'interopercule est plus large,
mais moins long que celui de l'espèce précédente, et cette différence
est encore plus sensible sur le sous-opercule, à cause du peu de
largeur de l'opercule, qui est trois fois plus haut que long. Le bord
postérieur descend presque parallèlement à l'antérieur. Tous ces os
sont profondément ciselés ou striés. Les ouïes sont largement fendues, et je trouve à cette espèce, comme à la précédente, cinq rayons
branchiostèges. La dorsale est haute et triangulaire sur le milieu de
la longueur, un peu moins reculée au delà des ventrales. Je ne puis
rien dire de l'adipeuse, qui a été cassée sur l'exemplaire que je décris.
L'anale est longue, à lobe antérieur plus allongé; ce qui la rend
coupée en lame de faux. La caudale a les rayons osseux, quoique
très-visiblement articulés; elle est plutôt échancrée que fourchue;
les lobes sont très-larges.

B. 5; D. 16; A. 26; C. 28; P. 15; V. 8.

Il y a cent cinq rangées d'écailles entre l'ouïe et la caudale;
elles sont donc plus petites que celles de l'espèce précédente, et ces
différences sont très-faciles à apprécier.

Ce poisson a la même origine, et comme il est desséché depuis
longtemps, je ne puis rien dire de ses couleurs. Je ne m'étonnerais
pas cependant qu'il n'ait eu le dos rayé par de nombreuses petites
lignes obliques et onduleuses.

L'exemplaire est long de deux pieds.

Le Mylète aux petites écailles.

(*Myletes bidens*, Spix.)

Nous avons maintenant, dans les collections du Muséum, une espèce que Spix a décrite sous le nom de
M. bidens[1], qui ressemble beaucoup à la précédente,
mais qui en diffère par plusieurs caractères essentiels.

---

1. Spix, p. 75, pl. 32.

Elle a le corps beaucoup plus haut et plus arrondi. La hauteur n'est que deux fois et deux tiers dans la longueur totale. La longueur de la tête mesure encore le cinquième de cette même longueur; mais l'œil est beaucoup plus grand; car le diamètre de l'orbite est à peine plus petit que le quart de la longueur de la tête. Le museau est de même forme, et les dents ne me paraissent pas différer; mais le troisième sous-orbitaire est encore un peu plus étroit; le quatrième est un peu plus long. Le limbe de l'opercule est beaucoup moins large. Le bord montant est presque vertical; ce qui rend l'angle de l'opercule à peu près droit.

B. 5; D. 16; A. 25, etc.

Enfin, ce qui est un caractère extérieur encore très-sensible, c'est que les écailles sont infiniment plus petites; il y en a cent soixante entre l'ouïe et la caudale. Tout le poisson me paraît d'une teinte uniforme, verdâtre, rembrunie sur la tête et sur les nageoires verticales, et glacée d'argent sur les flancs et sur le ventre, dont le fond est jaunâtre.

Le seul exemplaire rapporté de l'Amazone par MM. de Castelnau et Deville, est long de vingt et un pouces. J'ai conservé le nom que Spix lui a donné, quoique je ne trouve pas cette épithète très-convenable.

Ceux qui ne peuvent consulter que les figures données dans l'Ichthyologie de la Guyane, auront de la peine à croire que le *Myletes pacu,* figuré par M. Schomburgk, soit encore le poisson décrit dans cet article; mais comme je tiens de la générosité de l'auteur le calque colorié du beau dessin, long de quatorze pouces, qu'il a fait sur les lieux, je ne puis hésiter à établir cette synonymie. C'est la même forme dans l'opercule, dans les sous-orbitaires, et la description que M. Schomburgk nous donne des dents, complète ce qui pourrait rester incertain par le seul examen de la figure. M. Schomburgk colore ce Mylète en brun rougeâtre avec de grandes marbrures noires dans le voisinage de la dorsale et derrière l'épaule. La femelle a les couleurs plus foncées que le mâle. Les Pacus sortent des grandes rivières pour aller frayer dans les savanes ou lieux inondés, puis ils reviennent, après la ponte, sur les fonds granitiques de l'Ésséquibo ou du Mazaruni. Leur nourriture principale et favorite consiste dans le *Veyra* ou *Haya*, espèce de podostémacées voisines des Arums, qui couvrent ces roches granitiques. M. Schomburgk vante aussi beaucoup l'excellence de sa chair.

Le Paco de l'Amazone.

(*Myletes Paco*, Humboldt.)

Je place auprès de cette espèce le Mylètes que M. de Humboldt a fait connaître sous le nom de Paco de l'Amazone. Je ne suis pas même très-sûr que ce poisson soit différent du précédent. Voici ce qu'en dit l'illustre voyageur qui nous l'a décrit. Je vais transcrire sa description, parce qu'elle prouvera avec quelle sagacité ce grand physicien a observé tout ce qui se présentait autour de lui dans ses magnifiques tableaux de l'Amérique équinoxiale. Il était impossible de mieux désigner le caractère des dents des Mylètes que par les expressions employées sur le journal de route écrit vingt ans avant les travaux de M. Cuvier sur les Mylètes.

Corpus albo-virescens, compressum, squamis minutis tectum, dorso arcuato. Os parvum, labio inferiore longiore. Dentes validi, anthropomorphi, *duplici ordine dispositi. Max. superior : dentes minores, in antica parte* 9, *in postica* 6. *Max. inferior : in postica parte dentes* 2 *minimi acuti, in antica parte* 10, *quorum* 6 *duplo majores intermedii. Lingua crassa ovata, absque dentibus. Opercula ossea radiatim striata, haud squamis tecta. Oculi maximi laterales, lutei. Nares tubulosæ. Pinna dorsalis prim. magna 16 radiata, librans; postica minuta, adiposa. Pinna analis maxima usque ad caudam protensa. Cauda bifurca.*

D. pr. 16; D. sec. 0; P. 12; V. 8; A. 28; C. 22.

Pinnæ omnes ovatæ, sine aculeis, radio anteriori solummodo crassiore, arcuato. Abdomen acute carinatum, carina albida, cartilaginea, non serrata. Linea lateralis parum conspicua.

M. de Humboldt a vu des individus longs de deux pieds neuf pouces et larges de neuf pouces. Il a observé que la vessie est double, oviforme, très-grande; l'antérieure a huit pouces; la postérieure six pouces cinq lignes. Il dit que le Paco est un poisson d'un goût exquis, cependant rempli d'arêtes. J'ai été extrêmement frappé, dit-il, en décrivant le Paco à Lomependa dans la province de Brocamaros, de la forme des dents; je le rapprochai dans mon journal, et avec raison, de la Palometa des plaines de Vénézuéla, et je croyais que ces deux poissons formaient un nouveau genre. En comparant le dessin que M. de Humboldt[1] nous a laissé de son Paco avec le poisson que M. de Castelnau nous a rapporté, je ne puis croire que j'ai sous les yeux l'espèce du haut Maragnon. Il ne faut pas que le lecteur oublie que les dents, ajoutées au dessin du *M. Paco*, ont été faites d'après celles du *M. rhomboidalis* conservé dans les collections du Muséum.

Quant aux deux Palometa de M. de Humboldt, je crois qu'il faut rapporter celui du Rio Apure et des plaines de Vénézuéla, à cause de ses dents aiguës et tranchantes,

---

1. Observ. zoolog., t. II, pl. 47, fig. 2, p. 175.

aux Serrasalmes ou aux Pygocentres; celui du haut Orénoque me paraît tellement voisin d'une espèce figurée par
M. Schomburgk, et dont je vais parler tout à l'heure, que
je crois pouvoir aujourd'hui fixer sa place auprès de cette
espèce. Le nom de Palometa ou Palometo n'a pas été
inconnu à M. de Schomburgk, ainsi que nous le verrons
plus loin.

Le MYLÈTE A FORTES ÉPINES.

(*Myletes duriventris*, Cuvier).

M. Cuvier[1] a fait connaître, d'après un animal empaillé,
une espèce dont nous possédons maintenant d'autres exemplaires conservés dans l'alcool. C'est d'après ces derniers
que nous allons en donner la description.

Le corps est encore plus orbiculaire que celui de l'espèce précédente; car la hauteur est une fois et cinq sixièmes dans la longueur
totale. L'épaisseur est comprise quatre fois et demie. Le profil est
un peu concave entre les yeux; puis il s'élève par une courbe
convexe jusqu'à la dorsale; il descend au delà, et devient flexueux
en se rendant à la caudale. La courbure du ventre est plus régulière
depuis la gorge jusqu'à la naissance de la queue. La tête est petite
et courte. Sa longueur est quatre fois dans celle du corps, en ne
comptant pas la caudale, laquelle est comprise six fois et demie
dans cette même longueur. L'extrémité du museau est arrondie. L'œil
est quatre fois et demie dans la longueur de la tête. Le premier
sous-orbitaire est très-petit; le second se dilate en une petite palette,
qui recouvre tout le maxillaire quand la bouche est fermée. Le
troisième fait un arc étroit; le quatrième et le cinquième sont
petits, et le sixième remonte sur les côtés du crâne au-dessus de

---

1. Cuvier, Mém. du Mus., t. IV, pl. 22, fig. 2.

l'œil. L'opercule a le limbe assez étroit; l'angle arrondi; il n'est pas entièrement recouvert par le sous-orbitaire; mais il cache presque en entier l'interopercule. Le sous-opercule est extrêmement petit. Quant à l'opercule, c'est une assez grande plaque arquée, deux fois et demie plus haute que large, et dont tout le bord postérieur est arrondi. L'os est entièrement strié. Les dents sont sur deux rangs, au nombre de dix aux intermaxillaires, et de quatre en dedans. Les dents de la mâchoire inférieure sont comme dans les autres Mylètes au nombre de quatre en avant; puis deux dents coniques et pointues derrière les mitoyennes. Les couronnes de ces dents ont les bords pointus et tranchants. Les ouïes sont très-largement fendues. La dorsale est courte, à peine plus haute que longue en avant; mais les derniers rayons n'ont que la moitié des premiers. L'adipeuse est presque entièrement écailleuse; il en est de même de l'anale, dont les rayons, vers le dernier tiers, s'allongent de manière à former à cet endroit un lobe qui atteint presque à l'extrémité de la caudale; celle-ci n'est pas très-longue; mais elle est près de deux fois aussi haute que large et entièrement écailleuse. La ventrale est petite et pointue; la pectorale, placée assez haut sur le flanc, atteint presque à l'aplomb de l'insertion de la seconde des nageoires paires.

B. 4; D. 15; A. 33; C. 25; P. 17; V. 8.

Les écailles sont petites; il y en a cent cinquante entre l'ouïe et la caudale. La carène du ventre est très-tranchante et formée d'une suite de trente-neuf épines très-dures, saillantes, et qui sont le prolongement du corps du chevron osseux qui constitue cette carène dentelée de l'abdomen. La ligne latérale est presque droite; car il n'y a qu'une légère concavité à l'endroit de la poitrine. Tout le poisson est d'un vert plus ou moins foncé, à reflets dorés.

Les exemplaires que je viens de décrire sont longs de neuf pouces. Ils viennent de l'Amazone par M. de Castelnau. En comparant ces exemplaires avec le *Myletes aureus*[1]

---

1. Agassiz, *Pisc. bras.*, p. 74.

d'Agassiz, que Spix publiait sous le nom de *Tetragonop-*
terus aureus[1], il est impossible de douter un instant de
leur identité spécifique. Je réunis donc ces deux espèces,
qui ont été inscrites séparément et à la suite l'une de
l'autre, dans le tableau du genre *Myletes,* donné par
M. Muller.

Le MYLÈTE A VENTRE ÉPINEUX.

(*Myletes acanthogaster*, nob.)

M. Plée a rapporté des environs de la lagune de Maracaïbo une nouvelle espèce de Mylète, voisine du *Myletes*
duriventris de M. Cuvier. Elle s'en distingue cependant

par un corps plus allongé, par des sous-orbitaires plus larges,
par un limbe du préopercule plus dilaté, et parce que ces os, ainsi
que l'opercule, sont profondément sculptés ou striés. Les premiers
rayons de l'anale sont beaucoup moins gros, et la région postérieure
du corps est plus étroite. Les écailles sont excessivement petites.

D. 17; A. 35, etc.

La couleur, verdâtre sur le dos, est blanche et argentée sur le
ventre, avec quelques marbrures plombées. La dentelure du ventre
est aussi forte que celle de la précédente; mais les épines sont plus
écartées; les côtés du chevron sont plus courts et plus ouverts.

Je ne possède qu'un individu empaillé qui est long d'un
pied; c'est une femelle que M. Plée a désignée sous le
nom espagnol de *El pampano*.

---

1. Spix, pl. 31.

Le Mylète rhomboïdal.

(*Myletes rhomboidalis,* Cuv.)

Nous pouvons encore parler d'une des espèces de
M. Cuvier ; c'est son *M. rhomboidalis,* dont la hauteur
est une fois et deux tiers dans la longueur totale,

qui a le profil un peu concave près de la nuque. L'œil assez grand
sur le haut de la joue. Les différentes pièces de la face sont presque
lisses. L'opercule est très-étroit. Les premiers rayons de la dorsale
sont prolongés en filet ; ceux de l'anale, longs et courbes, constituent
un lobe pointu, plus ou moins allongé. La caudale, assez profondément fourchue, a le bord des lobes arqué. Les écailles qui bordent
la base de la nageoire s'arrêtent en ligne droite.

D. 23 ; A. 33, etc.

La carène du ventre est sensiblement dentelée, quoique les épines
soient moins fortes que celles du précédent. La nageoire adipeuse
a aussi la base garnie d'écailles, et je la vois, en général, égaler la
distance qui la sépare de la dorsale ; mais elle est quelquefois plus
courte. Je regarde donc la longueur de cette nageoire comme un
caractère variable. Les écailles sont très-petites. Nous en comptons
cent vingt-cinq le long des flancs. La couleur est un gris plombé,
très-finement linéolé de gris foncé ou de noirâtre. Je vois une
tache noire sur le haut de la dorsale, et l'anale a aussi quelque
teinte rembrunie.

Les plus grands individus ont six pouces : ils viennent
de l'Amazone, par M. de Castelnau. Nous en avons reçu
d'autres du même fleuve par les soins de M. de Montravel.
Ceux de M. Cuvier en venaient également, car ils faisaient
partie du Cabinet d'Ajuda. Depuis, M. Leschenault en a
envoyé d'autres exemplaires de la Mana, et M. Schomburgk

l'a rapporté de l'Esséquibo. Son exemplaire porte le nom de *Kartabak*; c'est donc très-certainement le *Tetragonopterus latus* des poissons de M. Schomburgk[1], que M. Muller a fait passer dans la liste des Mylètes avec la même épithète.

J'ai sous les yeux un de ces Mylètes très-bien conservé, envoyé de Surinam à Leyde sous le nom de Kartabak, inscrit par M. Diepering. Il faut faire attention qu'on peut très-facilement le confondre avec le *Myletes rubripinnis*.

Le MYLÈTE A ANALE LOBÉE.

(*Myletes lobatus*, nob.)

M. de Montravel a rapporté trois autres Mylètes de l'Amazone qui me prouvent qu'ils appartiennent à une espèce distincte; mais les individus ne sont pas assez bien conservés pour que je puisse donner à leurs caractères la précision que j'aimerais à y apporter. Je puis indiquer ici qu'ils ont

le même profil que le précédent; mais l'œil est plus bas sur la joue. L'anale a ses premiers rayons formant un lobe arrondi, et les derniers sont recouverts à plus de moitié par les petites écailles de la nageoire.

D. 23; A. 33, etc.

Les épines de la carène du ventre sont peu sensibles.

L'un d'eux est long de huit pouces. Les deux autres sont un peu plus petits.

---

1. *Fish. of Guyan.*, t. I, p. 241.

Le Mylète de Schomburgk.

(*Myletes Schomburgkii*, nob.)

Le poisson que je trouve décrit sous le nom de *Tetra-gonopterus Schomburgkii,* me paraît une espèce extrême-ment voisine de celle-ci. J'en juge par la hauteur du lobe antérieur de l'anale. Je ne crois pas qu'il soit le *Myletes rhomboidalis* de M. Cuvier, parce que le museau me paraît un peu plus pointu et que les rayons antérieurs de la dorsale ne sont pas assez allongés.

C'est un poisson à écailles petites, elliptiques, adhérentes et finement dentelées. Il y a une épine couchée sur le devant de la dorsale. Le museau est étroit. Les nageoires paires sont petites et pointues. La langue est ronde et charnue. Les intestins ont de nombreux appendices pyloriques. Les ovaires doubles remplissent les deux tiers de la cavité abdominale.

Je vois, dans les planches coloriées de l'Ichthyologie de la Guyane, que

la couleur de la tête est un olive pâle, tirant au jaune sur les opercules. Il y a trois taches noires sous les yeux. Le haut du dos est d'un bleu grisâtre, passant au blanc le long de la ligne latérale, et prenant, sous le ventre, des teintes d'un vert jaunâtre très-pâle, semé de taches noires. Au-dessus de l'anale, les teintes sont d'un gris bleuâtre plus pâle que le dos. Par le milieu du corps, on voit une large bande noire, oblique, allant des premiers rayons de la dorsale aux antérieurs de l'anale. La dorsale est verte foncée, traversée par deux bandes rembrunies. L'adipeuse est olivâtre. L'anale, verte, a la pointe de son lobe noire, et elle est bordée de rouge. Je trouve les mêmes teintes à la caudale ; mais la bande rouge est lisérée extérieurement de vert, et la pointe supérieure de la nageoire est noirâtre.

D. 25; A. 39; C. 27; P. 15; V. 8.

M. Temminck a bien voulu céder un bel exemplaire de cette espèce. Il l'avait reçu de Surinam par les soins de M. Diepering. Il est long de neuf pouces et demi, et haut de près de cinq.

Le PALOMÈTE.

(*Myletes Palometa*, nob.)

Cette description et cette figure nous servent à fixer nos idées sur le Palometa du haut Orénoque décrit par M. de Humboldt. Voici, en effet, ce qu'il en dit : C'est un poisson à corps large et comprimé latéralement, d'un blanc argenté avec une large bande noire verdâtre, placée transversalement de chaque côté de l'anus.

Il est bien certain que, si cette description n'appartient pas à la même espèce que celle donnée par M. Schomburgk[1], elle a été faite au moins d'après une espèce extrêmement voisine. M. de Humboldt l'a prise près du confluent du Rio Jao.

Ce qui prouve que ce Palometa du haut Orénoque doit être rapporté aux Mylètes, c'est que les Tamanaques de l'Orénoque, comme l'a remarqué M. de Humboldt[2], désignent le Palometa sous le nom de *Pacu*. C'est aussi le nom que M. Schomburgk a indiqué pour celui des peuplades de la Guyane. D'ailleurs, je ferai remarquer que le Palometa de l'Orénoque n'est pas inconnu à

---

1. Schomb., *Fish. of Guyana*, part. 1, p. 243, pl. 22.
2. Humb., Recueil d'observ. zool., t. II, p. 177.

M. Schomburgk; car il parle d'un poisson ainsi appelé auprès des chutes de l'Esséquibo et du Mazarani, et à la cataracte du Parana, un des tributaires de l'Orénoque, au-dessus de l'Esmeralda.

Le MYLÈTE DÉVARIQUÉ.

(*Myletès divaricatus*, nob.)

Je retrouve la même forme de corps et de tête dans une espèce voisine, qui me paraît avoir

l'œil placé un peu moins sur le milieu de la joue. Les dentelures du ventre sont grosses et plus sensibles auprès de l'anus, et l'anale est différente; car elle a ses rayons plus libres, attendu que les écailles de la base sont sur une bande plus étroite, et un autre caractère fort curieux consiste dans la singulière terminaison des rayons de cette nageoire, dont l'extrémité se porte à droite et à gauche, et forme une double crête dentelée par des épines étendues horizontalement de chaque côté. Outre le lobe formé par l'allongement des premiers rayons, il y en a un second mitoyen, dû à la prolongation du quatorzième jusqu'au vingt-quatrième rayon; il en résulte que l'anale est bilobée.

D. 23; A. 33.

Le poisson est long de huit pouces. Les rayons de la dorsale s'allongent en filaments grêles et d'un tiers plus longs que la portion retenue par la membrane de la nageoire. Les dents du rang externe sont assez épaisses; la couronne est taillée en biseau; le bord est triangulaire et pointu; les quatre dents de la seconde rangée ont la couronne triangulaire et le bord postérieur relevé; celles de la mâchoire inférieure ont le biseau plus aigu, et derrière elles deux dents mitoyennes très-petites. Autour de l'anus il y a, comme dans tous les autres Mylètes, deux rangées d'épines. Il faut étudier ce poisson avec attention pour ne pas le confondre avec le *Myleus setiger* de M. Muller.

L'exemplaire que j'ai conservé en herbier est très-intact; il vient de l'Esséquibo, et a été donné aux collections du Muséum par M. Schomburgk.

Le MYLÈTE AUX NAGEOIRES ROUGES.

(*Myletes rubripinnis*, Mull.)

Après ces espèces, qui ont toutes de trente-trois à trente-six rayons à l'anale, il convient de placer le *Myletes* décrit et figuré par M. Muller[1] sous le nom que nous devons naturellement lui conserver. Cette espèce, infiniment voisine du *M. rhomboidalis,*

est caractérisée par sa dorsale et par son anale plus longues. L'adipeuse paraît très-petite.

D. 26; A. 42; P. 15; V. 7.

Le lobe de la dorsale est rouge.

J'accepte cette espèce par égard pour M. Muller, qui a figuré ce poisson en même temps qu'il a donné sur la planche suivante la représentation de celle désignée sous le nom de *M. asterias;* mais je suis très-porté à regarder ce *M. asterias* et le *M. rubripinnis* comme identiques. J'ai, en effet, sous les yeux le calque du dessin fait par M. Schomburgk. Le profil convient parfaitement aux différents exemplaires que je puis comparer. Il me montre que le corps est couvert de taches rouges, en même temps que le lobe de l'anale est de la même couleur.

---

1. Mull., *Hor. ichth.*, p. 23 et 38, pl. 9, fig. 3.

Le MYLÈTE A ÉTOILES.[1]

(*Myletes asterias*, Mull.)

C'est une espèce qui diffère des précédentes, parce que le profil est régulièrement convexe jusqu'à la dorsale.

Le profil du ventre descend très-obliquement jusqu'à l'anale, d'où il remonte presque verticalement jusqu'à la queue. Il en résulte que la plus grande saillie de l'abdomen est précisément au commencement de la nageoire de l'anus. L'œil est grand, car le diamètre n'est que deux fois et demie dans la longueur de la tête, et l'intervalle d'un œil à l'autre contient une fois et trois quarts la largeur de l'orbite. La dorsale est longue; l'adipeuse est petite. Quand on abaisse le lobe antérieur de l'anale, la hauteur entre les extrémités des deux nageoires verticales est plus grande que la longueur totale du corps; mais il est très-facile de coucher le lobe de l'anale en arrière, de manière à laisser à la nageoire la forme d'une lame de faux. La caudale est beaucoup plus haute que longue, et sans être fourchue, la convexité des lobes rend son bord festonné.

D. 27; A. 45, etc.

Le dessin que m'a communiqué M. Schomburgk me montre une couleur bleu d'acier sur le dos, glacée d'argent sur les côtés, la dorsale jaunâtre avec une tache noire près de la pointe; l'anale, beaucoup plus rembrunie avec le lobe antérieur rouge : des taches de cette même couleur sont éparses sur le corps.

Le poisson vient de l'Esséquibo. Nos exemplaires sont longs de huit pouces et demi; un autre vient de Surinam : il faisait partie des collections que M. Diepering a envoyées du même endroit au Musée royal de Hollande, à Leyde.

---

1. Muller et Troschel, p. 24 et p. 36, pl. 10, fig. 2.

Le MYLÈTE HYPSAUCHEN.

(*Myletes hypsauchen*, Mull.) [1]

Ce poisson est remarquable
par la forme orbiculaire de son corps, laquelle dépend de la courbe
très-élevée que suit le profil du dos et du ventre jusqu'aux nageoires
verticales. La hauteur portée sur la longueur, atteint à peu près au
milieu de l'adipeuse, ou est une fois et demie dans la longueur
totale. La crête interpariétale monte très-haut sur le dos, qui est
comprimé et comme tranchant. Les osselets sous-orbitaires sont
étroits; mais l'angle du préopercule descend assez bas, et il n'y
a pas une grande différence entre la hauteur de la tête et sa longueur, laquelle mesure le quart de celle du corps, en n'y comprenant pas la caudale. Les épines de la carène dentelée du ventre
sont assez grosses. La dorsale est pointue de l'avant. L'adipeuse est
très-basse, mais très-longue. L'anale occupe aussi une grande étendue; elle n'est pas très haute. La caudale est à peine fourchue.

D. 19; A. 43, etc.

Les écailles sont fort petites. La ligne latérale est droite. La couleur, plombée et rembrunie sur le dos, est un glacé métallique
argentin sur le reste du corps.

Les premiers exemplaires de cette espèce ont été
rapportés de l'Amazone par M. de Montravel. Depuis,
M. Schomburgk en a donné un très-bel individu aux
collections nationales. Ils sont longs de cinq pouces. Un
autre, originaire de la Guyane, a été cédé au Musée de
France par celui de Leyde, qui l'avait reçu par les soins
de M. Diepering.

---

1. Mull. et Trosch., *Horæ ichthyol.*, p. 23, n.° 10, et p. 38, pl. 10, fig. 1.

Le Mylète de d'Orbigny.

(*Myletes Orbignyanus*, nob.)

Cette espèce à corps orbiculaire nous conduit à parler
de celle que M. d'Orbigny a rapportée,

et qui a le profil du ventre presque en demi-cercle. Cette ligne est
fortement dentelée. Celle du dos est très-convexe jusqu'à la nuque;
mais elle devient concave sur le dessus de la tête. Une particularité
notable de cette espèce est d'avoir toute la carène du dos nue et
sans écailles. On aperçoit bien quelques traces de cette disposition
sur le poisson précédent; mais l'espace nu n'est pas à beaucoup
près aussi large que dans celui-ci. La tête est petite. L'anale n'est pas
très-haute, et comme la queue est très-courte, le lobe de la caudale
paraît toucher au bord de l'anale. L'adipeuse est basse et tout
écailleuse.

D. 14; A. 32.

Les écailles sont très-petites. La ligne latérale est très-peu concave. Ce poisson a le dos plombé; le ventre jaune; les flancs sont
plus pâles. Les nageoires participent de la couleur du dos.

La longueur du poisson est de dix pouces. D'après les
notes de M. d'Orbigny, nous voyons qu'il n'a rencontré
cette espèce que bien au-dessus de Corrientes, dans le
Parana, et vers le mois d'octobre seulement. Il croit
qu'elle descend des parties élevées du grand fleuve,
qu'elle aime les eaux rapides et un fond sablonneux. C'est
un des poissons que les Espagnols nomment Palometa, et
les Guaranis *Mbiraï* ou *Piraï.* Cette espèce, peu commune,
vit en petites troupes qui font la terreur des pêcheurs, à
cause de leur voracité et de l'habitude qu'elles ont de couper les lignes. C'est une des meilleures à manger; aussi elle
est fort recherchée, quoique sa chair soit remplie d'arêtes.

Le MYLÈTE LUNE.

(*Myletes luna*, nob.)

Je désigne sous ce nom un Mylète différent des précédents

par son corps orbiculaire, par sa longue dorsale et par l'éclat brillant et argentin de tous ses flancs. Il a, d'ailleurs, le museau gros et arrondi; les yeux saillants; la nuque un peu concave; la courbure du dos régulière jusqu'à la queue. La dorsale est assez longue; l'anale est coupée en faux; la caudale a deux lobes aigus, sans être profondément fourchus; elle est cinq fois au moins plus haute que longue. Les dentelures du ventre sont assez fortes.

B. 4; D. 28; A. 40; C. 25; P. 15; V. 7.

Les écailles sont très-petites; il y en a cent le long de la ligne latérale.

Cette espèce vient de Cayenne; nous la devons à l'envoi que M. Fremy nous a fait de cette colonie; mais elle occupe une assez grande étendue sur la côte américaine; car d'autres exemplaires nous ont été envoyés de la côte ferme et de Carthagène des Indes, par M. Beauperthuis.

Les plus grands individus ont quatorze pouces de longueur.

Le MYLÈTE A DENTS EN CUILLERON.

(*Myletes doidyxodon*, nob.)

M. de Castelnau a rapporté de l'Amazone un Mylète dont les dents commencent à s'éloigner, par leur forme comprimée et en cuilleron, des poissons précédemment décrits. La nuque est à peine concave. La courbe du dos jusqu'à l'épine dorsale, qui est très-forte, n'est pas très-arquée; celle du ventre devait l'être beaucoup plus, autant que je puis en juger, du moins d'après mon exemplaire; car la carène de l'abdomen n'a pas été assez ménagée par le préparateur. Il ne reste plus que les deux dernières épines de l'anus; elles sont assez fortes. Je vois à l'intermaxillaire une première rangée de quatre dents, véritables incisives tranchantes, à couronne taillée en biseau, un peu rétrécie au collet, elliptique et sans crénelures. Il y a derrière elles et de chaque côté quatre dents à couronne triangulaire, dont l'arête postérieure est très-peu pointue. La mâchoire inférieure a des dents très-peu différentes de la supérieure; cependant les deux mitoyennes ont un petit talon à l'angle externe et quelques traces de festons; derrière elles existent deux très-petites dents coniques, pointues et courbées en crochet; elles sont si petites, qu'il faut y regarder avec attention pour les apercevoir. Cette dentition ne laisse pas que d'être assez différente de celle des autres *Mylètes*, cependant je n'ose fonder sur elle la diagnose d'une coupe générique. La dorsale est assez longue, et a les premiers rayons prolongés en petits filaments. L'anale a trois lobes. L'extrémité des rayons ne se termine pas en pointes divergentes. Les premiers sont courbés en lame de sabre, mais ne sont pas larges. La caudale est fourchue.

D. 22; A. 35.

Les écailles sont très-petites. La couleur était plombée, rembrunie sur le dos et argentée sur tout le reste du corps.

Ce poisson vient de l'Amazone : il a été rapporté par M. de Castelnau.

CHAPITRE XXII.

Des genres TOMÈTE, MYLÉE *et* MYLÉSINE.

A. *Du genre* TOMÈTE (*Tometes*, nob.)

Je trouve, dans les collections du Muséum, des poissons constituant un genre distinct des Mylètes, et que je n'ai pas osé réunir aux *Myleus* de M. Muller.

Chaque intermaxillaire porte une rangée externe de dents à couronne taillée en biseau très-oblique, qu'on peut parfaitement comparer à de véritables incisives; derrière elles il existe d'autres dents dont les mitoyennes ont la couronne un peu tronquée. Les latérales sont tout à fait tranchantes, leur biseau est oblique dans le sens opposé à celui de la dent externe, d'où il résulte une gouttière profonde dans laquelle pénètre le bord des dents de la mâchoire inférieure. Derrière les mitoyennes de cette mâchoire, il en existe deux petites, comprimées, et à couronne très-pointue. Les maxillaires n'ont aucune dent. J'ai vu ces caractères se reproduire dans trois espèces que nous avons reçues des eaux douces de Cayenne ou du Brésil. Elles me paraissent toutes trois nouvelles. C'est à cause de la forme de ces dents incisives que j'ai imaginé le nom de Tomètes, pour désigner ce genre de Characins, de la même manière que M. Cuvier avait fait le nom de Mylètes, pour désigner ceux de ces poissons qui ont la bouche garnie d'espèces de molaires.

Le Tomète a anale trilobée.

(*Tometes trilobatus*, nob.)

On pourrait facilement confondre l'espèce dont il s'agit ici, avec le *Myleus setiger* de M. Muller, que je n'ai pas vu. Mais la confiance avec laquelle j'accepte les observations de mon illustre confrère et ami, m'ôte toute incertitude à cet égard. Le Tomète décrit dans cet article

a le corps en ovale allongé. La hauteur est deux fois et demie dans la longueur totale. La tête est comprise deux fois dans la hauteur. La courbure du profil monte régulièrement depuis le bout du museau jusqu'à la dorsale. Il n'y a pas de concavité entre les yeux. Le bout du museau est arrondi, et l'arcade dentaire convexe. L'œil est grand, car son diamètre n'est que trois fois et un tiers dans la longueur de la tête. La distance du bout du museau au bord postérieur du sous-orbitaire est d'une fois le diamètre. La partie antérieure de l'orbite est recouverte par une adipeuse assez large. Je vois, comme dans les *Myletes*, six osselets sous-orbitaires. Le premier est excessivement petit; le second, plus large que tous les autres, couvre presque tout le maxillaire. Les autres osselets ne descendent pas jusqu'au bord du limbe. Le préopercule a le bord arrondi; le limbe, uni, n'est pas beaucoup plus large que l'interopercule, lequel est plus long. L'opercule est haut, étroit et uni; le sous-opercule est un arc assez long, puisque son extrémité supérieure remonte à peu près à la hauteur de l'angle de la commissure. L'intervalle qui sépare les deux yeux est égal, à peu de chose près, à deux fois leur diamètre. Cet élargissement du front dépend d'un sourcilier un peu dilaté sur le devant de l'orbite. C'est au-devant et tout près de lui que l'on voit la grande ouverture postérieure de la narine; elle est demi-ovalaire. Chaque inter-maxillaire porte une rangée externe de cinq dents, à couronne taillée en biseau très-oblique et à bord tranchant : ce sont de véritables incisives. Derrière elles nous voyons une rangée de deux dents, dont les mitoyennes ont la couronne encore un peu tronquée, quoique le bord postérieur soit beaucoup plus relevé et très-coupant. L'autre dent, placée derrière la seconde du rang externe, est tout à fait tranchante, et son biseau, taillé sur le devant, forme, en s'appuyant sur sa dent correspondante, une gouttière profonde, dans laquelle pénètre la dent de la mâchoire inférieure ; celles-ci sont de même forme que les supérieures ; il n'y en a que quatre. Derrière les deux mitoyennes existent deux petites dents comprimées, à couronne très-pointue. Leur plan est dans l'axe longitudinal du corps, et par conséquent, perpendiculaire à celui de la dent incisive. Il n'y a pas de dents sur les maxillaires. Les ouïes sont largement fendues. La dorsale a son premier rayon sur la moitié de la courbe du dos, mesurée depuis le bout du museau jusqu'à la racine de la caudale. La longueur de la nageoire est un peu plus courte que les premiers rayons. L'anale est trilobée, parce que ses rayons mitoyens sont plus longs que ceux qui les précèdent ou qui les suivent ; mais ils le sont moins que les trois premiers. La caudale a de larges lobes arrondis ; elle est peu fourchue.

B. 4 ; D. 23 ; A. 39 ; C. 25 ; P. 18 ; V. 8.

Les écailles sont petites ; il y en a quatre-vingt-dix rangées le long des flancs. Je compte à la carène du ventre vingt-huit épines simples et sept doubles de chaque côté de l'anus. La ligne latérale est extrêmement fine, un peu courbe à son origine, et tracée un peu au-dessous du milieu du côté. L'adipeuse a sa base couverte d'écailles petites, ainsi que l'anale. Tout le poisson paraît avoir été verdâtre.

J'ai deux individus empaillés de cette espèce, dont le plus grand a dix-sept pouces. Tous deux ont été envoyés de Cayenne par M. Mylius, gouverneur de cette colonie.

Le Tomète unilobé.

(*Tometes unilobatus*, nob.)

Nous avons de Cayenne une seconde espèce, très-voisine de la précédente, mais qui a

le corps beaucoup plus élevé, car la hauteur n'est que deux fois dans la longueur totale. La tête est plus courte, car elle est comprise deux fois et demie dans la hauteur. Il n'y a, d'ailleurs, que de très-légères différences entre les sous-orbitaires et les quatre os operculaires. Le museau est arrondi. Les cinq dents antérieures sont comprimées; la dent mitoyenne de la seconde rangée a la couronne un peu plus large. La dorsale me paraît proportionnellement un peu plus haute de l'avant; les écailles s'élèvent moins haut sur l'adipeuse, et enfin, ce qui caractérise l'espèce, l'anale donne, par l'allongement des sept ou huit premiers rayons, un large lobe arrondi; les autres vont en diminuant, de manière que la nageoire est coupée en lame de faux. Les deux lobes de la caudale sont un peu plus étroits.

D. 21; A. 36; P. 17; V. 9.

Les épines, au-devant des nageoires ventrales, sont très-petites. J'en compte dix-huit au delà de ces nageoires jusqu'à la double rangée de l'anale; elles deviennent sensiblement plus grosses. Il y en a dix, et sept épines de chaque côté de l'anus. Les écailles sont petites. La couleur est uniformément verdâtre comme celle de l'espèce précédente.

L'individu envoyé de Cayenne par M. le commandant Mylius, est long d'un pied.

Le TOMÈTE A HAUTE NAGEOIRE.

(*Tometes altipinnis*, nob.)

Nous avons une troisième espèce, remarquable
par la hauteur de sa dorsale et aussi par la forme de son anale. Le
corps est moins haut que celui de l'espèce précédente, et à peu près
aussi allongé que celui du *Tometes bilobatus;* car la hauteur est
comprise deux fois et demie dans la longueur totale. La tête est
courte, deux fois et demie dans la hauteur. Le museau est saillant
et arrondi; mais il est un peu moins gros que celui des espèces
précédentes. La courbe du dos s'infléchit un peu sur le front pour
se relever par un arc régulier jusqu'à l'adipeuse. L'œil est plus
petit, car son diamètre est compris quatre fois dans la longueur
de la tête. Les plaques sous-orbitaires sont minces et étroites,
chargées de veinules ramifiées. Les dents sont petites; celles d'en
haut me paraissent un peu moins tranchantes que les inférieures.
Les rayons postérieurs de la dorsale sont égaux aux deux tiers des
premiers; ce qui rend la nageoire sensiblement plus haute que celle
des espèces précédentes. Les quatre ou cinq premiers rayons de
l'anale sont longs; mais, cependant, pas tout à fait autant que les
cinq ou six suivants; puis les rayons diminuent graduellement jusqu'aux derniers, qui sont très-courts. La caudale n'est pas tout à fait
aussi haute que dans les précédents; elle est simplement échancrée.

D. 24; A. 38; C. 25; P. 13; V. 8.

Les écailles sont petites. La couleur est blanchâtre, probablement
avec des teintes vertes pendant la vie.

L'exemplaire desséché, long de quinze pouces, est
originaire du Rio San-Francisco. Les collections du Muséum en sont redevables aux recherches infatigables de
notre confrère M. A. de Saint-Hilaire.

B. *Du genre* Mylée (*Myleus*, Mull.).

M. Muller a établi sous ce nom un genre qui comprend des espèces très-voisines des Mylètes. Elles ont deux rangées de dents sur les intermaxillaires; les externes comprimées et tranchantes; les internes à couronne tronquée, comme des molaires, dont le bord postérieur est relevé et coupant. Il n'y a point de dents sur les maxillaires. Cette description montre donc que la mâchoire supérieure des *Myleus* ressemble tout à fait à celle des Mylètes. Les dents de la mandibule inférieure sont sur un seul rang, pointues et tranchantes le long du bord antérieur. Il n'y a pas de dents coniques derrière les mitoyennes. Ce caractère distingue ces poissons des Mylètes et de mes Tomètes. M. Muller ajoute que le corps est comprimé; que l'abdomen est caréné et dentelé; que vers l'anus il y a deux rangs d'aiguillons; l'ouverture des branchies est large; les dents pharyngiennes sont en velours; la dorsale, avec son aiguillon courbé en avant, répond à l'intervalle qui sépare les ventrales de l'anale. M. Muller a indiqué deux espèces de ce genre; je n'en ai vu qu'une, dont voici la description.

Le Mylée sétigère.

(*Myleus setiger*, Mull.) [1]

La première espèce de ce genre ressemble tellement à mon *Tometes trilobatus* que j'ai hésité longtemps à l'en

---

1. Mull. et Troschel, *Hor. ichthyol.*, p. 24 et 39, pl. 11.

séparer; mais la description faite d'après nature et avec beaucoup d'exactitude ne me permet pas de confondre ces deux poissons, les caractères donnés par M. Muller sont tout à fait exacts. Dans ce *M. setiger*

la hauteur est contenue deux fois dans la longueur totale. Celle de la tête est deux fois et demie dans la hauteur. Les sept ou huit premiers rayons de la dorsale sont prolongés en filets. L'anale a une double échancrure, parce que les rayons mitoyens dépassent ceux qui les précèdent ou qui les suivent. Les trois premiers sont aussi longs que ceux-là; ils sont en même temps larges et courbés. La couleur est jaunâtre, devenant grise en dessus. Les nageoires paraissent jaune-dorées, avec le bord noirâtre.

B. 4; D. 22; A. 36 à 39; P. 16; V. 9.

Ce poisson, long de huit pouces, vient de l'Esséquibo et de Surinam.

Un petit exemplaire a été cédé par le Musée de Leyde, qui le tenait de M. Diepering.

Le Mylée oligacanthe.

(*Myleus oligacanthus*, Mull.)[1]

Dans cette espèce, que je n'ai pas vue, et qui n'est peut-être pas du même genre que la précédente,

la hauteur du corps est deux fois et demie dans la longueur. La longueur de la tête est une fois et trois quarts dans la hauteur du tronc. Les intermaxillaires portent cinq dents. Les trois premières sont coupantes; les autres ont la couronne tronquée comme des molaires. Les dents du second rang ont la couronne plate, mais avec le bord un peu coupant. M. Muller dit que la mâchoire

---

1. Mull. et Trosch., *Hor. ichthyol.*, p. 24 et 40, pl. 8, fig. 4.

inférieure porte deux petites dents coniques derrière les antérieures. Dans ce cas, elle a le caractère des Tomètes. La dorsale porte, au premier interépineux, deux épines presque égales; l'une, couchée en avant; l'autre, verticale. Tous les rayons de la dorsale paraissent dépasser la membrane. L'anale a une faible échancrure; les premiers rayons sont seuls un peu plus prolongés que les autres. La caudale est fourchue. Les écailles sont petites. La couleur est jaunâtre, à reflets métalliques, et un peu plus foncée vers le dos.

B. 4; D. 19; A. 39; P. 16; V. 9.

La longueur de cet individu est de trois pouces et demi : il vient de Surinam.

C. *Du genre* MYLÉSINE (*Mylesinus*).

Je crois aussi devoir séparer des genres précédents un très-beau poisson, qui a de l'affinité avec ceux dont je viens de parler, par la forme de sa dorsale et de son anale, mais qui se distingue très-nettement, parce que les dents incisives sont sur deux rangs; elles sont tranchantes, serrées l'une contre l'autre, et leur couronne, dilatée en une petite palette, a des dentelures de chaque côté. Le collet de la dent est sensiblement rétréci. Entre les deux dents mitoyennes il y en a un second rang dont la couronne est tronquée; derrière les dents de la mâchoire inférieure il n'y a pas de dents coniques. Ce caractère rentre donc dans celui qui a fait distinguer par M. Muller les *Myleus* des Mylètes.

Je ne possède encore qu'une espèce de ce genre dont voici l'exposé des traits les plus saillants :

Le Mylésine de Schomburgk.

(*Mylesinus Schomburgkii*, nob.)

Je puis seulement indiquer plutôt que décrire ce poisson, parce que je ne l'ai pas assez entier, pour le décrire convenablement.

La tête que M. Schomburgk a rapportée, montre que le poisson avait le museau saillant, gros et arrondi; l'œil éloigné du bout du museau, de deux fois son diamètre. Toutes les pièces sous-orbitaires sont presque entièrement cachées sous une peau épaisse et adipeuse. Le premier remonte aussi haut que l'insertion du maxillaire, et ne le dépasse pas en dessous; c'est donc une large plaque triangulaire, arrondie vers le bas; elle est suivie d'un second, irrégulièrement trapézoïdal, et de trois autres osselets, dont le dernier remonte au-dessus de l'œil; sur le devant, il y a un sourcilier assez épais. Les deux ouvertures de la narine sont rapprochées, et la papille dilatée, qui borde la première, couvre presque entièrement la postérieure. Les intermaxillaires sont épais; ils ont cinq dents excessivement tranchantes, rangées l'une à côté de l'autre; la couronne, dilatée en une petite palette, porte deux petits talons de chaque côté; puis le collet de la dent se rétrécit un peu. Ces dents incisives sont donc une sorte de trèfle, dont le lobe moyen fait presque toute la dent. Entre les deux dents mitoyennes, il y a un peu en arrière, quoique presque sur le même rang, deux dents à couronne un peu tronquée ou taillée en biseau, et comme le talon est du côté externe, on pourrait considérer ces deux dents comme formant une rangée interne, à laquelle appartiendrait une autre dent semblable par la forme de la couronne, et par son insertion; celle-ci est placée entre la première et la seconde. Leur couronne n'est pas en forme de trèfle; on pourrait plutôt dire qu'elle porte au milieu une petite échancrure. Ces dents sont tellement rapprochées des antérieures qu'elles ne laissent pas entre elles la gouttière remarquable des *Tometes*. A la mâchoire inférieure, il y a une rangée unique de douze dents de chaque côté, plus hautes et plus étroites que les supérieures, ayant également un lobe moyen, en ovale très-allongé, avec un petit talon de chaque côté. Comme dans les *Myleus* de M. Muller, il n'y a point de dents coniques sur un second rang à la symphyse. Ces dents sont recouvertes, en avant, par des lèvres charnues, très-épaisses et papilleuses. En dedans, la muqueuse fait au-devant du repli du voile, soit supérieur, soit inférieur, un bourrelet très-épais, formé de longues papilles, serrées les unes contre les autres; enfin, le palais est couvert d'une membrane très-épaisse, faisant derrière le voile deux espèces de bourrelets oblongs. La langue est également très-remarquable par son épaisseur. Les ouïes sont très-largement fendues; il n'y a que quatre rayons à la membrane branchiostège. La pectorale de ce poisson est longue et pointue. La tête est colorée en brun violacé; elle est longue de trois pouces, et haute de cinq.

Je regrette infiniment de ne pas posséder ce poisson tout entier; mais le dessin que j'en ai trouvé dans les collections de M. Schomburgk me permet cependant d'ajouter que la dorsale est assez longue et a ses dix-huit ou vingt rayons prolongés en filaments, dont les plus grands sont plus larges que la portion du rayon comprise entre la membrane; que la caudale a le lobe supérieur beaucoup plus haut que l'inférieur; que les rayons de la partie postérieure de l'anale se prolongent, et forment un premier lobe; ce qui rend la nageoire un peu échancrée; le quatrième, le cinquième et le sixième rayon s'allongent de nouveau en un lobe plus court que le postérieur. Tout le poisson est peint d'un bleu d'indigo foncé sur le dos, un peu plus clair sur les nageoires; il y a quelques marbrures vertes sur les joues. Au moyen de cette description, qui devra être complétée par de nouvelles observations faites sur nature, on a cependant une connaissance assez complète de ce très-curieux poisson.

CHAPITRE XXIII.

Du genre CHALCÉE (*Chalceus*, Cuv.).

Le genre des Chalcées a été établi par M. Cuvier, dans
sa monographie insérée dans le t. IV des Mémoires du
Muséum à la suite des Mylètes. Il n'en avait point parlé
dans la première édition du Règne animal; mais dans le
travail, qui paraissait peu de temps après, il décrivait et
figurait avec soin son *Chalceus macrolepidotus.* Il distin-
guait ce poisson des Mylètes, et surtout de celui d'Hasselquist, qui forme maintenant le genre Aleste de M. Muller,
parce que ce Chalcée avait trois rangs de dents aux intermaxillaires. M. Cuvier a ajouté à son *Chalceus macrolepidotus,* dans le Mémoire qu'il publia l'année suivante pour
faire connaître les nombreuses acquisitions de la famille
des Salmonoïdes, un *Ch. opalinus* reçu du Brésil par
M. Auguste de Saint-Hilaire, et il l'a malheureusement
associé au *C. fasciatus,* qui ne devait point entrer dans
ce genre, et qui aurait dû être placé dans ses Tétragonoptères. Enfin, il reprit ces espèces dans la seconde édition
du Règne animal, en y ajoutant, d'après Spix, un *C. angulatus,* qui diffère encore génériquement des précédents.
La diagnose du genre fut laissée vague et sans précision,
en disant que les Chalcées ont la même forme de bouche,
les mêmes dents tranchantes et dentelées que les Serrasalmes et les Tétragonoptères; mais que leur corps oblong
n'est ni caréné ni dentelé.

M. Muller, en reprenant cette ébauche, a parfaitement caractérisé le genre tel qu'on doit l'entendre aujourd'hui; mais je ne vois pas pourquoi ce célèbre savant a désigné les véritables espèces de Chalcées de M. Cuvier par un nouveau nom, celui de Brycon, car il reconnaît pour première espèce du genre le *Chalceus macrolepidotus* qui en est en effet la première pensée, et il réserve le nom de Chalcée à l'espèce que M. Cuvier n'avait pas vue, et qui avait été associée à un genre mal circonscrit, en la prenant dans Spix. Ces réflexions m'ont déterminé à rendre au genre Chalcée sa véritable dénomination.

On doit le caractériser par la triple rangée de dents sur l'intermaxillaire : elles ont une couronne à plusieurs pointes; les antérieures sont plus petites et paraissent coniques à cause de la faiblesse des épines latérales. Sur le maxillaire il y a un seul rang de dents coniques. A la mâchoire inférieure nous en avons deux rangées; les premières sont grandes et multicuspidées; les dents latérales et celles de la rangée interne sont coniques; derrière la symphyse il y a deux dents coniques plus fortes, comme cela a lieu dans les Mylètes. Les Chalcées sont des poissons à corps allongé, comprimé, à ventre arrondi, assez semblable à celui de nos Truites, mais ils sont couverts de grandes et fortes écailles comme nos Cyprins. L'intestin ne fait qu'une seule circonvolution. Il y a un grand nombre d'appendices cœcales; j'en ai compté dix-neuf dans le *Chalceus macrolepidotus,* et M. Muller porte ce nombre à vingt-cinq pour le *C. falcatus.* Ces espèces se nourrissent de plantes, de fruits, d'insectes et de poissons.

Le Chalcée a grandes écailles.

(Chalceus macrolepidotus, nob.)

L'exemplaire qui a servi à M. Cuvier pour établir le genre *Chalceus*, est encore conservé dans la collection du Muséum; c'est d'après lui que je fais la description suivante :

C'est un poisson à corps allongé, à dos épais et arrondi. La hauteur du tronc est égale à la longueur de la tête, et est comprise quatre fois dans la distance du bout du museau à la fin de la queue. La caudale, fourchue, est un peu plus petite que cette hauteur. Le museau est gros et arrondi. Le dessus de la tête, quoique bombé, est presque droit. L'œil est grand, placé sur le haut de la joue; son diamètre est trois fois et demie dans la longueur de la tête. Le premier sous-orbitaire est haut, étroit, et ne recouvre pas le maxillaire; il descend en arrière jusqu'à l'articulation de la mâchoire inférieure. Le second sous-orbitaire est comme une large écaille étendue sur toute la joue jusqu'au limbe de l'opercule. Les deux autres sous-orbitaires sont trapézoïdaux et remontent jusqu'au haut du préopercule. Le cinquième sous-orbitaire est une petite pièce triangulaire, située au-dessus et en arrière de l'œil. S'il existe un sourcilier il est très-peu mobile. Le préopercule, comme dans tous les poissons de ce genre, ne montre que le limbe, sous lequel on trouve un interopercule qui a la même forme. L'opercule est haut et étroit; son bord inférieur est arqué, un peu strié; le sous-opercule n'est qu'un arc mince. Les ouïes sont très-fendues; l'isthme est large. La mâchoire inférieure est épaisse et arrondie; elle ne paraît pas dépasser la supérieure; mais elle devient plus longue quand la bouche est ouverte. Les dents sont implantées sur trois rangs à l'intermaxillaire; elles ont toutes la couronne denticulée. Une première rangée est composée de petites dents égales, toutes serrées les unes contre les autres. La rangée interne est aussi un arc semblable à l'externe. Comme elles y sont plus écartées, elles sont un peu moins nombreuses. Un petit arc intermédiaire est composé de quatre dents. Les internes sont un peu tronquées, et le bord postérieur seul est relevé en une crête multicuspide. Les maxillaires portent, tout le long de leur bord, des petites dents coniques. A la mâchoire inférieure on voit un rang externe de dents plus grosses que celles de la supérieure, à couronne tronquée et taillée un peu en biseau, et ici c'est le bord antérieur qui est relevé et denticulé. Il y a derrière deux dents mitoyennes assez grosses, et quand la dent de remplacement n'est pas tombée, on en voit trois. Sur tout le bord interne de la mâchoire il y a une rangée de très-petites dents coniques. La dorsale est sur la seconde moitié de la longueur du dos, très-peu en arrière de l'insertion du premier rayon de la ventrale. L'anale est courte; ses premiers rayons sont les plus longs; la caudale est fourchue; ses lobes sont larges; les pectorales sont courtes; les ventrales ne sont pas très-longues; mais elles sont assez étendues.

B. 4; D. 12; A. 12; C. 25; P. 16; V. 10.

Les écailles du dos et des flancs sont très-grandes, car elles sont presque quadruples de celles du ventre. Je compte vingt-cinq de ces grandes écailles le long des côtés; ce ne sont guère que celles de la quatrième rangée des flancs qui commencent à devenir grandes; les trois premières scapulaires sont petites. La ligne latérale est tracée tout à fait sur le bas des côtés sur des écailles beaucoup plus étroites, puisqu'il y en a trente-six dans la longueur; elles sont toutes reconnaissables à la tubulure muqueuse, quelquefois ramifiée, élevée sur la surface.

L'individu sur lequel je viens d'observer ces formes remarquables, est conservé depuis très-longtemps dans l'alcool; il vient du cabinet de Lisbonne. Je ne puis par conséquent parler de ses couleurs qui étaient probablement brillantes, autant qu'on peut en juger par ce qui reste d'éclat métallique et argenté sur le bord membraneux des grandes écailles. Notre exemplaire a onze pouces de longueur. M. Schomburgk nous a donné les détails suivants sur ce Chalcée: il atteint quinze pouces. C'est un très-beau poisson, bleu, à reflets argentés, varié de verdâtre sur le dos; la tête est verte et les opercules argentés. La caudale est rouge de carmin. On retrouve cette teinte sur le bord des deux nageoires paires et sur quelques taches de la dorsale et de l'anale. Ces quatre nageoires sont d'ailleurs vertes.

M. Schomburgk l'a pêché au mois d'octobre dans l'Esséquibo; les Indiens le nomment *Arara-pira* ou *Parshama*, ce qui veut dire *poisson-perroquet*.

Le Chalcée ararapeera

(*Chalceus ararapeera*, nob.)

est une espèce très-voisine du *C. macrolepidotus* de M. Cuvier.

Elle a le dessus de la tête aplatie; le corps allongé. La hauteur, égale à la longueur de la tête, est près de cinq fois dans la longueur totale. Les nageoires sont pointues. La caudale est très-fourchue. Il y a vingt à vingt-deux rangées d'écailles entre l'ouïe et la caudale.

D. 12; A. 11.

Le poisson brille de beaux reflets argentés sur un fond verdâtre. La caudale et l'anale sont lisérées de noirâtre; elles sont d'ailleurs, ainsi que les autres nageoires, décolorées.

La longueur de nos individus est de quatre pouces et demi à cinq pouces.

C'est un des poissons rapportés de l'Esséquibo par M. Schomburgk. Nous avons conservé à l'espèce le nom que les Indiens lui donnent.

Le CHALCÉE OPALIN.

(*Chalceus opalinus*, Cuv.)

Je puis déterminer le Chalcée opalin de M. Cuvier avec
autant de certitude que la première espèce, puisque j'ai
sous les yeux les exemplaires qui ont servi à l'établissement
de celle-ci. Comme le dit avec juste raison M. Cuvier,
ce qui distingue d'une manière tranchée ce poisson du
précédent,

c'est la petitesse de ses écailles : il y en a quarante-cinq rangées le
long des flancs. La ligne latérale est tracée vers le bas, concave,
mais beaucoup moins marquée. Il faut encore ajouter à ces caractères
plusieurs autres, qui ne laissent pas que d'avoir leur importance.
La tête est proportionnellement aussi longue ; mais l'œil est plus
petit ; les osselets sous-orbitaires sont beaucoup plus larges, notamment le troisième et le quatrième. Le premier est plus long. Quant
aux dents, je les vois de même sur trois rangs aux intermaxillaires ;
elles sont denticulées ; mais le lobe du milieu est plus gros, et les
latéraux beaucoup plus petits. Les dents des maxillaires sont plus
nombreuses, parce qu'ils sont plus longs. A la mâchoire inférieure,
les dents du milieu sont plus fortes ; les intermitoyennes beaucoup
plus petites, et les dents coniques de la rangée interne sont rejetées
vers la moitié postérieure de l'extrémité des branches, de sorte que
l'arc moyen et interne de la mâchoire est lisse et sans dents. L'anale
est longue et basse ; la dorsale est un peu plus sur le milieu du
corps ; la ventrale est plus avancée.

B. 4; D. 11; A. 28; C. 25; P. 16; V. 10.

La couleur de ce poisson devait être brillante et à reflets opalins.
A partir du dos jusqu'à la ligne latérale il y avait sept raies longitudinales arquées, d'un gris verdâtre, dont on trouve facilement
les traces sur le poisson desséché depuis près de trente ans.

Ce poisson devient assez grand. Nous en possédons un exemplaire long de dix-sept pouces, originaire du Rio Tiquilenhonha; il a été donné par M. A. de Saint-Hilaire, en août 1822. Les Guaranis le lui ont nommé *Pirabanha*.

Un autre exemplaire a été rapporté de Rio Janeiro par M. de Lalande.

A cette espèce appartient le *C. amazonicus* de Spix [1], car le poisson du zoologiste bavarois n'a point de tache noire à la base de la queue. MM. Muller et Troschel ont donc mal déterminé leur *Brycon amazonicus*, il doit appartenir à l'espèce suivante.

Le Chalcée de Saint-Hilaire.

(*Chalceus Hilarii*, nob.)

M. de Saint-Hilaire avait rapporté avec l'espèce précédente un autre Chalcée brillant et opalin comme lui, mais qu'il est facile de distinguer par plusieurs caractères nettement tranchés. En effet, ce poisson

a la tête plus courte et plus grosse. L'intervalle entre les yeux plus large et plus convexe. L'œil plus grand, beaucoup plus rapproché du bout du museau. La bouche a des intermaxillaires plus longs, et les maxillaires plus courts; car ces deux os sont égaux entre eux, tandis que dans l'espèce précédente les intermaxillaires sont de moitié plus courts que les maxillaires. L'épaisseur de ces os incisifs est aussi beaucoup plus grande; cela dépend de la grosseur considérable des dents, surtout de celles du rang interne, et même des dents intermédiaires. La rangée externe se compose de dents petites et serrées; à lobe moyen, assez fort et à denticules latéraux

---

1. Spix, *Pisc. Brasil.*, p. 68, tab. XXXV.

fort petits. Les deux dents mitoyennes sont un peu rentrées en dedans, de sorte que l'arc est déjà festonné. La rangée de dents internes porte quatre grosses mitoyennes, à couronne plate, et alors viendrait la troisième rangée intermédiaire, dont les deux mitoyennes seraient rentrées en arrière, et presque comme hors de place. Ces deux-là sont aussi très-grosses. Je trouve à la mâchoire inférieure six dents mitoyennes, proportionnellement plus fortes que celles des espèces précédentes. Les dents latérales sont petites, surtout celles de la rangée interne. Les deux mitoyennes postérieures sont deux petits crochets à peine visibles. J'ai été obligé d'entrer avec quelque détail dans la description de cette dentition, parce qu'on pourrait facilement dire que nous avons ici quatre rangées de dents. Le second sous-orbitaire forme une très-grande plaque presque ronde et fortement ciselée. Le troisième est oblong, mais étroit; le quatrième est plus grand et bombé; le cinquième est aussi une large plaque qui remonte assez haut sur la tempe. Le limbe du préopercule est très-rugueux. La dorsale est plus avancée que dans les espèces précédentes; l'anale est longue et basse; la caudale a des lobes larges, et elle est peu profondément fourchue.

B. 4; D. 11; A. 28; P. 16; V. 10.

Nous aurions pu tirer la dénomination spécifique de ce poisson de la petitesse relative de ses écailles, qui sont beaucoup plus petites que dans les espèces précédemment décrites. Nous en comptons, en effet, quatre-vingts le long des flancs. La couleur est un gris verdâtre uniforme sur le dos, se fondant dans un brillant argenté des côtés. Une large tache noire couvre la base de la queue, les lobes de la caudale et l'anale.

Nous avons un exemplaire rapporté du Rio San Francisco, long de vingt pouces.

M. de Castelnau nous en a procuré plusieurs autres pris dans l'Amazone et dans d'autres rivières du Brésil, et qui ont tous les caractères que nous venons de décrire dans cette espèce.

J'ai tout lieu de croire que le *Brycon amazonicus* du cabinet de Berlin, dont la base de la caudale porte une tache noire, appartient à l'espèce actuelle au lieu de se rapporter au *Chalceus amazonicus* de Spix.

Le CHALCÉE DE D'ORBIGNY.

(*Chalceus Orbignyanus*, nob.)

Nous trouvons encore, dans les collections faites à Buénos-Ayres par M. d'Orbigny, un Chalcée que nos études nous permettent de distinguer aujourd'hui des deux espèces précédentes.

Elle ressemble plus au *C. opalinus* par l'étroitesse de sa tête qu'au *C. Hilarii;* mais elle me paraît tenir de celle-ci par la longueur de l'anale, par sa couleur noirâtre et par la tache de la caudale; elle se distingue de toutes les deux par une tache noire, placée sur l'épaule.

D. 11; A. 28.

Nous avons deux exemplaires de cette espèce longs de six à sept pouces. On la prend dans la Plata pendant l'hiver, et surtout vers le mois de janvier; c'est un excellent poisson, très-estimé.

Le CHALCÉE AUX NAGEOIRES ROSES.

(*Chalceus rodopterus*, nob.)

M. d'Orbigny a rapporté de Buénos-Ayres un autre petit Chalcée, dont les formes sont voisines des espèces précédentes, qui a la caudale peu fourchue et qui se distingue surtout par l'élégance de ses couleurs. Le dos est bleu glacé de lilas; le ventre est argenté; les pectorales, les ventrales et la dorsale sont bleuâtres, bordées de rose pâle. L'anale et la caudale sont d'un rose très-vif. Les rayons du milieu de cette dernière nageoire sont couverts d'une large tache noire. Nos exemplaires ont quatre pouces de long.

C'est le *Pira-Pyta* des habitants des Missions. M. d'Orbigny l'a rencontré dans le cours du Parana auprès de Corrientes. On le pêche surtout quand les eaux sont basses. Il vient par troupes, nage avec une extrême vivacité; il se nourrit de substances animales, mais il est moins vorace que les Palométas ou les Mojaras. Le mot de *Pira-Pyta* veut dire poisson rouge.

Le CHALCÉE DE SCHOMBURGK.

(*Chalceus Schomburgkii*, Mull.)

MM. Muller et Troschel[1] ont dédié à M. Schomburgk une espèce que nous n'avons pas vue, mais qui se distingue des précédentes

par la brièveté de son anale. J'en juge par leur figure; car les nombres des rayons sont ceux des autres espèces à anale plus longue. La hauteur du corps est quatre fois dans la longueur totale, et est égale à la longueur de la tête. Les nombres sont :

D. 11; A. 26.

Je renvoie pour les détails à la description qu'en a faite M. Muller.

La couleur reflète un brillant métallique doré, avec des raies longitudinales un peu obscures.

Ce poisson, long de trois pouces et demi et conservé dans le cabinet de Berlin, vient de l'Esséquibo.

---

1. *Brycon Schomburgkii.* Muller, *Horæ ichthyologicæ*, p. 16 et 29, pl. 6, fig. 2.

Le CHALCÉE PESU.

(*Chalceus pesu*, Mull.)

Les mêmes naturalistes ont décrit dans leur Monographie[1] une autre espèce

qui a l'anale plus étendue que la précédente, et qui n'a cependant que vingt-deux rayons; elle a aussi le museau plus pointu, le corps plus allongé. La longueur de la tête, un peu plus petite que la hauteur du tronc, est comprise cinq fois dans la longueur totale.

B. 4; D. 11; A. 22; P. 15; V. 8.

La couleur est rougeâtre, glacée d'argent. L'extrémité de la caudale est bordée de noir. L'adipeuse est aussi très-foncée.

Ce poisson a été rapporté de la Guyàne par M. Schomburgk sous le nom de *Pesu*. L'exemplaire est long de quatre pouces. Il a bien voulu en donner au Muséum d'histoire naturelle.

Le CHALCÉE CARPOPHAGE.

(*Chalceus carpophaga*, nob.)

M. Schomburgk a rapporté, parmi les poissons qu'il a donnés au Jardin des plantes, une belle espèce de Chalcée qui ne me paraît pas encore avoir été décrite,

C'est un poisson à corps elliptique, de forme régulière, dont la hauteur est le tiers de la longueur, sans y comprendre la caudale; celle-ci, assez haute, mais peu longue et à peine échancrée, est contenue sept fois et quelque chose dans la longueur totale. La tête

---

1. *Brycon Pesu*, p. 16, n.° 6, et p. 30, pl. 7, fig. 1.

est courte; le museau est obtus et arrondi. Le profil du chanfrein est très-légèrement flexueux et un peu déprimé entre les yeux. Le maxillaire est un peu plus long que l'intermaxillaire; mais il est petit et étroit. Le premier sous-orbitaire est triangulaire, couché derrière l'os de la mâchoire qu'il ne dépasse pas. Le second sous-orbitaire est une grande plaque étendue jusqu'au bas de la joue; le troisième est proportionnellement plus large et plus haut que celui de l'espèce précédente; le quatrième est bombé et remonte jusque près de la tempe; le cinquième est placé par cela même tout à fait au-dessus de l'œil. Les dents externes de l'intermaxillaire sont petites et régulièrement espacées. La rangée interne a les dents mitoyennes un peu plus grosses que les autres, et cependant on peut encore les désigner comme de petites dents. Il y a six dents à la rangée intermédiaire; elles sont disposées sur une ligne un peu flexueuse. Les dents de la mâchoire inférieure sont grosses, fortes et en partie cachées par une lèvre épaisse et mobile. Les deux dents mitoyennes internes sont d'une excessive petitesse. Il en est de même des dents coniques de la rangée interne latérale. L'anale est longue et basse.

D. 11; A. 25; C. 25; P. 16; V. 9.

La couleur de ce poisson me paraît un argenté verdâtre, avec neuf ou dix lignes longitudinales grisâtres, mais visibles seulement par reflet. Les pectorales sont noirâtres. Toutes les autres nageoires sont grises. Les écailles sont plutôt petites que grandes; il y en a soixante-trois rangées le long des flancs. La ligne latérale est peu marquée et très-souvent rameuse.

La longueur de nos individus est de douze à treize pouces. Outre ceux que nous avons reçus de l'Esséquibo par M. Schomburgk, nous en avons d'autres pris dans l'Amazone, soit par M. de Castelnau, soit par M. de Montravel.

Nous avons ouvert l'estomac de ce poisson, remarquable par la minceur de ses parois et par sa grandeur; il était rempli de fragments de fruits de différentes cycadées.

Le Chalcée en faulx.

(*Chalceus falcatus*, Mull.) [1]

Cette espèce, qui a été décrite pour la première fois par
M. Muller sous le nom spécifique que nous lui conservons,
est voisine de la précédente.

Elle s'en distingue par un corps plus gros et plus court. En effet,
la hauteur est le tiers de la longueur totale. La tête est courte et
convexe entre les yeux; elle a le museau assez gros; les dents sont
semblables à celles de l'espèce précédente; elles me paraissent un
peu plus petites à la mâchoire supérieure. La caudale est simplement échancrée, et le rayon mitoyen paraît se prolonger un peu.
L'anale est longue et basse.

D. 11; A. 25; C. 25; P. 14; V. 8.

Je compte de quarante-huit à cinquante écailles le long des
flancs. La couleur est verdâtre, à reflets métalliques, argentés sur
le dos et par bandes longitudinales dorées sur les flancs. Le dessus
de la tête est violacé. La caudale est remarquable par sa grande
bande noire dessinée comme une lame de faux. L'anale a la base
noirâtre, et je vois même des traces de cette teinte sur les autres
nageoires.

Cette espèce, originaire de l'Esséquibo et des autres
fleuves de la Guyane, faisait partie des collections de
M. Schomburgk : c'est le *Kurums* des Indiens.

Nous en avons plusieurs individus dont le plus grand a
dix pouces. Le Cabinet de Leyde a reçu plus anciennement
des exemplaires envoyés de Surinam par M. Diepering.

---

1. *Brycon falcat.*, Mull., p. 15, n.° 3, et p. 29, pl. 6, fig. 1.

Le Chalcée guile.

(*Chalceus guile*, nob.)

Après avoir décrit les Chalcées d'Amérique, j'ai à
signaler un poisson du Nil qui avait échappé aux recherches d'Hasselquist, de Forskal et de M. Ruppell,
mais qui a été trouvé dernièrement par M. Joannis, l'un
des officiers du Luqsor. Le poisson aurait pu paraître dans
le genre auquel il appartient, si le marin, auquel on en
doit la connaissance, avait voulu avoir un peu plus de
confiance dans les déterminations que j'avais eu la complaisance de faire des espèces qu'il avait rapportées du
Nil. Mais comme il a mieux aimé chercher à trouver mes
déterminations mauvaises, il n'a pas hésité à imprimer,
que les espèces que j'avais désignées comme des Chalcées,
appartiennent au genre Mylète. Ayant encore sous les
yeux le poisson qu'il a rapporté, il est facile de voir que

ce Chalcée a trois rangs de dents à la mâchoire supérieure; qu'elles
ont chacune la couronne comprimée et crénelée; que des dents
semblables existent à la mâchoire inférieure sur un seul rang, avec
deux petites dents coniques derrière la symphyse. C'est donc bien
une dentition de *Chalceus.*

Le poisson a d'ailleurs la forme d'un Able. La hauteur est le
quart de la longueur totale. Il y a vingt-six à vingt-sept rangées
d'écailles sur chaque flanc; elles sont grandes et striées. La dorsale
est petite et pointue de l'avant; l'anale est courte, à peu près trapézoïdale; la caudale est fourchue.

D. 10 ; A. 15, etc.

Ce poisson est verdâtre, mêlé de jaune surtout vers le dos.
Le ventre est blanc. Les nageoires sont d'un jaune doré. Sur chaque

flanc il existe trois taches noires, dont j'en vois encore les traces, au moins de la première, sur l'exemplaire de M. Joannis. Celle de la queue manque le plus communément.

La longueur de l'individu est de cinq pouces et demi. Cette espèce, qu'on trouve par milliers à Thèbes, suivant M. Joannis, y est connue sous le nom de Guile; elle est surtout commune en hiver. Ce joli petit poisson se tient près des rivages sur le sable fin : on le prend à l'épervier. Cette espèce du haut Nil, se retrouve aussi dans le Sénégal. M. Jubelin en a envoyé trois exemplaires bien conservés pris à Richardsthal.

Après la description, fort incomplète que M. Joannis a donnée de son espèce, il l'a comparée au *Myletes nurse* de M. Ruppell, en faisant remarquer qu'on ne peut pas les confondre. Il a eu en cela parfaitement raison, puisqu'elles ne sont pas du même genre. Outre les recherches faites sur le mémoire de M. Ruppell, M. de Joannis avait encore un moyen bien plus simple de s'assurer de la différence des deux poissons du Nil; car il a rapporté le *Myletes nurse* de Ruppell, qui est bien effectivement un *Alestes*; mais il n'a pas su le reconnaître.

CHAPITRE XXIV.

Du genre CHALCINE (*Chalcinus*).

M. Muller a eu raison de séparer des Chalcées le *Chalceus angulatus* de Spix : ce sont des poissons qui ont les dents de la mâchoire supérieure crénelées et sur deux rangs; celles de la mâchoire inférieure également sur deux rangs; elles sont toutes multicuspidées; il y a deux dents coniques derrière la symphyse et le long de la branche de la mâchoire inférieure; mais dans le fond, près de l'angle de la bouche, un rang interne de petites dents coniques. Ces espèces se distinguent d'ailleurs des Chalcées par un corps comprimé et par leur abdomen tranchant, mais sans dentelures. Les pectorales sont longues et pointues; l'anale est très-allongée. Leur splanchnologie ressemble à celle des Chalcées; il y a quinze à vingt cœcums au pylore; l'intestin ne fait qu'une circonvolution.

Je conçois, qu'en lisant la caractéristique un peu large des Chalcées de M. Cuvier, et en s'arrêtant à la lettre du texte, on applique à ce poisson, comme l'a fait M. Muller, la diagnose des *Chalceus*. Mais il faut faire attention cependant que ce genre a été établi en 1818 et en 1819, et qu'à cette époque, où M. Cuvier décrivait le *Chalceus macrolepidotus* et le *Ch. opalinus,* il ne connaissait pas encore le *Ch. angulatus* de Spix, qui n'avait jusqu'ici été rapporté en Europe. Ce n'est donc pas à cette espèce qu'on peut raisonnablement assigner le nom de *Chalceus.* Les auteurs qui m'ont précédés n'ont connu qu'une espèce de ce genre; mais on verra que nous en possédons deux autres fort remarquables par la forme de leur opercule : l'une provient des collections de M. Schomburgk, et l'autre de l'exploration de l'Amazone par M. de Castelnau. Les considérations précédentes m'ont fait adopter ce genre, en lui imposant un nouveau nom.

Le CHALCINE A OPERCULE COURT.

(*Chalcinus brachipomus*, nob.)

Le corps de ce poisson est remarquable

par la régularité de la courbure du dos, par la carène de toute la partie qui est au-devant des pectorales. La hauteur est environ trois fois et demie dans la longueur totale. Le dos, qui est encore assez épais et arrondi, a une largeur comprise trois fois dans la hauteur du tronc. La tête est petite. La mâchoire inférieure dépasse la supérieure. La nuque est bombée. L'intervalle d'un œil à l'autre est un peu plus grand que le diamètre. Cet organe est assez grand; il est compris, à peu de chose près, trois fois dans la longueur de la tête, laquelle est égale au cinquième environ de la longueur totale. L'orbite paraît, d'ailleurs, moins grand que le globe ne l'est en effet, parce que celui-ci est recouvert par deux larges et épaisses paupières. Les deux premiers sous-orbitaires sont fort petits et cachés presque entièrement dans l'adipeuse; ils recouvrent une partie du maxillaire. Le troisième sous-orbitaire est beaucoup plus grand que tous les autres osselets pris ensemble; le quatrième est fort petit; mais le cinquième est assez haut et borde toute la portion postérieure du cercle. Le limbe du préopercule cache tout entier l'interopercule, lequel est très-mince et assez long. L'opercule forme en arrière une plaque en demi-croissant, deux fois au moins plus haute que longue. Quant au sous-opercule, il est extrêmement petit et comme rudimentaire; c'est une mince écaille perdue dans l'épaisseur de la peau qui forme le bord membraneux de l'opercule; on ne le voit que par la dissection. Les ouïes sont largement fendues. Le museau est obtus et arrondi. Les dents de l'intermaxillaire sont petites, crénelées et sur deux rangs. Quant aux dents de la mâchoire inférieure, elles ressemblent tout à fait à celles de nos Chalcées, c'est-à-dire, que les mitoyennes sont assez fortes et multicuspidées; qu'il y en a deux petites, pointues, derrière la symphyse, et sur les côtés une rangée interne de fort petites. La dorsale est assez reculée sur le dos et presque opposée à l'anale qui est longue et basse. L'adipeuse répond au dernier rayon de cette nageoire. Les pectorales, insérées sur le milieu de la longueur de l'épaule, sont allongés et arquées; elles égalent la hauteur du tronc. Leurs rayons sont larges et branchus; elles ne peuvent s'écarter du corps qu'en s'abaissant pour s'étendre horizontalement. Il y a dans l'aisselle un large bord écailleux. La ventrale est petite, avec une écaille grêle dans l'angle de l'insertion. La caudale est tronquée.

D. 11; A. 30; C. 25; P. 14; V. 7.

Les écailles du tronc n'adhèrent pas très-fortement; elles sont grandes, assez minces. La portion radicale l'est beaucoup plus que la partie libre. Examinée à la loupe, on voit, avec de nombreuses stries d'accroissement, le réseau hexagonal et irrégulier dessiné sur leur surface. J'en compte trente-quatre rangées le long des flancs. La couleur me paraît avoir été verdâtre, reflétant un très-beau brillant métallique et doré.

Nous possédons plusieurs individus de cette espèce, dont les plus longs ont dix pouces de longueur : ils viennent de la Mana, par M. Leschenault, et de l'Esséquibo, par M. Schomburgk.

J'ai dessiné cette espèce à Leyde d'après des exemplaires conservés depuis longtemps dans le Cabinet de cette célèbre Université.

Il me paraît probable que M. Schomburgk a eu notre

espèce sous le nom de *Chalceus rotundatus*[1]. On conçoit cependant qu'il soit difficile de se décider d'après l'inspection d'une figure aussi peu correcte.

Le CHALCIN A OREILLES.

(*Chalcinus auritus*, nob.)

Une seconde espèce, rapportée de l'Amazone par M. de Castelnau, se distingue de la précédente

par un corps plus allongé et moins élevé. En effet, la hauteur portée sur la longueur, y est comprise quatre fois et demie. Il se distingue par un opercule beaucoup plus grand, plus prolongé en arrière; car l'angle, ici, répond à l'aisselle de la pectorale; cela rend la tête plus longue; elle n'est cependant que cinq fois dans la longueur totale. L'œil est plus petit et plus près du bout du museau. L'intervalle entre les yeux est plus convexe, et l'espace d'un œil à l'autre est égal à une fois et demie le diamètre de l'œil. Le troisième sous-orbitaire est beaucoup plus étroit. Le sous-opercule est plus visible; l'interopercule est tout autant recouvert que dans l'espèce précédente. La pectorale est plus longue, plus étroite; elle atteint jusqu'au milieu de la ventrale.

D. 11; A. 26; C. 25; P. 12; V. 7.

Les écailles sont plus petites que celles du précédent. Nous en comptons quarante-quatre rangées le long de la ligne latérale. La couleur est un verdâtre plus argenté. Les joues et l'opercule sont surtout très-brillants.

La longueur de notre poisson est de dix pouces.

Les exemplaires déposés dans les collections du Muséum, ont été rapportés de l'Amazone par M. de Castelnau.

---

1. Schomb., *Fish. of Guy.*, t. I, p. 209.

Le CHALCIN ANGULEUX.

(*Chalcinus angulatus*, nob.)

Spix a, dans ses Poissons du Brésil, sous le nom de *Chalceus angulatus*, une espèce de ce genre. Je lui conserve l'épithète donnée par ce voyageur, bien qu'elle ne caractérise plus suffisamment le poisson du Cabinet de Munich.

On peut conclure de la description d'Agassiz que cette espèce a les pectorales encore plus longues, puisqu'elles atteindraient jusqu'au delà de l'anus.

D. 11; A. 32; C. 27; P. 12; V. 7.

Ce poisson, qui vient des fleuves du Brésil équinoxial, a le dos et les nageoires verdâtres; les opercules argentés, et les flancs dorés.

Les deux exemplaires du Musée de Munich sont longs de cinq pouces.

Je ne suis pas éloigné de croire, que la petite figure donnée par M. Schomburgk[1], n'appartienne à l'espèce d'Agassiz, puisque je vois que la pectorale atteint jusqu'à l'anale.

M. d'Orbigny, qui nous a rapporté ce poisson de la province de Corrientes, dit que les Espagnols le confondent avec d'autres sous le nom de Palometa; mais les Guaranis le distingueraient sous le nom de *Pira-Pitia-cise*, c'est-à-dire poisson à poitrine en couteau : il est impossible d'avoir un nom plus significatif. Il paraît que cette espèce aime les fonds sablonneux et qu'elle se retire dans les endroits où il y a peu de courants. Elle mord avec force, et coupe souvent la ligne. On ne le mange pas dans le pays; les enfants seuls s'amusent à le pêcher avec de la viande crue.

---

1. Schomb., *Fish. of Guy.*, t. I, p. 209.

CHAPITRE XXV.

Du genre Serrasalme (*Serrasalmus*).

Lacépède, qui avait commencé à séparer plusieurs genres de celui des *Salmo* de Linné, en s'appuyant principalement sur les travaux d'Artedi, a établi le genre Serrasalme, qui ne comprenait dans son ouvrage qu'une seule espèce, le *Salmo rhombeus* de Linné. M. Cuvier, qui continua ces réformes par la création des genres Mylètes et Chalcées, augmenta la liste des Serrasalmes par la description de trois espèces nouvelles. Spix et Agassiz en ajoutèrent deux autres. Il est assez étonnant que M. Cuvier, qui donnait une si grande importance au caractère de la dentition, et spécialement dans les Salmonoïdes, puisque tous ses genres nouveaux sont en quelque sorte fondés sur la forme des dents, n'ait pas toujours fait un usage complet des excellents caractères que lui auraient fournis ces organes, dans les Salmonoïdes qu'il avait sous les yeux. Il me paraît singulier que, dans le genre des Serrasalmes, il n'ait pas insisté sur la présence des dents palatines; car cet important caractère n'avait pas échappé à la sévère exactitude de Pallas. Bloch et de Lacépède, ses copistes, n'en parlent que d'après l'auteur du *Specilegia*. M. Cuvier y avait fait attention; mais en ne le considérant que comme un caractère spécifique qu'il oppose à celui de la seconde espèce, dans laquelle il ne trouve aucune dent aux palatins. Il n'en est pas moins vrai que M. de Lacépède n'a point formulé la diagnose du genre qu'il établissait avec raison, et qu'on ne trouve rien de plus positif dans le Règne animal. Ce travail, qui restait à faire, a été produit avec succès par M. Muller, dans sa Monographie des Characins.

Les Serrasalmes sont caractérisés par leurs dents triangulaires et tranchantes sur un seul rang aux intermaxillaires, à la mâchoire inférieure et aux palatins, comme si la nature avait voulu donner une plus grande force au jeu de la mâchoire supérieure; elle a développé l'intermaxillaire de manière à ce qu'il borde toute l'arcade supérieure de la bouche. Le maxillaire, presque entièrement caché par cet os ou par le sous-orbitaire, n'est ni très-petit ni même avorté; mais placé derrière l'intermaxillaire et sous le sous-orbitaire, il donne, par ses apophyses saillantes, un point d'appui solide au bord de la mâchoire; d'où il résulte que, dans leur jeu, les dents se rencontrent en s'engrénant, sans que les branches qui les portent puissent vaciller. Cette organisation fait que les dents coupent avec netteté.

Le corps de ces poissons est comprimé, en général de forme rhomboïdale, parce que l'insertion du premier rayon de la dorsale et de l'anale est le point le plus élevé de chaque profil; le ventre est caréné et dentelé; audevant de l'anus il y a un double rang d'aiguillons; le premier interépineux de la dorsale porte une épine couchée en avant, et deux pointes écartées en arrière; la fente des branchies est assez large; il n'y a que quatre rayons à la membrane branchiostège; l'intestin ne fait qu'une seule circonvolution; l'estomac est un sac conique très-grand; les appendices pyloriques varient de treize à vingt-un.

Tels sont les caractères génériques de ces poissons célèbres dans toute l'Amérique, non pas seulement par leur

extrême voracité, mais par le véritable danger auquel sont
exposés les hommes qui se baignent à la portée des Serrasalmes. Tous les voyageurs sont d'accord pour affirmer
qu'ils entament la peau de l'homme, que la morsure enlève
souvent la partie attaquée. Tout animal qui tombe dans
l'eau se trouve en très-peu de temps dépecé et dévoré
par des essaims de ces poissons carnassiers. J'emploierai la
réserve dont M. de Humboldt m'a donné l'exemple, en
rapportant en quelque sorte en note le conte populaire,
très-répandu parmi les moines et consigné par le P. Gili[1].
Ces moines affirment qu'un cavalier et son cheval voulant
traverser l'Orénoque dans un gué, ont été à moitié ré-
duits en squelette avant d'arriver à la rive opposée : le
missionnaire dit que le poisson est nommé *Caribito,* à
cause de l'avidité qu'il a pour la chair humaine. M. de
Humboldt, qui observait avec tant de soin, a indiqué
trois espèces ou variétés de poissons Caribes. Il est très-
probable qu'il a vu un véritable Serrasalme, celui qui a
le dos d'une couleur cendrée tirant sur le vert, et dont
le ventre, les opercules, les nageoires ventrale et anale
sont d'un bel orangé; mais il y a lieu de croire cependant
qu'il a eu aussi les espèces que nous rangeons aujourd'hui,
avec M. Muller, dans les *Pygocentrus,* de sorte qu'on peut
citer, dans les généralités sur ce genre, ses judicieuses nar-
rations de la relation historique[2] du Voyage aux contrées
équinoxiales du nouveau continent. Voici l'extrait de ce
passage :

« Depuis notre départ de San-Fernando nous n'avons pas
rencontré un canot sur cette belle rivière. Tout annonce

---

1. *Saggio d'historia americana,* t. I, p. 78.
2. T. II, liv. 6, chap. 18, p. 224, édit. in-4.° Paris, Mas, 1819.

la plus profonde solitude. Nos Indiens avaient pris dans la matinée, à l'hameçon, le poisson qu'on nomme dans le pays *Caribe* ou *Caribito*, parce qu'aucun autre poisson n'est plus avide de sang. Il attaque les baigneurs et les nageurs, auxquels il emporte souvent des morceaux de chair considérables. Lorsqu'on n'est que légèrement blessé, on a de la peine à sortir de l'eau avant de recevoir les blessures les plus graves. Les Indiens craignent prodigieusement les poissons Caribes, et plusieurs d'entre eux nous ont montré au mollet et à la cuisse des plaies cicatrisées, mais très-profondes, faites par ces petits animaux, que les Maypures appellent *Umati*. Ils vivent au fond des rivières; mais dès que quelques gouttes de sang ont été répandues dans l'eau, ils arrivent par milliers à la surface. Lorsqu'on réfléchit sur le nombre de ces poissons, dont les plus voraces et les plus cruels n'ont que quatre à cinq pouces de long, sur la forme triangulaire de leurs dents tranchantes et pointues et sur l'ampleur de leur bouche, on ne doit pas être surpris de la crainte que le Caribe inspire aux habitants des rives de l'Apure et de l'Orénoque. Dans les endroits où la rivière était très-limpide, et où aucun poisson ne se montrait, nous avons jeté dans l'eau de petits morceaux de chair couverts de sang; en peu de minutes une nuée de Caribes est venue se disputer la proie. Cette expérience est une preuve nouvelle de la finesse et de la puissance de l'odorat chez les poissons. »

La voracité des Pyraïas avait déjà été signalée à Linné; car, en introduisant le *Salmo rhombeus* dans la douzième édition du *Systema naturæ*, il dit qu'il coupe les pieds des Palmipèdes.

On ne peut avoir de doute sur le *Salmo rhombeus* de
Linné, parce qu'il lui a donné cette épithète, à cause de
sa ressemblance avec son *Chœtodon rhombeus.*

Adoptant l'excellent travail de M. Muller sur ce groupe,
je réserverai le nom de Serrasalme aux espèces qui portent
des dents palatines. Dans la monographie que je cite,
l'auteur n'a admis que deux espèces, le *S. rhombeus* de
Lacépède et le *S. aureus* de Spix.

L'espèce du *S. marginatus* que j'ai établie dans le travail
que je me proposais de faire sur les poissons rapportés par
M. d'Orbigny, et qu'il n'a pas dépendu de moi de publier,
doit être conservée. Je l'ai de nouveau comparée aux
poissons de Surinam; il n'y a pas de doute qu'elle ne soit
différente; enfin, j'ajouterai, d'après M. de Humboldt, le
Serrasalme de l'Orénoque.

Je ne puis malheureusement parler qu'avec beaucoup
de doute des poissons indiqués par M. Schomburgk comme
appartenant au genre Serrasalme. Il me paraît cependant
que son *S. pirahna*[1] est un *Pygopristis;* je crois plus
volontiers que le *S. punctatus*[2] est un vrai Serrasalme,
et les taches que je trouve sur cette espèce me ferait
pencher à la rapprocher de notre *S. rhombeus,* si le trait
n'en était tout à fait différent. Il m'est plus difficile de
parler du *S. stagnalis, undulatus* et *scotopterus,* dont
il n'a pas donné de figure. Quant au *S. emarginatus,* je
ne serais pas étonné qu'il ne fût une nouvelle espèce de
Catoprion. Comme les observations faites sur les habitudes
de ces poissons rentrent dans tout ce que les autres voyageurs ont rapporté sur sa voracité, je ne citerai pas de

---

1. Pl. 16. — 2. Pl. 17. — 3. Pl. 18.

nouveau ce qu'il a pu y ajouter de curieux. Je renverrai à son ouvrage; seulement les travaux de M. Schomburgk prouvent, que l'ichthyologiste qui explorera ces grands fleuves de l'Amérique équinoxiale, trouvera un nombre considérable d'espèces nouvelles à ajouter à cette intéressante famille.

Le SERRASALME RHOMBOÏDE.

(*Serrasalmus rhombeus*, Lacépède.)

Le Serrasalme qui a servi de type au genre établi par Lacépède, a été décrit par Linné et figuré par Bloch, mais la description de cet auteur est incomplète, et la figure, quoique une des plus reconnaissables de cet ouvrage, n'est pas cependant exempte d'irrégularité. Il est juste de dire pourtant, que l'auteur n'a pas négligé les traits caractéristiques de cette curieuse espèce. Je vois, sur les trois individus conservés dans les collections du Muséum national, une forme parfaitement régulière et semblable.

Chez tous, la mâchoire inférieure dépasse la supérieure en faisant une très-forte saillie. A partir de ce point, la ligne du profil monte par une courbe qui devient concave entre les yeux; puis se relève en faisant une assez forte saillie le long de la crête interpariétale, et monte ensuite en ligne droite jusqu'à la double épine du premier interépineux de la dorsale. La ligne descend en faisant de légères ondulations jusqu'à la queue. La ligne du profil du ventre est un peu courbe et oblique jusqu'à l'anus; puis elle remonte plus subitement le long de la caudale. La hauteur est deux fois et demie dans la longueur totale. La longueur de la tête est égale au tiers de la longueur du corps, sans y comprendre la caudale. L'œil est

éloigné de l'extrémité de la mâchoire supérieure d'une fois et demie
son diamètre, et de celle de la mâchoire inférieure de deux fois ce
diamètre, lequel est compris cinq fois et demie dans la longueur
entière de la tête. L'œil est un peu en avant et assez haut sur la
joue, car il n'y a qu'un demi-diamètre du bord supérieur de son
orbite à la ligne du profil. Il y a presque deux diamètres jusqu'au
bord montant de l'opercule et deux et un quart jusque vers l'angle;
ce large espace de la joue est entièrement cuirassé par de grandes
plaques sous-orbitaires. L'antérieure est placée tout à fait vers le
bas; le bord inférieur descend beaucoup au-dessous de l'angle de
la mâchoire. La seconde occupe tout le large intervalle jusqu'au
tiers inférieur du bord montant du préopercule. Le contour appuyé
sur le limbe est arqué et deux fois aussi long que l'arc du cercle
de l'orbite. Une troisième pièce forme un grand triangle irrégulier,
qui couvre tout le reste de la joue jusqu'à l'articulation de l'opercule.
Au-dessus d'elle est un quatrième petit osselet tellement rudimentaire
qu'il serait facile de pardonner aux zoologistes qui ne compteraient
que trois sous-orbitaires dans le Serrasalme. Malgré ce petit nombre
d'osselets, la joue est plus cuirassée que celle de beaucoup d'autres
poissons de cette famille. Ces os minces et comme transparents sont
très-finement et élégamment striés ou ciselés. Je trouve les mêmes
stries sur l'opercule; pièce très-étroite et arquée, dont la surface est
à peine agrandie par le mince sous-opercule qui est dessous. On
n'aperçoit du préopercule que la portion inférieure du limbe; on
ne voit presque rien du bord montant; l'angle est arrondi. L'interopercule est très-étroit. Les ouïes sont très-ouvertes. Les quatre
rayons branchiostèges sont assez larges. Les mâchoires sont fortes;
l'arcade de la supérieure est presque entièrement formée par les
intermaxillaires. C'est donc une exception notable à la forme générale
des mâchoires de tous les Salmonoïdes. Le maxillaire, qui est derrière, ne dépasse un peu l'intermaxillaire que près de l'angle. Cet os
est entièrement caché par le sous-orbitaire. L'intermaxillaire est
très-épais; il a une branche montante large, et qui sert beaucoup
plus à donner de la fixité à la mâchoire qu'à rendre la bouche
protractile. L'immobilité de l'intermaxillaire est encore augmentée

par la manière dont il s'appuie sur l'os palatin; celui-ci, placé dans l'intérieur de la bouche, parallèlement à l'intermaxillaire, est couché derrière un large ptérygoïdien. Il résulte de là que l'intermaxillaire reçoit l'effort de la mâchoire inférieure avec une résistance presque égale à celle qui existe dans l'opposition des mâchoires des mammifères. La mâchoire inférieure a des branches assez fortes, et il n'y a pas de doute que la cuirasse, formée par tous les sous-orbitaires, n'augmente de beaucoup la puissance et l'action des muscles releveurs de cette mâchoire. Les dents sont larges, comprimées, triangulaires, très-pointues et couchées un peu obliquement. La base porte un petit talon plus large à l'angle postérieur qu'à l'antérieur. Ces dents, obliques, n'ont pas toutes la même forme; celles de l'angle étant plus basses, plus inclinées et plus denticulées que les mitoyennes, qui sont presque en triangle isoscèle. Rien ne ressemble plus aux dents de certains squales que celles des Serrasalmes. Si l'on en trouvait quelques-unes dans nos dépôts de poissons fossiles qui eussent de cinq à six millimètres de largeur, je crois que l'on serait fort embarrassé en les voyant isolées pour les distinguer des dents de la famille des Requins. Celles de la mâchoire inférieure sont un peu plus grandes, un peu plus régulièrement triangulaires, et obliques comme celles de la supérieure. Elles sont presque entièrement recouvertes par des lèvres épaisses et charnues qui se touchent quand la bouche est fermée. En dedans, un bourrelet très-épais de la muqueuse, contigu au voile supérieur ou inférieur, cache aussi la face interne de la dent. Ce bourrelet sépare à la mâchoire supérieure le rang des dents palatines qui sont plus courtes et moins pointues que les externes. Il y a douze dents à la mâchoire supérieure; six sur chaque côté; huit sur chaque palatin; la mâchoire inférieure en a quatorze, sept de chaque côté. La dorsale est reculée sur la seconde moitié du dos; car son premier rayon commence au milieu de la longueur de l'arc, mesuré depuis le bout de la mâchoire supérieure jusqu'à la naissance de la caudale, qui est coupée carrément. La nageoire du dos est peu développée en trapèze à peu près régulier. L'adipeuse est petite; l'anale est longue et basse; le premier interépineux de la dorsale a une pointe, dirigée en avant; une double épine, qui semble embrasser dans son chevron la base du premier rayon de la nageoire, la termine en arrière.

B. 4; D. 18; A. 35; C. 27; P. 16; V. 7.

Les écailles sont extrêmement petites; j'en compte cent vingt rangées de chaque côté; il y a vingt-neuf épines abdominales, et autour de l'anus quatre petites, deux en avant et deux en arrière. La ligne latérale s'infléchit un peu en arrière de l'épaule; puis elle se rend en droite ligne le long des flancs, elle est tracée un peu au-dessus du milieu de la hauteur du tronc.

Tout ce poisson paraît avoir des teintes roussâtres, plus ou moins plombées sur le dos, argentées sur tout le ventre. La caudale est bordée de noir. Le dos, au-dessus de la ligne latérale, est couvert de points.

La longueur est de sept pouces.

Nous avons reçu cette espèce de Surinam par Le Vaillant, et de la Guyane par MM. Leschenault et Schomburgk.

Elle se trouve aussi dans l'Amazone, d'où M. de Castelnau vient d'en rapporter plusieurs individus, dont l'un a huit pouces de long.

J'y adjoins trois autres exemplaires envoyés de la côte ferme par M. Beauperthuis.

Cette espèce, introduite dans la douzième édition du *Systema naturæ*, avait été observée dans le cabinet de Dahlberg. Il me paraît probable, d'après ce que dit Pallas, que les mêmes exemplaires devinrent les originaux de la figure donnée dans les *Specilegia,* laquelle a été recopiée dans l'Encyclopédie méthodique.

Le SERRASALME BORDÉ.

(*Serrasalmus marginatus*, nob.)

J'ai figuré, dans l'Atlas ichthyologique de M. d'Orbigny,
une seconde espèce de Serrasalme qui se distingue de celle
de la Guyane

par un museau beaucoup plus pointu; ce qui dépend de la plus
grande concavité de la nuque. La courbure du dos est aussi plus
régulière, et ce dos est plus élevé. La hauteur du tronc est deux
fois et quelque chose dans la longueur totale. La tête est comprise
trois fois dans le corps, mesuré depuis l'extrémité jusqu'à la naissance de la queue. Les stries des pièces osseuses de la joue sont
plus marquées, et ce qui distingue éminemment cette espèce de
l'autre, c'est que le sous-orbitaire n'atteint pas jusqu'au bord du
limbe de l'opercule. Le premier rayon de l'anale est beaucoup plus
gros.

D. 17; A. 36; C. 27; P. 16; V. 7.

M. d'Orbigny[1] a rapporté une étude faite sur le poisson vivant
des couleurs de cet intéressant Serrasalme. Il a représenté le dos
plombé, couvert de points noirâtres; le ventre blanc; l'opercule,
l'adipeuse, la queue et la base de l'anale d'un beau jaune. Cette
nageoire est bordée de rouge. La caudale porte un large croissant
blanc et un fin liséré de la même teinte.

Le plus grand des exemplaires a sept pouces et demi.
J'en ai une variété qui a le museau un peu plus pointu.
Suivant M. d'Orbigny, c'est encore une des espèces
confondues par les Espagnols sous le nom de *Palometa*.
Elle vient du Parana, dans la province de Corrientes; elle
aime les lieux sablonneux et les fonds de roche; on ne voit

---

1. D'Orbigny, n.° 59.

jamais ses troupes se réunir sur les bancs. Leur présence
nuit beaucoup aux pêcheurs, car ils coupent toutes les
lignes. On ne peut rien attacher dans l'eau avec des lanières
de cuir, car en peu de temps tout est détruit par la voracité des Serrasalmes.

Le SERRASALME A TACHE SUR L'ÉPAULE.

(*Serrasalmus humeralis*, nob.)

Une autre espèce, voisine de celle de M. d'Orbigny,
s'en distingue

par des sous-orbitaires encore un peu plus étroits; ils sont striés,
ainsi que les autres pièces operculaires. La mâchoire inférieure est
moins saillante au-devant de la supérieure, bien qu'elle la dépasse
de toute la largeur de sa branche. Le museau est arrondi, convexe
au-devant de la narine, un peu concave au-dessus des yeux. La crête
interpariétale est convexe.

B. 4; D. 16; A. 33; P. 16; V. 7.

La couleur est bleu d'acier au-dessus de la ligne latérale, argentée
sous le ventre. Une tache noire, très-marquée, est derrière l'ouïe.
Le dos et les flancs sont couverts de points bleu-foncés, presque
noirâtres. La caudale a une large bordure noirâtre.

Notre exemplaire est long de cinq pouces. Il a été
rapporté de l'Amazone par M. de Castelnau.

Le SERRASALME CARIBE.

(*Serrasalmus caribe*, nob.)

C'est auprès de ces espèces qu'il faut placer l'Umati ou
poisson caribe de l'Orénoque, décrit sur les bords de ce

fleuve par l'illustre voyageur qui le visitait au commencement de ce siècle, et qui en a publié une figure à la planche XLVII du second volume des Observations de zoologie et d'anatomie comparée.

C'est un poisson à corps comprimé, ovale, cendré-verdâtre sur le dos. La tête est tronquée en avant. La bouche, grande, est armée de dents très-pointues, triangulaires, presque entièrement couvertes par les lèvres; les inférieures sont plus grandes que les supérieures, et il y a dix des premières. La langue, charnue, est sans dents. Les yeux sont grands et noirs. Le corps est couvert de petites écailles caduques, blanches, à reflets argentés. La dorsale et la caudale sont verdâtres; toutes les autres parties du corps, c'est-à-dire, le ventre, les opercules, les pectorales, les ventrales et l'anale, sont d'un rouge jaunâtre. La caudale est tronquée et un peu bifurquée. La première dorsale est longue; les pectorales lancéolées, plus grandes que les ventrales. Le premier rayon de l'anale est quatre fois plus large que les autres.

D. 20; A. 27, etc.

A ces observations, M. de Humboldt ajoute que la longueur du poisson était de cinq pouces et la largeur de trois et quelque chose. La vessie aérienne est double, grande et remarquable. La première, de sept dixièmes de pouce de long, est oviforme; la seconde est conique, plus petite, tronquée, crénelée et un peu concave en avant, là où elle enveloppe pour ainsi dire la première. Ces deux vessies communiquent avec l'estomac par un canal qui s'enfonce dans la seconde en traversant la première. M. Bonpland a observé que ce canal est fermé à son ouverture dans l'estomac par une valvule.

M. de Humboldt écrit à la suite de cette description les remarques suivantes :

22.

« En faisant des recherches sur le Dorado, j'ai trouvé la première notice sur l'Umati ou poisson carnassier de l'Orénoque, dans la relation du voyage d'Alonso de Herrera (1535) au Rio Meta. Les soldats trouvèrent, dans une cabane, des espèces de chaussons dont se servaient les pêcheurs pour se garantir de la morsure du Caribito. Ce poisson est très-recherché et d'un goût agréable; mais comme on n'ose se baigner partout où il abonde, on peut le regarder comme un des plus grands fléaux de ces climats, dans lesquels la piqûre des insectes tipulaires (mosquitos) et l'excitation de la peau rendent l'usage des bains si nécessaire.

Le Caribe, que les Indiens Maypures appellent *Umati*, habite l'Apure, l'Orénoque et tous les affluents de ces rivières, surtout la Havana et le Cucivero. On le rencontre aussi dans les mares d'eau stagnante des Llanos de Vénézuéla. Les Espagnols appellent Caribe ces Serrasalmes, en faisant allusion à la cruauté de la puissante nation des Indiens Caribes ou Carina. »

Lorsque M. de Humboldt publia les extraits de son journal, j'avais déjà remarqué que le Caribe, dont je devais déterminer l'espèce, différait des autres Serrasalmes connus, par plusieurs caractères. En revoyant aujourd'hui mes premiers essais ichthyologiques, je suis heureux de confirmer ces premières vues. Le poisson Caribe se distingue de toutes les espèces que j'ai sous les yeux par le nombre des rayons, par la saillie et la protubérance du front, la concavité du profil étant rejetée sur la nuque.

Le SERRASALME DORÉ.

(*Serrasalmus aureus*, Spix.)

L'Amazone nourrit une grande espèce de Serrasalme
que Spix a fait connaître dans son Histoire des poissons
du Brésil. Quoique formé sur le plan général des autres
Serrasalmes, le poisson en diffère

par la largeur de son museau; la grosseur de la mâchoire inférieure;
le peu de concavité du front. Les os sous-orbitaires qui cuirassent
la joue sont presque aussi grands que ceux de notre première
espèce. Toutes ces plaques et celles de l'opercule sont striées. Il
y a six dents à la mâchoire supérieure; sept à l'inférieure; les
deux mitoyennes ont un talon si haut et si pointu qu'on le prendrait aisément pour une dent particulière.

B. 4; D. 17; A. 32; C. 29; P. 16; V. 7.

La couleur du poisson, conservé dans l'alcool, est un vert
olivâtre rembruni, à reflets dorés,

et à en juger par l'enluminure de Spix, le poisson, conservé dans le cabinet national, n'aurait pas beaucoup
changé de couleur. Le contour, tel qu'il a été dessiné par
le naturaliste qui l'a rapporté des fleuves et des lacs du
Brésil équatorial, rappelle beaucoup le dessin de M. de
Humboldt. M. Agassiz n'ajoute aucun détail remarquable
dans sa description.

Nous en possédons plusieurs exemplaires dus aux recherches de M. Aug. de Saint-Hilaire, de M. de Castelnau
et de quelques autres voyageurs encore qui nous ont fait
connaître les poissons du Brésil. Le plus grand a treize
pouces.

Il me paraît très-probable que nous retrouverons dans
ce Serrasalme le second Piraya de Marcgrave[1]; car il le
donne comme un poisson particulièrement doré, et qui
se distinguerait de son premier Piraya par une adipeuse
couverte de petites écailles.

B. *Du genre* PYGOCENTRE (*Pygocentrus*).

Le genre Pygocentre a été établi par M. Muller, qui
l'a caractérisé par l'absence des dents palatines, en ajoutant à ce caractère essentiel la présence de dents à l'intermaxillaire et à la mâchoire inférieure sur un seul rang;
elles sont triangulaires, tranchantes, très-faiblement dentelées; mais je n'oserais pas dire, comme M. Muller, qu'elles
n'ont pas de dentelures. L'os maxillaire ressemble à celui
des Serrasalmes, il est presque entièrement caché derrière
l'intermaxillaire sous le sous-orbitaire. Le corps est comprimé; l'abdomen est tranchant et dentelé, et les aiguillons,
placés au-devant et au delà de l'anus, sont comme dans
les Serrasalmes. Le nombre des rayons branchiostèges est
de quatre. D'ailleurs la splanchnologie de ces animaux
ressemble à celle des poissons de ce groupe; l'intestin ne
fait qu'une seule circonvolution; le nombre des appendices pyloriques varie de dix à quinze; la vessie natatoire
est divisée en deux parties, l'antérieure, petite et globuleuse; la seconde est très-grande et elle communique
par un canal très-court avec l'œsophage. On verra, dans
la description de l'une de nos espèces que, malgré cette
communication, l'estomac en cul-de-sac de ces Pygocentres

---

1. Marcgr., *Bras.*, p. 165.

peut être renversé, comme celui d'un très-grand nombre d'autres poissons de familles très-diverses. J'ai déjà eu occasion de signaler le renversement de ce viscère dans des espèces qui n'ont pas de vessie natatoire. L'exemple que nous fournit le Pygocentre dont il s'agit dans cet article, est une nouvelle preuve que l'estomac des poissons se renverse par une action contractile de ses fibres, et non pas par la dilatation de l'air contenu dans la vessie en réagissant après la rupture de cet organe sur les parois de l'estomac.

Les Pygocentres sont aussi anciennement connus que les Serrasalmes. Marcgrave a publié la description de la première espèce, qui est devenue le Serrasalme piraya de M. Cuvier et de Spix et Agassiz. M. Spix en a fait connaître un second sous le nom de *Serrasalmus nigricans;* et, enfin, M. Muller a donné l'indication d'une troisième espèce dont la dentition a été parfaitement représentée dans le petit ouvrage de M. Schomburgk[1] et dans la Monographie de MM. Muller et Troschel.

Du Pirai ou Huma.

(*Pygocentrus niger,* Muller.)

Je vais décrire avec détail un individu parfaitement conservé dans l'alcool et que nous devons aux soins de M. Schomburgk.

C'est de toutes les espèces de ce genre celle qui a le dos et le museau le plus convexe; la mâchoire inférieure dépasse la supé-

---

1. P. 230.

rieure, et son contour se perd entièrement dans celui du profil
supérieur. Nous voyons cette ligne un peu convexe et saillante
au-devant des yeux; puis, elle monte par un arc très-soutenu,
de manière que la plus grande convexité du dos soit en avant de
la dorsale. À partir de ce point, la courbe redescend un peu
jusque sous le dernier rayon de la nageoire; elle fait au delà
quelques ondulations, jusqu'à la fin de la queue. Le premier rayon
de l'anale correspond à peu près au milieu de la dorsale, et l'anus
au troisième ou au quatrième rayon de cette nageoire. Le profil
inférieur se dessine par une courbe peu concave, en descendant
obliquement depuis le menton jusqu'à l'ouverture de l'anus, où
est le point le plus saillant de la courbure du ventre. La ligne du
profil remonte sous l'anale très-obliquement jusque vers la queue,
dont la hauteur est comprise cinq fois et demie dans la plus grande
élévation du tronc. La hauteur est deux fois et un neuvième dans
la longueur totale. La longueur de la tête, mesurée depuis la saillie
de la mâchoire inférieure jusqu'au bord membraneux de l'opercule,
est trois fois et un tiers dans la longueur du corps. Il y a une fois
le diamètre de l'orbite entre l'œil et l'extrémité de la mâchoire
supérieure, et une fois et demie jusqu'au bout du museau. D'un
œil à l'autre, l'intervalle comprend deux diamètres et un tiers. Il y
a bien près de cinq fois le diamètre de l'œil dans la longueur de
la tête, et quatre fois dans la hauteur, mesurée par le travers du
globe. Le bord inférieur de l'orbite répond à la moitié de la hauteur de la joue. Cette grande élévation de la face dépend de la
hauteur de la branche de la mâchoire inférieure qui, mesurée à la
symphyse, est égale au diamètre de l'orbite, et qui, près de l'articulation, la surpasse d'un quart. Le premier sous-orbitaire est une
grande pièce triangulaire, dont l'angle inférieur serait tronqué et
dont le bord postérieur, presque vertical, atteint au delà de l'orbite.
La seconde couvre tout le bas de la joue, car son contour suit
le bord du préopercule sur lequel elle s'appuie. Le troisième,
encore plus grand, complète toute la cuirasse jusque sur le
préopercule; il remonte beaucoup au-dessus de l'œil et près de
l'os mastoïdien. Au-devant de ce bord et tout à fait au-dessus de

l'œil se trouve, à peu près perdu dans l'épaisseur de la peau adipeuse du dessus de la tête, le quatrième sous-orbitaire. Il y a, enfin, un sourcilier très-épais, caché dans l'épaisseur de la peau, et d'ailleurs très-peu mobile. Le limbe du préopercule ne descend guère qu'aux deux tiers de la hauteur de la mâchoire. L'autre tiers est couvert par l'interopercule. L'opercule est très-étroit et le sous-opercule est un demi-arc triangulaire, assez large, qui complète à peu près le bord vertical et arrondi de la fente de l'ouïe. L'opercule est si étroit qu'il n'a guère que les deux tiers du diamètre de l'orbite. Tous ces os, ainsi que les quatre rayons de la membrane branchiostège, le dessous de la mâchoire inférieure et la portion externe de la grande ceinture humérale ont leur surface grenue et comme chagrinée. Leurs bords ont des arêtes vives et tranchantes. La fente des ouïes est très-large. L'isthme de la mâchoire a aussi une grande largeur; ce qui était nécessaire pour loger à l'intérieur la grosse langue, libre et charnue de ces poissons. J'ai déjà dit que la mâchoire inférieure est un peu plus saillante que la supérieure. L'arc de celle-ci est formé par un intermaxillaire, qui a une petite branche montante, au-devant de laquelle on reconnaît, par sa mobilité dans l'épaisseur de la peau, un très-petit nasal. Un peu sur le côté existe la narine avec ses deux ouvertures. Au delà de l'échancrure nous voyons à l'intermaxillaire une forte tubérosité qui s'articule par des ligaments fibreux très-résistantes, avec une grosse apophyse obtuse de l'os palatin. C'est aussi sur ce point que vient s'appuyer l'angle antérieur du premier sous-orbitaire, et en dessous de lui, dans l'étroite rainure que laissent les deux os, se trouve logé le maxillaire. Or, comme celui-ci n'a pas de mouvement, à cause de son articulation palatine et de sa réunion avec son congénère au-devant de l'ethmoïde par des ligaments fibreux très-résistants, on conçoit la presque entière immobilité du maxillaire, dont on ne peut voir qu'une très-petite partie quand on n'a point disséqué l'ostéologie très-curieuse de ces poissons. Cet intermaxillaire, si robuste et si haut, est armé de six larges dents triangulaires, hautes de trois lignes; la dernière en a même un peu plus de quatre, l'arête est très-finement dentelée; elle porte un talon qui a tantôt une, tantôt

deux pointes; j'en vois même plusieurs à la dernière dent. La mâchoire inférieure a sept dents, de même forme, mais plus hautes
et plus couchées que les supérieures. Il n'y a pas de dents aux
palatins; cependant, le bourrelet de cet os est couvert de très-fines
granulations, qui le rendent rude au toucher, et que l'on pourrait
facilement désigner comme des dents. Tout le reste de la surface
palatine est protégé par une large plaque osseuse et mince, fournie
par le ptérygoïdien; celle-là, recouverte par une muqueuse mince
et lisse, n'a aucune trace de dentition. J'ai déjà eu occasion de
signaler la force des os de l'épaule. Cette ceinture humérale est,
en effet, formée d'un surscapulaire pointu, portant à son bord
externe un petit scapulaire; puis, vient un très-large huméral et
ayant au-dessous de lui deux petites plaques mobiles, dont l'une
me paraît appartenir au cubital, et l'autre au styléal. C'est dans leur
fossette que joue l'articulation de la pectorale, nageoire à peu près
faite comme dans la Carpe, et dont la longueur dépasse un peu le
tiers de la hauteur. La ventrale est très-petite; l'anale est basse; ses
premiers rayons sont courts; elle est en partie engagée dans une
peau écailleuse. La dorsale est peu élevée et plus libre; mais l'adipeuse est presque entièrement couverte de petites écailles. La caudale
a des rayons très-épais, et le lobe inférieur est un peu plus gros
que le supérieur.

B. 4; D. 18; A. 35; C. 25; P. 16; V. 6.

Les écailles sont petites, assez fermes. Il y en a cent cinq le long
de la ligne latérale. Les stries entre-croisées de leur surface sont
extrêmement jolies à voir au microscope sous un grossissement peu
considérable; elles semblent couvertes de caractères chinois. La
couleur est un vert olivâtre uniforme, rembruni sur le corps et
sur les nageoires.

C'est, suivant M. Schomburgk, un des poissons les plus
voraces des rivières de la Guyane. Il dit que les mâchoires
sont assez fortes pour couper le doigt d'un homme; que
des poissons d'un poids considérable sont promptement

dépecés par la dent carnassière du Pygocentre; qu'aucune espèce d'animal n'est à l'abri de ses attaques; les plus grands crocodiles sont souvent blessés à la queue ou perdent leurs doigts par la morsure de ces dangereux poissons. Ainsi que Linné l'a déjà dit, M. Schomburgk assure que les pieds des Palmipèdes, ou les jeunes de ces oiseaux, sont dévorés par les Pirais. Il dit qu'il a vu, en remontant la rivière de Cabaraba, un des affluents du Korentyn, un grand Cabiai (*Cabia capibara*) perdre trois de ses petits, sur cinq, que la mère conduisait pour traverser la rivière; ils ont été pris et dépecés par les Pirais. Une autre fois, sur la rivière de Korentyn, il vit un grand mouvement autour d'un corps desséché flottant sur le milieu du fleuve, il reconnut bientôt la tête d'un très-grand Luganani (*Cychla ocellaris*) dévoré par une troupe de Pirais. Le poisson avait de vingt à vingt-six pouces, et on pouvait voir qu'il avait été mangé peu à peu depuis la queue jusqu'aux nageoires pectorales. Les Pirais font entendre une sorte de grognement sous l'eau, ils sont très-vivaces et peuvent rester des heures entières hors de l'eau. Leur chair est ferme, blanche et de bon goût.

Du Piraya de Marcgrave.

(*Pygocentrus Piraya*, Mull.)

L'espèce la plus anciennement connue, puisque nous la trouvons déjà dans Marcgrave, est celle qui est devenue le *Serrasalmus piraya* de M. Cuvier. Je ne l'ai pas décrite la première, malgré son ancienneté, à cause des documents curieux que M. Schomburgk nous a donnés sur les habitudes de la précédente, et parce que celle-ci ne me paraît pas devoir être aussi dangereuse que le Huma, attendu qu'elle a les dents de la mâchoire supérieure plus courtes. Ce Piraya diffère encore par plusieurs autres caractères.

En effet, il a la mâchoire inférieure un peu plus saillante. L'œil plus petit, plus rapproché du bout du museau. Le dessus de la tête est convexe, et l'intervalle entre les yeux contient trois fois le diamètre. Le premier sous-orbitaire descend plus bas; le second et le troisième sont un peu plus larges. Le limbe du préopercule a des ciselures beaucoup plus profondes. Le sous-opercule est plus large, et tous ces os sont plus profondément sculptés.

Je possède six individus de toute taille de cette espèce : ils ont tous la seconde dorsale ou l'adipeuse formée de rayons irréguliers, osseux et rapprochés. Ce caractère est exprimé, non-seulement dans la figure de Spix, mais dans la peinture du livre de Mentzel. Enfin, les deux lobes de la caudale sont plus égaux, et le premier rayon de l'anale est beaucoup plus haut, ce qui fait paraître la nageoire proportionnellement plus courte, quoiqu'elle n'ait que deux rayons de moins; la pectorale est aussi plus longue et plus pointue.

B. 4; D. 18; A. 33; C. 25; P. 16; V. 6.

Il y a vingt-cinq ou vingt-six épines sous le ventre. La couleur est bleue, à reflets irisés et dorés sur le dos. Le ventre et les opercules sont jaunes. La dorsale et la caudale ont quelques teintes bleuâtres, et les autres nageoires tirent plus au jaunâtre. Dans le livre de Mentzel [1], j'ai vu les nageoires paires d'un assez joli jaune rougeâtre; l'anale jaune et le ventre brillant et doré.

Le plus grand exemplaire conservé dans les collections du Muséum est long de dix-sept pouces environ. Il a été rapporté du Rio San-Francisco par M. Auguste de Saint-Hilaire, et c'est d'après lui que M. Cuvier [2] a donné la

1. Piraya, *lib. Mentzelii*, n.° 223.
2. Cuvier, Mém. du mus., pl. 28, fig. 4.

figure de son Piraya. C'est aussi, sans aucun doute, le *Serrasalmo piranha* de Spix[1] et d'Agassiz.

M. Auguste de Saint-Hilaire, qui nous a envoyé ce poisson, a publié[2] des observations curieuses sur ses habitudes. Voici l'extrait du passage où il parle de ce Pygocentre :

« Ils (les habitants) se servent de ces frêles nacelles pour aller à la recherche des bêtes à cornes qui, étant restées sur de petites collines, finiraient par être submergées; ils forcent ces animaux à se jeter à la nage, et ils leur font gagner la terre ferme. Dans ces voyages, les bestiaux sont exposés à la rencontre d'un ennemi redoutable, le poisson qu'on appelle *Piranha* (poisson-diable, *Miletes macropomus*[3]; Cuvier et Spix). Ce beau poisson atteint à peine deux pieds de longueur; mais il va par bandes, et a les mâchoires armées de dents triangulaires et tranchantes. Lorsqu'un animal ou un homme tombe dans l'eau, il est ordinairement attaqué, dans l'instant même, par les Piranhas. Leur morsure est tellement prompte et si vive, qu'on la sent aussi peu que la coupure d'un rasoir; c'est du moins ce que m'a assuré le respectable propriétaire de Capâo qui, étant tombé dans un marais, avait été mordu par des poissons-diables en deux endroits différents. Les Piranhas habitent en très-grand nombre, non-seulement le San-Francisco, mais encore les lacs fangeux (*lugoas*), qui sont si nombreux sur ses bords et où l'eau séjourne toute l'année. La chair de ces poissons est ferme et d'un goût très-délicat; leurs arêtes n'ont point cette ténuité

---

1. Pl. 28.
2. Voy. dans les provinces de Rio de Janeiro et de Min. Ger., vol. 2, p. 392.
3. Notre célèbre confrère acceptait cette fausse dénomination, d'après Spix.

qui rend tant d'autres espèces désagréables à manger. On prend les Piranhas avec le filet ou des lignes dormantes, auxquelles on met pour appât un morceau de viande. Ces poissons ont une telle voracité qu'ils se laissent prendre par la chair d'autres individus de leur espèce, et l'on assure même qu'ils se mangent entre eux. »

M. de Saint-Hilaire, dans une note qu'il m'a communiquée, dit : « Le Piranha ne se trouve pas seulement à l'orient de la grande chaîne, que j'ai appelée *Serra da San-Francisco e da Paranahyba*; il vit aussi dans le Paranahyba qui coule à l'occident, et dont les eaux arrivent, en définitive, à la Plata. D'après M. Spix, j'avais rapporté le dangereux poisson, appelé Piranha, au *Myletes macropomus* Cuvier; mais il est évident que cette détermination n'est pas exacte, et que le Piranha est le *Serrasalme piraya* Cuvier, puisque ce savant a fait sa description du *S. piraya* d'après un individu que j'ai moi-même envoyé du Brésil. »

Le Pygocentre noiratre.

(*Pygocentrus nigricans*, Muller.)

M. Spix[1] a figuré sous le nom de *Serrasalmus nigricans,* une espèce qui se distingue de la précédente

par un museau beaucoup plus pointu, concave au-dessus des yeux, et qui ressemble beaucoup, par les formes générales, au Caribe de M. de Humboldt. Ce poisson, d'un olivâtre rembruni, brille de reflets dorés. Ses babitudes sont semblables à celles de ses congénères.

---

1. Spix, tab. 30.

L'individu, long de quatre pouces, a été décrit avec beaucoup de détail par M. Agassiz, et je renvoie à cette description pour ce qui concerne le reste.

Le PYGOCENTRE PALOMETA.

(*Pygocentrus Palometa*, nob.)

Le Palometa du Rio Apure

a le corps large, comprimé latéralement; le dos arqué; la bouche extrêmement petite; les yeux très-grands; la dorsale, en forme de faux, opposée à la ventrale; les pectorales et les ventrales très-petites; la queue fourchue; le ventre tranchant, dentelé en scie. Après cette dentelure, étendue jusqu'aux deux tiers du corps, commence une longue nageoire anale. Les dents très-aiguës et tranchantes dans les deux mâchoires. Les écailles petites et argentées; pas de tache.

Il vit dans le Rio Apure, le Rio Guarico et le bas Orénoque.

C. *Du genre* PYGOPRISTIS.

M. Muller a séparé de ses Pygocentres, sous le nom de Pygopristis, des poissons qui leur ressemblent par tous les caractères généraux, dont le palais est lisse et sans dents, mais qui ont celles des mâchoires festonnées et fortement denticulées. La première espèce à rapporter à ce genre est le *Serrasalme denticulé* de M. Cuvier. M. Muller y ajoute une seconde espèce, décrite dans ses *Horæ ichthyologicæ*, sous le nom de *P. fumarius*, et il croit que c'est le poisson décrit et figuré par M. Schomburgk sous le nom de *Serrasalmus punctatus*. J'y ajouterai moi-même, sous le nom de *P. serrulatus*, une espèce de l'Amazone rapportée par M. de Castelnau.

Le Pygopristis denticulé.

(*Pygopristis denticulatus*, nob.)

La première espèce de *Pygopristis* est, comme l'a très-bien reconnu M. Muller, celle qui a été mentionnée plutôt que décrite par M. Cuvier, sous le nom de *Serrasalme denticulé*. Mon illustre maître en parle dans le mémoire inséré dans le 5.ᵉ volume de la collection des Mémoires du Muséum, d'après le squelette d'un très-petit individu, le seul exemplaire que l'on possédât alors dans les collections du Jardin des plantes; mais j'ai eu le bonheur de retrouver, parmi les poissons donnés au Muséum par M. Schomburgk, des exemplaires de cette espèce, qui vont me servir à faire la description suivante :

Cette espèce est remarquable par la forme orbiculaire de son corps. Le profil du dos monte par une courbe régulièrement arquée, depuis la nuque jusqu'au delà de l'adipeuse; celui du ventre est parfaitement symétrique au profil supérieur; il y a une très-légère dépression au-dessus des yeux, et le museau est un peu bombé. La mâchoire inférieure dépasse de très-peu la supérieure. La hauteur est un peu plus grande que la moitié de la longueur. L'œil est placé sur le haut de la joue, sans cependant toucher à la ligne du profil. Il n'y a guère que les deux tiers du diamètre entre le bout du museau et le bord antérieur de l'œil; aussi les narines sont-elles tout à fait rapprochées du sourcilier. Les osselets sous-orbitaires, au nombre de quatre, ne couvrent que la moitié de la joue; ils sont striés; l'antérieur cache le maxillaire quand la bouche est fermée; mais celui-ci, qui est mobile et qui s'articule à la manière de ces os chez les Salmonoïdes, se porte en avant quand la mâchoire inférieure s'abaisse et se dégage ainsi du sous-orbitaire. Les deux intermaxillaires forment une espèce de demi-cercle, et les dents qu'il porte sont serrées les unes contre les autres, toutes égales, et au nombre de cinq sur chaque os. Quand la bouche est fermée, ces dix dents restent au-devant de l'arc de la mâchoire inférieure. Les dents d'en bas sont semblables à celles d'en haut; il y en a sept sur chaque branche. Chaque dent est triangulaire et comprimée, et a de chaque côté du lobe principal un petit talon à deux ou trois dentelures; ce qui rend tout le bord de la couronne à peu près régulièrement denticulé. Il n'y a pas de dents au palais. Le limbe du préopercule est un peu moins large que la portion nue qui est au-dessus de lui. Le bord inférieur descend obliquement, de manière que l'angle de l'os est tout à fait vers le bas de la joue, près de la fente de l'ouïe. Le bord montant est un peu arqué. L'opercule est haut et étroit; il est ciselé comme les sous-orbitaires; on voit quelques stries sur le limbe et sur l'interopercule; mais le sous-opercule est lisse. Les ouïes sont largement fendues. Les quatre rayons de la membrane branchiostège sont cachés sous une peau lisse et épaisse. L'huméral, qui est haut et étroit, est strié; mais le scapulaire et le surscapulaire sont lisses. L'insertion de la pectorale se fait un peu en avant de l'aplomb du bord de l'opercule. La carène du ventre descend au-dessous de cette pectorale; elle est fortement denticulée. La dorsale est basse et pas beaucoup plus longue que haute, l'anale est longue; la caudale est très-peu échancrée, mais haute et étroite.

B. 4; D. 20; A. 36; C. 25; P. 16; V. 6.

Les écailles sont très-petites; il y en a au moins cent rangées sur les côtés. La ligne latérale descend assez brusquement de la tempe. Arrivée à l'aplomb de la pointe de la pectorale, elle se redresse pour se rendre ensuite directement à la queue.

La couleur est un plombé bleuâtre, à reflets argentés. Je ne vois pas de tache sur le corps ni sur les nageoires, qui me paraissent un peu plus foncées que le tronc.

Le plus grand de nos exemplaires est long de sept pouces. Il a été pêché dans l'Esséquibo par M. Schomburgk.

Le Pygopriste denticulé dont M. Cuvier, comme nous l'avons dit plus haut, ne possédait qu'un squelette, a été décrit par MM. Muller et Troschel dans les *Horæ ichthyologicæ*[1]. Ces zoologistes n'ont pas eu des individus aussi grands que les nôtres, car ils ne leur donnent que deux pouces.

Le Pygopristis serrulé.

(*Pygopristis serrulatus*, nob.)

Je possède une seconde espèce, dont les formes diffèrent sensiblement de la précédente.

La concavité du profil au-devant de la nuque est beaucoup plus sentie. La tubérosité au-devant des narines est plus forte et l'extrémité du profil est presque coupée droite et obliquement. La courbure du dos remonte beaucoup plus brusquement jusqu'à la dorsale, implantée sur une ligne qui descend plus obliquement en arrière. La mâchoire inférieure est plus saillante. Le profil du ventre a sa plus grande gibbosité au-dessous de la pectorale. La ligne de dentelures se rend ensuite presque horizontalement jusqu'au premier rayon de l'anale, et le bord de cette nageoire remonte en ligne droite jusqu'à la queue, d'où il résulte que la circonscription du corps est plutôt rhomboïdale qu'orbiculaire. La hauteur égale la moitié de la longueur totale. L'œil est plus grand et plus saillant. Le premier sous-orbitaire plus petit; les autres sont plus fortement striés; le nu de la joue est plus étroit. Le limbe du préopercule a le bord plus droit. L'interopercule est un peu plus large. Les dents sont en même nombre aux deux mâchoires; mais celles d'en bas sont plus obliques. Les dentelures sont moins nombreuses et moins profondes. Les épines du ventre sont plus longues et plus libres; ce qui rend la carène plus nettement dentée en scie.

---

1. P. 34.

Je lui trouve la pectorale plus pointue; l'épine de la dorsale est plus détachée et plus aiguë. La ligne latérale est moins infléchie; enfin, la caudale me paraît un peu plus fourchue, et l'adipeuse est sensiblement plus petite.

B. 4; D. 16; A. 33; P. 16; V. 6.

La couleur paraît plus cuivrée que celle de l'espèce précédente, et il y a auprès de l'épaule quelques traces d'une large tache noire. Les nageoires sont plus rembrunies.

Notre exemplaire, long de six pouces, a été rapporté de l'Amazone par M. de Castelnau.

Le PYGOPRISTE ENFUMÉ.

(*Pygopristis fumarius*, Muller).

Je ne puis parler du *Pygopristis fumarius* que d'après M. Muller.

C'est un poisson à corps ovale, dont la hauteur est deux fois dans la longueur totale. La longueur de la tête égale la moitié de cette hauteur. Chaque intermaxillaire porte six dents, et il y en a le même nombre à la mâchoire inférieure. Ces dents ont cinq points. Les naturalistes de Berlin ont décrit avec détail les autres parties de ce poisson; ils donnent pour nombre des rayons :

B. 4; D. 18; A. 36; P. 16; V. 7.

On voit que ces nombres diffèrent très-peu de ceux du *P. denticulatus*. La couleur est, selon eux, terre d'ombre plus foncée sur le dos.

Ce poisson, long de six pouces, a été rapporté par M. Schomburgk.

D. *Du genre* CATOPRION.

Le genre des Catoprions est également un de ceux qu'on doit au travail de MM. Muller et Troschel. Ils représentent dans ce groupe les Anostomes à cause de la saillie de la mâchoire inférieure. Cependant je dois faire remarquer que les dents de la seule espèce de Catoprion connue, ne sont pas absolument semblables à celles des Serrasalmes et des genres voisins. Ils s'en rapprochent davantage par la dentelure de leur abdomen. Les Catoprions sont donc un de ces genres intermédiaires entre deux petites familles, et qui sont une des preuves multipliées que la nature n'a jamais formé les êtres en série continue. Les Catoprions sont des Salmonoïdes à ventre dentelé, portant sur les intermaxillaires deux rangées de dents coniques. La mâchoire inférieure a des dents tranchantes et triangulaires sur un seul rang.

Tels sont les caractères génériques de ce genre dont on ne connaît qu'une espèce. En décrivant les principaux traits caractéristiques, M. Muller a relevé l'erreur commise par M. Cuvier, qui lui attribuait des dents palatines. Je ne sais par quelle précipitation M. Cuvier a fait donner, dans les Annales du Muséum, une figure incorrecte de ce poisson, car je possède le dessin original fait de la main de M. Cuvier, d'après l'exemplaire du Muséum. On a de la peine à croire que les deux dessins aient été faits d'après le même individu.

Le Catoprion mentonnier.

(*Catoprion mento*, Mull.)

J'ai encore sous les yeux l'individu qui a servi à
M. Cuvier pour établir son *Serrasalmus mento*. Les collections du Muséum n'en ont pas reçu d'autres exemplaires,
mais je vois cependant que d'autres observateurs ont été
assez heureux pour retrouver cette espèce, puisqu'elle
existe dans le cabinet de Berlin.

C'est un poisson de forme rhomboïdale, dont la hauteur fait
moitié de la longueur. La ligne du profil est droite, depuis l'extrémité du menton jusqu'à la dorsale; elle se rend ensuite à la queue
en faisant quelques ondulations. Le profil de la face est rectiligne,
et la mâchoire inférieure dépasse la supérieure de toute la largeur
de sa branche; c'est là ce qui fait cette saillie en menton, caractérisée
par M. Cuvier lorsqu'il a donné à l'espèce l'épithète de *mentonnier*.
La tête est comprise quatre fois et quelque chose dans la longueur
totale. L'œil est éloigné du bout du menton d'une fois son diamètre, qui fait près du tiers de la longueur de la tête; il est tout
à fait sur le haut de la joue et tout près du bord de la mâchoire
supérieure, parce que le premier sous-orbitaire est une grande
plaque en losange placée au devant et au-dessous de l'œil, dont
l'angle supérieur, assez aigu, remonte entre l'intermaxillaire et le
cercle de l'orbite. Le second sous-orbitaire est très-grand, couvre
presque toute la joue, parce qu'il s'élève jusqu'à l'articulation de
l'opercule; aussi n'y a-t-il qu'un troisième sous-orbitaire assez
petit; quant au quatrième, il est réduit à un granule osseux. Les
deux premiers sous-orbitaires ne touchent pas tout à fait au bord
du limbe, et cependant on peut dire qu'ils cuirassent presque
entièrement la joue. L'opercule est très-étroit; le sous-opercule
remonte jusqu'au-dessus de l'angle; l'interopercule est petit; lui

seul est lisse; tous les autres os sous-orbitaires ou operculaires sont
striés. Le limbe est ciselé et un peu caverneux. Le redressement de
la mâchoire inférieure rend la fente de la bouche oblique. Tout
le bord supérieur est formé par des intermaxillaires immobiles,
épais, à bord arrondi, et sur lesquels sont implantées des dents
placées assez irrégulièrement pour qu'on ne puisse pas dire qu'elles
sont sur un ou sur deux rangs. J'en compte cinq dans nos exemplaires. La pointe de l'intermaxillaire est recouverte par le haut du
premier sous-orbitaire. A l'extrémité de l'incisif est articulé le
maxillaire; ce n'est qu'une petite languette osseuse, assez mince,
entièrement cachée sur le sous-orbitaire, et retenue par les replis
ligamenteux de la lèvre dans une immobilité presque complète.
La mâchoire inférieure a une portion de son articulation sous le
premier sous-orbitaire; il faut soulever celui-ci pour reconnaître
la composition de la mâchoire supérieure. Les dents de la mâchoire
inférieure sont au nombre de sept, irrégulières et assez semblables
à celles des espèces voisines. Avec un tubercule conique, assez gros
et principal, elles ont de chaque côté de leur base de petits talons
pointus, que l'on ne voit bien qu'après avoir ôté la lèvre, tant ils
sont courts et cachés dans l'épaisseur de ce tégument. L'ossature
de l'épaule est assez large et striée. La dorsale a ses quatre ou cinq
premiers rayons prolongés en filaments, qui atteignent jusqu'à
l'extrémité de la queue quand ils sont couchés. Le premier interépineux de la nageoire porte en avant une très-longue épine acérée,
carénée en dessus et bifide en arrière. L'adipeuse est assez grande.
L'anale est longue, et ses premiers rayons, plus allongés que les
suivants, la rendent coupée en lame de faux. La caudale est
fourchue.

B. 5; D. 16; A. 36; C. 28; P. 14; V. 7.

Dans le dessin fait sur le poisson lorsqu'il était encore
parfaitement conservé, je vois le troisième rayon de l'anale
allongé en un fil qui n'atteindrait pas tout à fait jusqu'à
l'extrémité de cette nageoire; je n'oserais donc dire que
le rayon de l'exemplaire que j'ai sous les yeux mériterait

l'épithète de *radius longissimus,* donnée par M. Muller à ceux qu'il a examinés dans le cabinet de Berlin. Les écailles de ce poisson sont très-petites; l'individu est entièrement décoloré. Il est long de cinq pouces et deux ou trois lignes.

M. Muller a donné une très-bonne figure des dents de ce poisson.

CHAPITRE XXVI.

Des genres HYDROCYNS, CYNOPOTAMES, *et de quelques autres voisins de ceux-ci.*

On doit à M. Cuvier l'établissement du genre Hydrocyon. Il parut dans la première édition du Règne animal pour renfermer un assez grand nombre d'espèces des rivières de la zone torride et un poisson du Nil déjà décrit par Forskal. Les différentes espèces qui y furent réunies appartenaient à cinq divisions fort distinctes les unes des autres, indiquées par M. Cuvier, sans qu'il leur ait donné de noms particuliers. Il en est résulté que le genre Hydrocyn parut peu naturel, et qu'on a cherché à le diviser. Spix et Agassiz ont commencé ce travail en en retirant les *Xiphorhynchus*, les *Cynodons* et les *Xiphostomes*. Ces trois genres sont bons; seulement, je ne crois pas que M. Agassiz ait eu raison de changer le nom de Cynodon, imaginé par Spix, en celui de Raphiodon, parce que Linné avait déjà employé, dans la nomenclature botanique, le premier d'entre eux pour désigner le Chiendent pied de poule (*Cynodon dactylus*). M. Muller a adopté ces genres, avec raison, dans sa Monographie des Characins; mais il a mal caractérisé celui des Cynodons, en ne reconnaissant pas la présence des dents palatines. Cet oubli lui a fait composer un autre inutile, celui des *Hydrolycus,* pour y placer l'*Hydrocyon scomberoides* de M. Cuvier. Je ferai à M. Muller le même reproche que j'adressais tout à

l'heure à M. Agassiz. Il me paraît avoir changé très-inutile-
ment le nom de *Xiphorhynchus* d'Agassiz en celui de
Xiphoramphe, attendu que le premier de ces deux noms
est employé en ornithologie. Il vaudrait mieux, sans aucun
doute, que ce double emploi n'existât pas; mais le néolo-
gisme me paraît avoir plus d'inconvénients. Une autre
modification plus importante doit être apportée au travail
de mon savant ami de Berlin. Je ne doute pas qu'il ne
faille réunir son *Xiphoramphus pericoptes* dans le *Xiphorhynchus hepsetus,* et on verra en outre que mon *Hydrocyon argenteus* et mon *H. humeralis,* devenus, dans le
ravail de M. Muller, *Xiphoramphus argenteus* et *X. humeralis,* appartiennent à un genre distinct caractérisé par
l'absence de dents aux palatins.

A. *Des* Hydrocyns (*Hydrocyons*).

Après ces observations générales sur un genre, ou plutôt
sur une famille que M. Cuvier avait sentie, mais dont il
n'avait pas caractérisé les genres, nous revenons aux Hydrocyons proprement dits, qui comprennent les Salmonoïdes ayant de grandes et fortes dents implantées sur un
seul rang aux deux mâchoires; ces dents, coniques, mais
un peu comprimées, ont leur bord tranchant; le palais
est lisse, le corps est allongé, les côtés sont méplats, l'abdomen est arrondi comme le dos; l'intestin est très-court,
mais le nombre des cœcums est considérable. M. Muller
en a compté quarante dans ses individus; ceux de la même
espèce que j'ai ouverts n'en avaient que trente-cinq.

L'Hydrocyon de Forskal.

(*Hydrocyon Forskalii*, Cuv.)

Les Égyptiens nomment *Kelb el bahr* (chien de fleuve),
ou *Kelb el moyeh* (chien d'eau) le Salmonoïde décrit avant
M. Cuvier sous plusieurs noms, et dont il a enfin fixé la
dénomination, en l'appelant *Hydrocyon Forskalii*.

C'est un poisson à corps allongé. La hauteur est comprise cinq
fois et deux tiers dans la longueur totale. La tête est longue; elle
égale la hauteur du tronc. L'œil est placé sur le haut de la joue,
à peu près au dernier tiers de la moitié de la longueur; car il y
a entre lui et le bout du museau deux fois le diamètre, lequel est
compris, à très-peu de chose près, six fois dans la longueur de la
tête. L'extrémité du museau est entièrement formée par des intermaxillaires très-épais, allongés, et auxquels sont soudés les maxillaires. Entre eux et l'orbite on voit le premier sous-orbitaire, dont
la largeur est égale, à peu de chose près, à celle du diamètre de
l'œil. Cet os forme, au-dessous de la narine, une petite plaque,
à peu près carrée, portant, en dessous, un second sous-orbitaire
qui descend jusqu'à l'articulation de la mâchoire inférieure, et
dont le bord postérieur répond à la moitié de l'orbite. Vient ensuite
un troisième sous-orbitaire, couvrant presque toute la joue; puis
un quatrième, étroit; un cinquième touche l'articulation du préopercule; enfin, un sixième sous-orbitaire remonte au-dessus de l'œil
sur toute la région mastoïdienne, et s'articule avec un sourcilier, qui
est lui-même assez large, mais peu mobile, et qui avance en pointe
jusque sur la narine. Tous ces os sont minces et ont à peine quelques stries; ils cuirassent toute la joue et atteignent jusqu'au limbe
du préopercule, dont l'angle est arrondi. L'interopercule est étroit,
mais peu recouvert par l'os précédent; l'opercule se termine par
une pointe assez aiguë vers le bas. Tout ce bord oblique porte un
sous-opercule arqué. Le bord de l'opercule paraît varier suivant

les différents individus. J'en vois quelques-uns chez lesquels il est plus arrondi que chez d'autres. L'œil est d'ailleurs recouvert par une paupière adipeuse, étendue en avant et en arrière de l'orbite, au moins autant que dans nos Aloses; elle passe sur la plupart des os minces de la joue, et se confond avec la peau très-épaisse du crâne et des deux mâchoires. J'ai dit tout à l'heure que les deux inter-maxillaires formaient l'extrémité du museau; ils portent chacun six dents très-acérées, comprimées, à bords lisses et tranchants; elles sont écartées l'une de l'autre, de manière à recevoir entre elles les dents de la mâchoire inférieure. Ces fortes canines sont implantées dans des alvéoles, faciles à voir à travers la transparence de la table externe de l'os; la dent se soude avec le maxillaire, ainsi que cela arrive ordinairement dans les poissons. On conçoit, d'après cette structure, pourquoi la nature a tant élargi les intermaxillaires des Hydrocyons. Les dents de la mâchoire inférieure sont tout à fait semblables à celles de la supérieure, quoique la peau qui passe sur les mâchoires soit extrêmement épaisse. Il n'y a pas de lèvre mobile au-devant des dents comme il en existe dans les Serrasalmes. Cette peau est plutôt une sorte de gencive qui sertit les dents; l'intervalle qui les sépare, est creusé de fossettes qui reçoivent la dent corres-pondante de la mâchoire opposée. J'ai compté le nombre des dents sur dix-huit individus de toute taille, réunis dans nos collections. J'ai sous les yeux les exemplaires rapportés d'Égypte par M. Geoffroy, et qui ont servi à M. Cuvier; je vois constamment six dents à chaque intermaxillaire, et cinq de chaque côté à la mâchoire inférieure. La seconde est toujours un peu plus grande que la première; la cinquième est petite, et la sixième l'est beaucoup plus encore. Il n'y a que cinq dents à la mâchoire inférieure; c'est la première qui est la plus grande de toutes; la troisième l'est aussi plus que la seconde; la cinquième est la plus petite. J'ai insisté sur ces nombres différents de ceux de M. Cuvier, parce que la description insérée dans les Annales est faite avec assez de détail pour qu'on puisse croire que je me serais trompé en donnant des nombres différents des sines. Les ouïes sont très-fendues. Il y a quatre rayons à la membrane branchiostège. La dorsale est un peu en avant de la moitié du corps

et tout à fait au-dessus, des ventrales ; elle est assez haute de l'avant.
L'anale est courte et échancrée ; la caudale est profondément fourchue ; les pectorales sont triangulaires, assez courtes ; ses rayons
sont épais, et les cinq ou six premiers sont bordés à la face interne
par un assez large repli membraneux.

B. 4 ; D. 10 ; A. 16 ; C. 29 ; P. 15 ; V. 9.

Les écailles sont assez grandes, minces, à bords frangés ; leur
surface a de très-nombreuses granulations, avec les stries d'accroissement. J'en compte cinquante le long de la ligne latérale. La
couleur est un vert plus ou moins brillant sur le dos, se fondant
dans l'argenté des flancs, qui devient pur et très-brillant sous le
ventre. Il y a des raies longitudinales de points verts rembrunis,
plus ou moins foncés, surtout bien visibles au-dessus de la ligne
latérale. La dorsale est verte ; l'anale est plus pâle et a les premiers
rayons rougeâtres. Le lobe supérieur de la caudale est vert, et
l'inférieur rouge. Les nageoires, paires, sont rougeâtres. Nous avons
pu juger de ces couleurs d'après la belle peinture qui en a été faite
en Égypte par M. Redouté.

Les viscères de ce poisson, contenus dans une cavité abdominale
très-allongée et tapissée d'un péritoine argenté, font une masse assez
compacte. Quand on ouvre les parois du ventre, on voit que le foie
a un lobe droit, pointu et allongé, qui atteint beaucoup au delà de la
moitié de l'abdomen et au lobe gauche épais, mais qui n'occupe
guère, en longueur, que le cinquième de cette cavité. Au-dessous
de lui, et par conséquent, dans l'hypocondre gauche, on trouve
le très-grand estomac, qui atteint à plus des trois quarts de la
longueur de l'abdomen ; sa branche montante est courte, et un
nombre considérable de cœcums, car j'en ai compté quarante-deux,
se trouve attaché aux côtés de l'intestin, qui, du reste, est court,
ne formant qu'un repli un peu au delà de l'extrémité de l'estomac,
et se repliant ensuite très-promptement pour se rendre directement
à l'anus. La vésicule du fiel est assez grosse et engagée dans le lobe
droit du foie ; elle se montre tout à fait sur la face externe. La
vessie natatoire est double ; l'antérieure, courte et arrondie, n'a

guère que le quart de la longueur de la seconde. Le conduit aérien naît à l'étranglement qui sépare les deux vessies.

Le squelette a quarante-huit vertèbres, quinze paires de côtes. On peut admettre trente-deux vertèbres abdominales.

Telle est la description prise d'après des individus longs de seize à dix-sept pouces, rapportés d'Égypte par M. Geoffroy, et plus récemment par M. Joannis. Nous en avons encore un certain nombre péché dans le Nil blanc par M. Darnaud. Parmi les exemplaires rapportés par M. Joannis, il en est un qui me paraît sensiblement plus court et plus trapu que les autres, car sa hauteur n'est que quatre fois et deux tiers dans la longueur totale, et, malgré cela, en ayant examiné toutes les autres parties dans le plus grand détail, je n'ai pu y trouver aucune différence spécifique. Cet exemplaire offre cependant de l'intérêt, parce qu'il m'a servi à reconnaître l'identité spécifique des exemplaires du Nil et de ceux péchés dans le Sénégal, et qui nous ont été envoyés par MM. Leprieur et Jubelin. Il faut cependant que je fasse remarquer que tous les exemplaires du Sénégal ne sont pas raccourcis. M. Heudelot en a trouvé qui sont aussi allongés que ceux du Nil. Il résulte donc de cette comparaison la preuve que l'Hydrocyon du Nil existe aussi dans le Sénégal.

Ce poisson est bon à manger, mais très-plein d'arêtes. Les Nègres racontent que l'Hydrocyn, envoyé par ses frères en mission dans un pays fort éloigné, fut chargé d'un grand nombre de commissions, pour lesquelles chacun lui donna une arête, afin qu'il pût se les rappeler; mais il fut fait prisonnier en chemin, et alors toutes les arêtes lui restèrent. Cette singulière légende nous a été transmise par M. Jubelin, gouverneur du Sénégal, qui nous a envoyé le poisson sous le nom de *Ghierr.*

Ce poisson est mentionné dans le *Fauna arabica,* sous le nom de *Salmo Roschal.* Forskal s'est trompé en le prenant pour le *Salmo dentex* d'Hasselquist. M. Geoffroy, en rétablissant la synonymie de cette espèce, l'a décrite dans l'ouvrage d'Égypte sous le nom de *Characin Roschal,* suivant, dans cette nomenclature, celle de M. de Lacépède. Il a cru pouvoir lui appliquer le nom de *Phager* ou de *Vorace,* à cause de ce passage remarquable de S. Clément d'Alexandrie, qui dit que le Phager, si remarquable par sa voracité et sa nageoire ensanglantée, est des premiers à descendre de la Nubie avec les grandes eaux du fleuve. Le lobe inférieur de sa caudale est, en effet, d'un assez beau rouge, et ses dents justifient très-bien les habitudes de voracité attribuées à ce poisson. Mais je trouverais plutôt en lui le *Citharus* d'Athénée et d'Aristote; car c'est le seul de ces poissons du Nil auquel on puisse donner l'épithète de Χαρκαροδος. Je ne présente cependant ce rapprochement qu'avec beaucoup de doute; il est certain que le nom de *Citharus* s'appliquait aussi à une de nos espèces des Pleuronectes, voisine des Soles.

J'ai examiné avec beaucoup de soin les différents poissons rapportés du Nil par M. Joannis, et que nous conservons dans le Muséum national. Je n'ai rien trouvé parmi eux qui ressemblât à son *Characinus besse.*

B. *Du genre* CYNOPOTAME (*Cynopotamus,* nob.)

Les Cynopotames se distinguent des Hydrocyons par leurs dents aiguës aux mâchoires implantées sur deux rangs aux intermaxillaires. Les palatins sont lisses, comme dans les Hydrocyons.

Ce genre que j'établis aujourd'hui comprend un petit nombre d'espèces, dont deux avaient été rapportées par M. d'Orbigny et indiquées déjà par moi sous le nom d'*Hydrocyon argenteus* et d'*H. humeralis;* la troisième vient de l'Amazone, et est une des nouvelles espèces que nous devons aux recherches de M. de Castelnau.

J'ai déjà indiqué, dans l'Ichthyologie de M. d'Orbigny, les deux premières espèces de ce genre, en les plaçant parmi les Hydrocyons de M. Cuvier.

Le CYNOPOTAME ARGENTÉ.

(*Cynopotamus argenteus*, nob.)

La première, mon Cynopotame argenté,

a le corps trapu et élevé. La hauteur, mesurée à la dorsale, est contenue trois fois dans la longueur totale, en n'y comprenant pas la caudale. Le profil est beaucoup moins régulier que celui des espèces du genre précédent. En effet, nous le voyons concave depuis le bout du museau jusqu'au delà des yeux; il se relève le long de la crête interpariétale, où il devient tout à fait convexe; puis il monte en ligne droite jusqu'à la dorsale, qui est insérée obliquement sur le dos; mais, au delà, le profil redevient convexe, et fait quelques ondulations jusqu'à la caudale. Le dessous suit une courbe plus simple, dont la plus grande saillie répond à l'anus. La tête est comprise quatre fois et quelque chose dans la longueur totale. L'extrémité du museau est formée par deux intermaxillaires assez courts, qui portent chacun deux rangées de dents; une, externe et composée de dents coniques, mais très-courtes; puis, en dedans, il y a une rangée de quatre grosses dents canines, écartées dans les deux premières, et les deux dernières sont les plus grandes, encore les antérieures dépassent-elles les autres. Le maxillaire, qui est tout à fait nu, libre, et placé sur les côtés de la bouche, comme celui d'une truite, est bordé d'un rang de très-petites dents coniques. La mâchoire inférieure a des lèvres libres, assez épaisses. Elle porte à l'extrémité huit canines, dont la troisième, très-aiguë, est la plus longue. La quatrième répond à la dernière de l'intermaxillaire. En dedans et sur un second rang il y a une série de très-petites dents coniques. Le palais est tout à fait lisse et sans aucune dent ni granulation. L'œil est assez grand; son diamètre est à peu près du quart de la longueur de la tête. Le premier sous-orbitaire est étroit, et n'atteint pas à l'extrémité du maxillaire. Le second et le troisième sont assez larges; mais, cependant, ils ne couvrent pas toute la joue. Les deux autres sous-orbitaires sont très-petits. Le limbe du préopercule est étroit. Son angle est tout à fait arrondi. Le bord inférieur descend jusque sous la gorge, parce que la branche de la mâchoire est large et arquée. Ces deux arcs se touchent sous la gorge, et cachent toute la membrane branchiostège. L'opercule est étroit; le sous-opercule et l'interopercule le sont encore plus. Les ouïes sont très-largement fendues; la membrane a cinq rayons. Le cinquième est un petit osselet perdu dans les chairs, qui ne m'a pas paru s'attacher comme les autres rayons branchiostèges à la grande corne hyoïdienne. L'extrémité de la pectorale dépasse un peu l'aisselle de la ventrale. La dorsale répond à peu près au milieu du corps; elle est courte, mais haute et pointue de l'avant. L'anale est longue et basse; la caudale est fourchue.

B. 5; D. 12; A. 53; C. 27; P. 15; V. 8.

Le corps est couvert de petites écailles, au nombre de cent vingt, le long de la ligne latérale. La couleur est un argenté brillant, devenant plombé sur le dos. La dorsale est jaune, largement bordée de noir.

J'ai donné une figure de ce poisson dans l'Ichthyologie

du Voyage de M. d'Orbigny[1]. L'exemplaire est long de huit pouces et demi; il a été rapporté de Buénos-Ayres par M. d'Orbigny. Ce zélé voyageur a rencontré ces individus sur le marché de cette ville au mois de septembre: c'est l'époque de son arrivée dans les eaux de la Plata; elle reste aux environs de Buénos-Ayres jusqu'en janvier; elle remonte le fleuve dans les autres saisons. Les pêcheurs la confondent avec l'espèce suivante sous le nom de *Dentudo*.

Le Cynopotame a tache sur l'épaule.

(*Cynopotamus humeralis*, nob.)

La seconde espèce, qui est également due aux recherches de M. d'Orbigny, ressemble tellement par les couleurs au *Xiphorhynchus hepsetus*, qu'il faut y regarder avec soin pour ne pas confondre deux poissons, non-seulement d'espèces distinctes, mais encore de genres différents.

Ce Cynopotame a le corps moins élevé que le précédent; la nuque moins concave et la courbe du dos un peu plus régulière. L'anale est longue, mais plus droite. Je trouve les mêmes dents aux intermaxillaires et aux maxillaires. L'œil est un peu moins grand. Le premier sous-orbitaire est très-étroit; le second et le troisième sont plus larges. La pectorale atteint au tiers de la longueur de la ventrale; la dorsale est haute et pointue; la caudale est fourchue.

D. 11; A. 44.

Les écailles sont à peu près semblables à celles de l'autre espèce; il y en a cent quinze rangées le long des flancs. M. d'Orbigny a

1. Val. *apud* d'Orbigny, Poissons, pl. 9, fig. 1.

donné à son poisson une couleur plombée sur le dos, un peu plus
claire au-dessous de la bandelette argentée qui va du surscapulaire
au milieu de la queue. Il y a une tache noire humérale et une
bandelette noire qui commence par un trait fin sous l'adipeuse,
et se termine sur la caudale en embrassant l'espace de deux ou
trois rayons. Cette nageoire, ainsi que la dorsale, est jaunâtre.

L'exemplaire déposé par M. d'Orbigny dans les collections du Muséum est long de six pouces.

Ce Dentudo, du marché de Buénos-Ayres, se pêche
dans les mêmes circonstances que le précédent : il est plus
commun.

Le Cynopotame bossu.

(*Cynopotamus gibbosus*, nob.)

Les eaux douces de Surinam nourrissent un troisième
Cynopotame, que l'on confondrait avec l'*Epicyrtus gibbosus*, aussi facilement que le *Cynopotamus humeralis*
peut être confondu avec le *Xiphorhynchus hepsetus*.

Cette espèce est remarquable par l'élévation et la convexité de
son dos. Le profil, concave jusqu'au delà de l'œil, remonte le
long de la crête interpariétale, pour se porter jusqu'à la dorsale
par une courbe convexe. Il s'infléchit un peu sous la nageoire;
puis, il se rend en ligne droite jusqu'à la fin de la queue. Celui
du ventre est légèrement convexe, depuis l'extrémité du museau
jusqu'aux ventrales. Il remonte au delà en ligne droite tout le long
de l'anale jusqu'à la queue, dont la hauteur n'est que le quart de
celle du tronc, mesurée au-devant de l'anale; celle-ci est près de
trois fois dans la longueur totale. Le museau est court, obtus, à
cause de l'extrême brièveté des intermaxillaires, qui ont leurs deux
rangées de dents; mais celles du bord sont si petites qu'il faut y
regarder avec le plus grand soin pour ne pas les oublier. Il n'y a

que deux courtes canines sur les maxillaires; l'une en avant; l'autre près de l'extrémité postérieure; les autres sont d'une extrême petitesse. J'en dis autant des canines ou des autres dents de la mâchoire inférieure. Le diamètre de l'œil fait, à peu de chose près, le tiers de la longueur de la tête, et il n'y a pas tout à fait un diamètre entre lui et l'extrémité du museau. Le premier sous-orbitaire est très-étroit, ne descend pas aussi bas que le maxillaire, qui reste entièrement à nu; les autres sous-orbitaires sont plus larges, mais ne couvrent pas le bas de la joue. La dorsale est sur la première moitié de la longueur du corps; l'anale est longue et basse; la caudale est fourchue, et ses lobes sont très-pointus; les ventrales, reportés en avant, répondent à la moitié de la longueur des pectorales.

D. 11; A. 54.

Nous ne voyons que soixante-cinq écailles le long des flancs; cela dépend de la brièveté du corps; car elles ne sont pas proportionnellement plus grandes que celles des espèces précédentes, qui, cependant, en ont le double. La couleur, plus ou moins argentée, est relevée par une bandelette brillante tracée le long des flancs; sur elle et au-dessus de la ventrale il y a une tache noire, et une autre sur l'extrémité de la queue.

Nos exemplaires varient de quatre à six pouces. Nous en avons reçu un grand nombre de la Mana par M. Leschenault, de l'Esséquibo par M. Schomburgk, et tout récemment M. de Castelnau en a rapporté de l'Amazone.

C. *Des* CYNODONS.

Nous avons déjà dit qu'on doit à Spix l'établissement de ce genre. Nous possédons de très-beaux exemplaires des trois espèces décrites dans les auteurs; elles ont toutes les trois, et sans aucun doute, des dents grenues aux palatins. Il faut joindre à cela, pour compléter le caractère du genre, que l'intermaxillaire et le maxillaire sont armés, ainsi que la mâchoire inférieure, de dents coniques et pointues sur un seul rang, entre lesquelles on voit saillir d'énormes canines; celles qui sont auprès de la symphyse sont beaucoup plus grandes que les autres; elles sont comprimées et arquées, et reçues dans des fossettes correspondantes, creusées sur la voûte du palais. Les Cynodons ont la région thoracique très-comprimée; l'abdomen l'est souvent; l'anale est très-longue, couverte d'écailles; les pectorales pointues et couchées le long du corps, s'abaissent à angle droit lorsqu'elles s'écartent.

Ces poissons sont remarquables par la grandeur de leur estomac. Ils doivent être très-carnassiers. La première espèce de ce genre est celle qui a été décrite par M. Cuvier sous le nom de *Hydrocyon scombéroïde*. Nous allons entrer dans de nouveaux détails descriptifs sur cette espèce.

Le CYNODON SCOMBÉROÏDE.

(*Cynodon scomberoides*, Agassiz.)

Nous avons encore dans la collection du Muséum l'exemplaire desséché, d'après lequel M. Cuvier a décrit et figuré son *Hydrocyon scomberoides*. Comme nous en avons d'autres bien conservés dans l'alcool, nous commencerons par décrire cette première espèce avec détail.

Ce Cynodon a le corps allongé et comprimé; le dos est arrondi; le ventre est tranchant, sans être dentelé; les écailles de la carène abdominale se déplacent, et peuvent alors faire croire à un observateur inattentif que le ventre offre ce caractère. La hauteur est le quart de la longueur totale, et l'épaisseur le tiers de la hauteur. La tête paraît assez grosse à cause du grand développement des mâchoires; mais si on la mesurait du bout du museau à l'insertion des muscles cervicaux, on devrait dire qu'elle est courte et petite; car cette distance ne fait que la moitié de la longueur, prise jusqu'au bord de l'opercule. Mesurée dans sa plus grande dimension, elle est contenue quatre fois et trois quarts dans la longueur totale. La fente de la gueule est si grande qu'elle égale les quatre cinquièmes ou même les cinq sixièmes de la longueur de la tête; mais cette fente descend si obliquement qu'elle laisse encore derrière elle un espace assez grand pour la joue. Cette bouche est terminée par de très-courts intermaxillaires qui n'ont guères que le quart de la longueur du maxillaire. Ces os, peu mobiles, ont à chaque extrémité deux forts crochets. Les maxillaires qui bordent le reste de la bouche sont peu mobiles, ils ont, en avant, deux canines fortes, plus courtes que les précédentes; tout le bord est hérissé de petites dents en herse, placées irrégulièrement. La mâchoire inférieure qui se place, quand la bouche est fermée, au-devant de la supérieure, sans la dépasser, peut s'abaisser beaucoup. Ses branches sont larges et courbées, et elles sont armées de très-fortes dents; car les secondes, qui sont les plus longues, ont jusqu'à onze lignes de longueur dans un individu de dix-sept pouces, et quinze lignes dans un individu de vingt-deux pouces. Ces deux grosses canines, placées près de la symphyse, ont à leur base et au-devant d'elles une petite dent pointue. Le long des branches de la mâchoire il y a vingt-quatre ou vingt-cinq dents de grosseur inégale; la sixième est la plus longue après les deux grands crochets; puis, la onzième et la quatorzième dépassent leurs voisines; mais on conçoit qu'à cause de la succession et du remplacement des dents, la position numérique de ces crochets puisse varier. Ainsi, dans un autre exemplaire c'est la huitième et la douzième dent qui sont les plus longues toujours après les grands crochets. Les deux grandes dents de la mâchoire inférieure sont reçues, quand la bouche est fermée, dans deux fossettes creusées dans les intermaxillaires et au-devant du voile palatin. Il y a ensuite, dans l'épaisseur de ce voile et dans la rainure que laissent entre eux les palatins et les maxillaires, des fossettes qui reçoivent les dents de la mâchoire inférieure. Les canines de la mâchoire supérieure font saillie en dehors des branches de la mâchoire. La gueule de ce poisson s'ouvre considérablement, malgré le peu de mouvement des os de la mâchoire supérieure, à cause de la grande mobilité que la nature a laissée à toute l'arcade ptérygo-palatine, en même temps que le mouvement de bascule de la mâchoire inférieure est considérable. C'est le même mécanisme que nous avons déjà vu dans beaucoup de Clupées, dans les Chirocentres et dans d'autres espèces de diverses familles, dont on pourrait dire que les Cynodons sont les représentants dans la famille des Salmonoïdes. Les palatins et les ptérygoïdiens, dont je viens de signaler la grande mobilité, constituent deux larges surfaces osseuses, rapprochées en ogive sous un angle très-aigu, et hérissées de très-fines aspérités. Le bord externe et antérieur du palatin forme, sous le voile, un bourrelet charnu, lisse. La langue est libre, très-pointue. Les râtelures des branchies sont de fines aspérités qui prennent plus de longueur et de force sur les pharyngiens.

J'ai commencé par décrire la gueule de ce poisson parce que c'est évidemment la partie la plus remarquable, à cause de sa largeur et de son armure. Si nous examinons maintenant les autres parties, nous voyons un œil assez grand, qui n'est pas tout à fait éloigné du bout du museau d'une fois son diamètre, lequel est le quart de la longueur de la tête. Il a au-dessous de lui un très-grand sous-orbitaire, composé de cinq pièces; la première est trois fois plus haute que large au-dessous de l'œil, et elle ne remonte au-devant de l'œil pas tout à fait jusqu'à l'intermaxillaire, sans en rester cependant très-éloignée. Cette lame, mince et haute, cache presque tout le maxillaire. Le second sous-orbitaire, irrégulièrement triangulaire, descend presque aussi bas que le premier, a son bord postérieur arqué, et s'appuie sur tout le limbe, excepté vers le bas; le troisième sous-orbitaire est un trapèze irrégulier, qui remonte jusqu'au haut de l'articulation de l'opercule; le quatrième est petit, au-dessus de l'œil; mais le cinquième, un peu plus grand, est placé sur les côtés de la nuque. Tous ces os minces sont irrégulièrement et parfois profondément striés. Ce sous-orbitaire cuirasse entièrement la joue; il n'y a qu'un très-petit espace nu, au-dessus de la très-courte portion horizontale du préopercule. Aussi, l'interopercule est-il redressé presque verticalement; il reçoit, comme à l'ordinaire, le sous-opercule, qui est arqué et qui élargit la portion inférieure de l'opercule, lequel est trois fois plus haut au moins que large. Les ouïes sont très-largement fendues. La membrane est soutenue par cinq rayons. La ceinture humérale est assez forte; elle se compose d'un assez grand surscapulaire, d'un petit scapulaire et d'un huméral qui ne descend pas, à beaucoup près, aussi bas que l'extrémité du maxillaire. Au-dessous de l'ouïe est articulée très-obliquement la pectorale, qui, dans ses mouvements, s'abaisse horizontalement lorsqu'elle s'écarte du corps, ainsi que cela a lieu dans tous les poissons à ventre tranchant. C'est, d'ailleurs, une nageoire triangulaire, à rayons forts et larges, et qui atteint à l'insertion de la ventrale, laquelle est attachée aux deux cinquièmes de la longueur du corps; cette seconde nageoire paire est courte, et occupe à peu près la moitié de la distance entre son aisselle et l'origine de l'anale; celle-ci est basse, égale au cinquième de la longueur du corps. Sa base est couverte d'écailles; cependant, les premiers rayons sont encore assez libres. La dorsale est pointue, courte et répond à peu près à l'extrémité des ventrales. La caudale a ses lobes larges, courts, irréguliers, sans être fourchus. Les rayons mitoyens dépassent un peu les autres.

B. 5; D. 12; A. 35; C. 29; P. 17; V. 9.

Les écailles sont beaucoup plus petites sur le dos que sur le ventre, et celles de la ligne latérale sont plus grandes et un peu autrement faites. J'en compte deux cents entre l'ouïe et la caudale. La couleur me paraît avoir été verdâtre sur tout le corps, s'éclaircissant vers les parties inférieures, où elles deviennent glacées d'argent. La caudale et l'anale, d'un jaune citron, sont bordées de noir; les autres nageoires sont colorées comme le tronc. Nous pouvons juger de ces couleurs par l'examen d'un très-beau dessin fait sur le poisson frais que M. Schomburgk a bien voulu nous communiquer. L'ossature de l'épaule est également noire derrière l'opercule.

Outre l'exemplaire de M. Cuvier, nous possédons dans nos collections nationales deux individus conservés dans l'alcool, longs de dix-sept pouces; ils viennent de l'Esséquibo, et faisaient partie du très-beau présent que le Muséum a reçu de M. Schomburgk.

M. de Castelnau a rapporté de l'Amazone le plus grand exemplaire, et nous en avons un autre du même fleuve, que le Muséum doit à M. Montravel, officier supérieur de la marine.

Le Cynodon renard.

(*Cynodon vulpinus*, Agassiz.)

La seconde espèce, figurée par Spix sous le nom que nous lui conservons, a été décrite avec soin par Agassiz; il faut cependant lui reprocher de n'avoir pas indiqué les scabrosités des palatins.

Cette espèce diffère de la précédente

par un corps beaucoup plus allongé. Le dos est droit et arrondi, assez épais; mais le corps s'amincit de manière à devenir tranchant sous le ventre. Le profil inférieur descend assez rapidement jusque sous la région pectorale, où il prend une courbe d'autant plus convexe que la ligne remonte très-rapidement pour suivre une direction presque parallèle à celle du dos jusqu'à l'anale, d'où il remonte faiblement pour atteindre la queue; il en résulte que la hauteur, mesurée sous les pectorales, est à peu près du cinquième de la longueur totale, tandis qu'elle n'est que le sixième si on la mesure aux ventrales. La hauteur de la queue fait le tiers de la hauteur prise à ce dernier endroit. Cette espèce a la gueule tout aussi fendue que la précédente; mais la mâchoire inférieure dépasse la supérieure quand la bouche est fermée, et les deux canines médianes des intermaxillaires sont reçues dans une petite fossette creusée dans l'épaisseur de la symphyse; cela change, par conséquent, tout à fait le facies du poisson. Les intermaxillaires sont assez longs; ils sont contenus deux fois et demie dans la longueur du maxillaire; ils ont à chaque extrémité une canine moins longue que celle de l'espèce précédente. Les dents du maxillaire sont toutes plus petites; on ne peut même pas dire que cet os ait un crochet saillant. Les dents de la mâchoire inférieure sont également plus petites; les canines de la symphyse sont plus droites; elles sont, ainsi que les autres dents, reçues dans des fossettes, comme cela a lieu chez d'autres espèces. L'arcade ptérygo-palatine est aussi mobile que celle de l'espèce précédente. Les palatins et les ptérygoïdiens sont également couverts de très-fines et très-nombreuses granulations. L'œil est en partie caché sous une adipeuse très-épaisse; son diamètre n'est pas tout à fait du quart de la longueur de la tête; le premier sous-orbitaire est large, beaucoup moins haut que celui de l'autre espèce; sa hauteur n'est pas, sous l'œil, une fois et demie sa largeur; le second est fort étroit; c'est une simple languette osseuse; le troisième a le bord postérieur très-arqué et couvre presque tout le haut de la tempe. Nous retrouvons au-dessus deux petits sous-orbitaires. Le bord du préopercule descend obliquement en arrière. Arrivé à la hauteur de l'angle de la bouche, il touche à l'articulation de la mâchoire inférieure. Il forme donc un angle presque droit, et laisse entre son bord et les sous-orbitaires un large espace triangulaire, nu, qui paraît d'autant plus grand que le limbe est lisse et perdu sous la peau de la joue. Le sous-opercule est étroit et remonte obliquement en suivant le bord du préopercule; l'opercule a le bord arqué; il n'est pas très-élevé; il porte en dessous, un assez large sous-opercule, et toute cette portion se trouve agrandie par un rebord membraneux, épais et étendu. La paupière adipeuse, sur les sous-orbitaires supérieurs, s'avance aussi sur l'opercule, et en se confondant avec la peau mince et lisse de toute la région temporale. Les ouïes sont très-largement fendues. La membrane est presque entièrement cachée entre les branches de la mâchoire; c'est derrière l'interopercule qu'on voit seulement le cinquième rayon, qui est large et argenté, et sur lequel il ne serait pas difficile de se méprendre à cause de sa grandeur. Le surscapulaire et le scapulaire sont courts et presque entièrement perdus dans l'épaisseur de la peau. Ils sont dirigés très-obliquement et restent au-dessus de la fente de l'ouïe. L'huméral est plus libre; il descend d'abord presque verticalement, et à l'angle de l'opercule il se courbe pour se porter en avant; il est dépassé par une très-large ceinture osseuse, constituée par le cubital et le radial. Ces os, creusés en gouttière, donnent attache à des muscles épais qui viennent former, sous la gorge, la carène thorachique, et font mouvoir une longue pectorale, composée de rayons larges, dont les premiers sont plus allongés que le corps n'est haut à cet endroit; d'où il résulte que la nageoire est très-pointue. Les ventrales sont excessivement petites, rejetées en arrière, à peu près à une distance égale à la longueur de la nageoire pectorale. L'anale commence un peu en avant du dernier tiers du corps; elle est basse, tous ses rayons sont presque en entier cachés par les écailles serrées qui la recouvrent; elle occupe, sous la queue, un espace un peu plus grand que le quart de la longueur totale. La dorsale est petite et commence un peu en arrière des premiers rayons de l'anale. La caudale est peu développée; ses rayons mitoyens dépassent le bord arrondi des deux lobes. Cette nageoire est écailleuse; mais elle ne me paraît pas l'être autant que la figure de Spix le ferait croire.

B. 5; D. 12; A. 48; P. 17; V. 8.

Il n'y a pas beaucoup de différence entre la grandeur des écailles du dos et du ventre; mais les écailles de la ligne latérale sont sensiblement plus grandes et au nombre de deux cent cinquante. La couleur est un jaune verdâtre, glacé d'argent.

Nous avons pu faire la description de ce poisson d'après un superbe individu long de vingt et un pouces, rapporté de l'Amazone par M. de Castelnau. C'est une des plus belles espèces que nous a procurées ce courageux voyageur.

Une belle figure de ce poisson a été donnée par Spix sous le nom de *Cynodon vulpinus*.[1] Agassiz, qui l'a décrit avec soin sous le nom de *Raphiodon vulpinus*, avait un exemplaire, long d'un pied, en assez mauvais état, et conservé dans le musée de Munich.

Le CYNODON BOSSU.

(*Cynodon gibbus*, Agassiz.)

Notre troisième espèce de Cynodon est celle que Spix a figurée sous le nom de *Cynodon gibbus*, et dont Agassiz a donné la description sous celui de *Raphiodon gibbus*[2]. Ce poisson

est beaucoup plus trapu que le précédent; mais il ne manque pas cependant d'une certaine affinité avec lui; il semblerait un intermédiaire entre les deux espèces. C'est aussi à la région humérale que l'on peut mesurer la plus grande hauteur du tronc, laquelle est du quart de la longueur totale. Le profil, un peu concave au-dessus des yeux, se relève sur le dos; puis il conserve une direction rectiligne jusqu'à la queue. La mâchoire inférieure, un peu plus courte que la supérieure, fait cependant une saillie à l'extrémité du museau, à cause de la convexité des branches. Cette courbure se continue régulièrement jusqu'aux ventrales, où la carène tranchante de l'abdomen devient concave, de sorte que la hauteur, prise à cet endroit, n'est plus que le cinquième de la longueur totale. La queue est étroite; car la hauteur ne fait pas le tiers de celle prise à l'anus. Les dents de l'intermaxillaire sont comme celles des deux espèces précédentes; mais celles du maxillaire tiennent davantage, par leur inégalité, du *Cynodon scomberoides*; elles en diffè-

---

1. Spix, *Pisc. Brasil.*, p. 76, tab. 26.
2. Spix et Agassiz, *Pisc. Bras.*, p. 77, tab. 26.

rent, cependant, parce qu'elles sont plus grêles, plus égales et moins longues. A la mâchoire inférieure je vois deux petites dents mitoyennes; la cinquième est la plus longue de toutes. Les autres dents sont alternativement, mais à des distances inégales, longues et grêles, sans l'être autant que la cinquième. Les os palatins sont couverts de très-fines scabrosités grenues. L'œil est assez grand; il est en partie caché par une adipeuse qui n'est pas, à beaucoup près, aussi étendue que dans l'espèce précédente. Le premier sous-orbitaire n'atteint pas l'extrémité du maxillaire; le second est court et coupé carrément; il est à peu près égal au troisième, d'où il suit que ces deux osselets laissent au-dessous d'eux un large espace nu. Le bord du préopercule est arrondi comme celui de la première espèce; aussi l'interopercule et le sous-opercule lui ressemblent-ils assez bien; mais le préopercule a le bord plus arrondi, tout en étant presque aussi haut que celui du *C. scomberoides*. L'huméral est court comme celui de notre seconde espèce; mais la ceinture, soutenue par le radial et le cubital, n'est pas aussi convexe. Aussi, le tronc de cette espèce doit sa hauteur à la convexité de la nuque. La pectorale est assez longue, et sa pointe dépasse l'extrémité des ventrales, lesquelles sont petites. L'anale occupe sous la queue une longueur au moins égale aux deux cinquièmes de celle du corps. Son premier rayon répond à la moitié de la longueur, en n'y comprenant pas la caudale. La dorsale s'élève très-peu au delà; elle est fort petite. La caudale est faiblement échancrée ou bilobée, et les rayons mitoyens se prolongent un peu en courts filaments.

B. 5; D. 12; A. 82; P. 17; V. 8.

Les écailles sont petites; il n'y en a que cent vingt rangées le long de la ligne latérale, à cause de la brièveté du corps. L'anale est moins écailleuse que dans les espèces précédentes, et la caudale ne l'est pas. La couleur diffère peu de celle de l'espèce précédente : c'est un vert plus ou moins doré, éclairci sous le ventre. Une large tache noire, ronde, colore la peau derrière le scapulaire.

Nos collections ont reçu un bel exemplaire long de neuf pouces, rapporté de l'Amazone par M. de Castelnau.

D. *Des* XIPHORHYNQUES (*Xiphorhynchus*).

Ce genre a été établi par Agassiz. Il diffère des Cynodons par la rangée unique de dents aiguës que portent les palatins. La forme générale de la tête rappelle tout à fait celle de mes Cynopotames; mais les Xiphorhynques en diffèrent non-seulement par leurs dents palatines, mais parce que celles des mâchoires sont sur un seul rang. Ces poissons carnassiers ont des viscères très-semblables à ceux des Cynodons. M. Muller et moi nous leur avons compté douze cœcums au pylore, et une seule circonvolution à l'intestin.

Nous trouvons des espèces de ce genre dans les deux hémisphères. L'une des espèces américaines a été connue par Bloch; c'est son *Salmo falcatus*. M. Cuvier a fait connaître la seconde sous le nom d'*Hydrocyon falcirostris*. MM. Quoy et Gaimard ont donné le *X. hepsetus*. M. Muller y a ajouté le *X. microlepis*.

Le Sénégal nourrit l'espèce de l'ancien monde, décrite et figurée par Bloch sous le nom de *Salmo Odöe*. Voici les descriptions de ces espèces.

Le XIPHORHYNQUE FAUCILLE.

(*Xiphorhynchus falcatus*, Ag.)

Le premier Xiphorhynque américain a été connu de Bloch, mais il n'était pas inscrit dans le *Systema naturæ*, lorsque l'ichthyologiste de Berlin le publia.

Ce poisson a le corps allongé. La hauteur cinq fois et demie dans la longueur totale. La tête, beaucoup plus longue que le corps n'est élevé, mesure le quart de la longueur. La mâchoire supérieure dépasse de beaucoup l'inférieure; car les dents qui sont à l'extrémité du museau ne touchent même pas à la symphyse, lorsque la bouche est fermée. L'œil est au milieu de la longueur, et le cercle de l'orbite touche à la ligne du profil, qui est droite, légèrement soutenue sur l'origine des muscles cervicaux. Il y a six osselets sous-orbitaires. Le premier, étroit, mais haut, ne s'appuie sur le cercle de l'orbite que par un très-petit côté; il couvre presque en entier le maxillaire. Le second est une lame triangulaire, non moins étroite, dont la base cerne l'œil, et dont le sommet descend presque aussi bas que le premier sous-orbitaire. Le troisième est trapézoïdal; son bord postérieur, arqué, ne descend pas jusqu'au limbe, et laisse, par conséquent, un petit espace nu au bas de la joue; le quatrième est presque triangulaire. Le bord postérieur couvre l'articulation du préopercule; il continue l'arc de la pièce antérieure. Le cinquième est également un triangle, dont la base forme la portion postérieure du cercle de l'orbite, et dont l'angle va vers le mastoïdien; enfin, il y a un sixième petit osselet, qui pourrait être facilement confondu avec le sourcilier, lequel est étroit, mobile et strié. Ces lames minces et striées cuirassent presque complétement la joue. Le limbe du préopercule est étroit, un peu cannelé; le bord est complétement arrondi; l'opercule est haut et se prolonge, vers le bas, en un angle assez aigu. Le sous-opercule et l'interopercule sont petits et à peu près égaux. La bouche est très-largement fendue, car la longueur de l'ouverture égale à peu près la moitié de celle de la tête; cela est dû surtout à la saillie du museau, formée par des intermaxillaires, dont la longueur est égale au tiers de l'espace compris entre le bout du museau et le bord du préopercule; ces os sont à peu près droits, très-peu mobiles. A leur extrémité postérieure s'articule un maxillaire également étroit, deux fois plus long que l'intermaxillaire, il est courbé sur lui-même et il descend assez bas au-dessous de l'œil. Je compte douze dents coniques à l'intermaxillaire; les deux premières sont en crochets

courbés et très-aigus; elles dépassent de beaucoup les neuf suivantes;
la onzième est une canine droite et plus forte que la première; elle
est suivie d'une très-petite. Le maxillaire a trente-trois dents; la
première est une longue canine un peu plus courte cependant que
l'avant-dernière de l'intermaxillaire; puis, il en vient deux petites;
ensuite, une très-longue, qui répond à la narine; puis, une petite,
et enfin, une série de très-fines dentelures. La mâchoire inférieure a
d'abord deux petites dents mitoyennes; puis vient un long crochet;
ensuite trois dents coniques, et deux autres petites, placées un peu
en dedans. Après un intervalle, destiné à recevoir le dernier crochet
de l'intermaxillaire, revient une dent pointue, assez haute; plus
loin, une dent conique plus longue, qui se place au-devant de la
troisième grosse dent du maxillaire. Vient ensuite, à une distance
égale à la première, un long crochet, plus court cependant que
le précédent. Il y a, après ces canines, une rangée de quinze ou
seize petites dents coniques et serrées. Les palatins portent une
rangée de petites dents coniques, toutes égales et serrées les unes
contre les autres. Le premier rayon de la dorsale s'élève à la moitié
de la longueur totale; par conséquent, la nageoire est reculée sur
le dos du poisson; car le lobe de la caudale mesure à peu près le
cinquième de la longueur. La nageoire du dos est deux fois aussi
haute que longue. L'adipeuse est petite et répond au dernier rayon
de l'anale; celle-ci est falciforme; les premiers rayons, cependant,
ne font qu'un lobe égal en hauteur aux deux tiers de la nageoire.
Les pectorales sont pointues.

B. 4; D. 11; A. 30; P. 17; V. 8.

Les écailles sont petites; il y en a environ cent vingt rangées
de chaque côté du corps. La couleur est un verdâtre argenté, assez
uniforme, avec une large tache noire placée derrière le surscapulaire,
et une autre sur l'extrémité du corps, entre les deux lobes de la
caudale.

J'ai sous les yeux trois exemplaires de cette espèce; le
plus grand a sept pouces de long. Ils sont originaires de

la Guyane; l'un vient de Surinam par Le Vaillant, les autres de la Mana, par MM. Leschenault et Doumerc. C'est de toutes les espèces celle qui me paraît ressembler le plus au *Salmo falcatus* de Bloch, qu'il avait reçu de Surinam par M. de Fréderici. Cependant Bloch ne lui donne que vingt-six rayons à l'anale. Il faut avouer que si nous avons sous les yeux le poisson de Bloch, sa figure est fort incorrecte. Il a mal compté les rayons de la membrane branchiostège, car il n'y en a que quatre dans tous mes individus. Je ne sais si M. Müller a établi le *Xiphoramphus falcatus* de sa Monographie sur l'examen du poisson de Bloch. Il lui donne bien trente rayons à l'anale, mais il ne compte qu'environ quatre-vingts rangées d'écailles le long de la ligne latérale. Je retrouve ce nombre sur un de mes exemplaires, tandis que je le vois se porter à cent sur trois autres. Il m'est par conséquent tout à fait impossible de douter que dans cette espèce le nombre des écailles n'offre des variations qui rentrent dans les limites observées chez un grand nombre d'autres poissons.

Le XIPHORHYNQUE FALCIROSTRE.

(*Xiphorhynchus falcirostris*, nob.)

Nous conservons encore, dans les collections du Muséum d'histoire naturelle, l'exemplaire qui a servi à M. Cuvier, et qu'il a figuré dans les Annales du Muséum, pl. 27, fig. 3.

C'est une espèce extrêmement voisine de la précédente. Le poisson a cependant

les intermaxillaires proportionnellement un peu plus longs; ce qui lui rend le museau plus avancé et plus arqué. L'angle de l'opercule est beaucoup moins aigu; l'interopercule est plus petit, et le sous-opercule beaucoup plus grand. Les écailles sont évidemment plus petites; car j'en compte deux cents rangées de chaque côté. La dorsale est un peu plus reculée; les lobes de la caudale sont moins pointus.

B. 4; D. 11; A. 30; P. 17; V. 8.

On retrouve bien encore la tache de l'extrémité de la queue; mais je n'en vois pas sur le haut de l'épaule.

Notre exemplaire a près de dix-sept pouces de long.

Le Xiphorhynque aux petites écailles.

(*Xiphorhynchus microlepis*, Muller.)

Je n'ai qu'un exemplaire en assez mauvais état d'un Xiphorhynque rapporté de la Guyane par M. Schomburgk. Ce poisson ressemble au *Salmo falcatus* par tous les autres caractères, et même par la grandeur de ses écailles, puisqu'il y en a cent rangées le long des flancs, comme nous l'avons trouvé dans la première de nos espèces. Il s'en distingue

par la petitesse des dents antérieures; par l'égalité des trois grosses canines de l'intermaxillaire ou du maxillaire, et parce que les autres dents maxillaires sont plus longues et beaucoup moins nombreuses. Il a aussi le troisième sous-orbitaire un peu plus étroit. Les couleurs dont on peut juger par le dessin de M. Schomburgk sont différentes; il lui représente le dessus de la tête et le dos verts; les flancs sont un peu plus bleuâtres; le dessous du corps est argenté; la dorsale, orangée, est bordée de vert; la caudale a le centre de la même couleur que la nageoire précédente; mais le bord et la pointe des deux lobes sont bleus. On retrouve cette couleur sur tout le bord de l'anale, dont la base est rosée. Les nageoires paires sont vertes; il n'y a pas de tache humérale; celle de la queue est très-marquée; il faut observer que, dans la description, on a désigné comme bleu brillant les nageoires peintes en vert.

Cette espèce est donc intermédiaire entre les deux précédentes. M. Schomburgk l'a trouvée dans le Rio Negro, le Rio Branco et l'Esséquibo. Ce poisson, très-vorace, nage à la surface de l'eau. Il fourmille tellement dans cette dernière rivière, qu'on peut en prendre, quand les eaux sont basses, plusieurs centaines dans une nuit, en plaçant un filet à l'embouchure des petits bras par lesquels ils descendent. C'est un très-bon manger frit, qui ressemble assez par le goût à celui du hareng frais.

Le XIPHORHYNQUE HEPSET.

(*Xiphorhynchus hepsetus*, Q. et G.)

Nous avions désigné, M. Cuvier et moi, l'espèce mentionnée dans cet article sous le nom d'*Hydrocyon hepsetus*, parce que l'espèce porte le long des flancs une bandelette argentée qui rappelle celle des Athérines. Cette espèce se distingue des précédentes

par la petitesse de toutes les dents maxillaires; aucune n'est prolongée en longue canine. Les intermaxillaires n'en ont que deux; l'une en avant, l'autre en arrière. La mâchoire inférieure a quatre fortes dents; les deux de la symphyse sont les plus grandes. On peut encore ajouter que le second sous-orbitaire est court et que les écailles sont beaucoup plus grandes que celles des précédentes espèces. J'en compte soixante-douze rangées.

D. 11; A. 30, etc.

La dorsale est haute et pointue; l'anale est longue et n'a point de lobe en avant; la pectorale atteint jusqu'au milieu de la ventrale.

Ce poisson est plus court et plus trapu que les précédents; car la hauteur n'est que du quart de la longueur totale.

MM. Quoy et d'Orbigny, qui ont dessiné ce poisson frais, le représentent d'un gris verdâtre sur le dos, argenté sur tout le reste du corps. La dorsale est plus ou moins jaunâtre. M. d'Orbigny a fait peindre la caudale de son exemplaire en verdâtre, tandis que M. Quoy avait donné à la caudale de son poisson des teintes jaunâtres plus ou moins mélangées de rosé. Il y a une tache noire sur l'épaule, et celle de la caudale s'étend en une bandelette plus ou moins marquée sur les rayons mitoyens de la caudale et sur la queue jusque au-devant de l'adipeuse.

Nos exemplaires, longs de quatre à cinq pouces, viennent de Rio-Janeiro. L'espèce a d'abord été découverte par MM. Quoy et Gaimard, lorsque ces naturalistes ont exploré l'ichthyologie de ce port pendant l'expédition de l'Uranie sous M. Freycinet, en 1820. M. d'Orbigny en a rapporté d'autres exemplaires plusieurs années après.

En examinant les nombreux individus réunis dans la collection du Muséum, j'en trouve plusieurs qui sont longs de huit pouces et demi, sur lesquels je ne vois plus que des traces très-pâles des couleurs de la queue; il ne paraît plus y avoir que la tache de l'épaule, et celle-ci s'efface même quelquefois presque entièrement. C'est là ce qui me porte à croire que le *X. pericoptes* de M. Muller ne diffère de notre *Hydrocyon hepsetus* que par l'âge, ou par des différences qui tiennent à l'époque de l'année où on a pris le poisson.

Les caractères que nous fondons sur l'examen des dents ne peuvent laisser de doute à cet égard.

Le Xiphorhynque Odöe.

(*Xyphorhynchus Odöe*, nob.)

J'ai dit, en commençant la monographie de ce genre, que Bloch nous a fait connaître la première des espèces américaines ; cet auteur a en même temps publié la description et la figure d'un Xiphorhynque de l'ancien monde. Nous avons trouvé ce poisson parmi les espèces rapportées par Adanson.

Il a les intermaxillaires courts, avec une première forte canine ; puis une un peu plus courte ; ensuite six petites dents et une longue canine, suivie de deux ou trois un peu plus courtes. Le maxillaire a cinq ou six longues dents canines, dont la première, la troisième et la cinquième, surpassent les autres. Tout le bord de l'os est finement denté. Les osselets sous-orbitaires couvrent presque entière-ment la joue. L'opercule est assez large ; son angle inférieur aigu, mais plus ouvert que celui des espèces américaines. La dorsale est assez reculée ; l'anale est courte et pointue de l'avant ; la caudale est fourchue.

D. 9 ; A. 11, etc.

Nous comptons soixante écailles le long des flancs ; elles sont bordées de brun, et comme le centre est plus clair, les flancs paraissent couverts d'une sorte de réseau. Le dos est brun ; le ventre est blanc. La dorsale, rembrunie, a quelques points noirs sur la base des derniers rayons. Je ne vois pas de tache sur l'anale ni sur la caudale, qui sont noirâtres.

Adanson a pris ce poisson dans le Sénégal : il l'avait reçu des nègres Oualof, sous le nom de *Segel*. Bloch avait eu le sien des côtes de Guinée, par les soins du docteur Iserte, qui le lui avait envoyé sous le nom d'Odöe.

E. *Du genre* AGONIATE (*Agoniates,* Muller), et en
particulier de l'*Agoniates halecinus.*

Nous avons encore à placer le petit poisson dont mon
célèbre ami, M. Muller, a fait son genre Agoniates.

Ce genre est intéressant, parce qu'il est intermédiaire
entre les Hydrocyns remarquables par leurs longues canines, et les Tétragonoptères qui portent sur les intermaxillaires deux rangées de dents, dont quelques-unes
sont tricuspides. Cette forme de dents distinguera les
Agoniates de mes Cynopotames.

L'*Agionates halecinus* porte sur l'intermaxillaire une double
rangée de dents : les externes sont simples et coniques ; les internes
sont à trois pointes ; celle du milieu est plus grande que les latérales. Le maxillaire est allongé et ses dents, sur un seul rang, sont
coniques, égales, tandis qu'à la mâchoire inférieure, elles sont
mêlées de canines allongées, qui entrent dans de petites fossettes
correspondantes du palais. Les palatins sont lisses et sans dents.
Le corps est allongé, comprimé. L'abdomen est presque tranchant.
La splanchnologie ressemble à celle des genres voisins, l'estomac
étant constitué par un très-long sac ; l'intestin, presque droit, avec
douze appendices pyloriques. M. Muller n'a trouvé que du sable
dans l'intérieur de l'intestin. L'Agoniates qui a été comparé, avec
raison, au Hareng, a la tête contenue cinq fois dans la longueur
totale. Les yeux ne sont pas écartés tout à fait de la longueur de
leur diamètre, qui est compris trois fois et demie dans la longueur
de la joue. Les nombres sont :

D. 11 ; A. 20 ; P. 14 ; V. 7.

Ce poisson, tout argenté, est désigné par les habitants
de la Guyane sous le nom de Hareng. C'est là ce qui

a engagé M. Muller[1] à lui donner le nom d'*Agoniates halecinus*. On le doit aux recherches de M. Schomburgk. Notre exemplaire est long de trois pouces deux lignes.

F. *Du genre* Xiphostome (*Xiphostoma*).

C'est une division générique qu'on doit à Spix. Agassiz et Muller l'ont adoptée avec raison. M. Cuvier, qui confondait ce poisson avec ses autres Hydrocyons, l'a décrit dans ses Mémoires sous le nom d'*Hydrocyon lucius*. Les caractères de ce genre sont faciles à saisir, non-seulement à cause de la dentition, mais aussi par la disposition conique et remarquable du museau. L'allongement des intermaxillaires, des palatins et de quelques os du crâne, comme l'ethmoïde et les frontaux antérieurs, rendent la tête prolongée en un cône plus ou moins pointu. Tout le dessus du crâne est formé par un casque osseux, grenu ou ciselé, qui rappelle à quelques égards ce que nous avons vu dans la famille des Brochets, dans le genre des Orphies, et ce qu'on rapporterait aussi aux Lépisostées parmi les Ganoïdes, si l'on s'en tenait à une comparaison superficielle. Les deux intermaxillaires très-allongés et la mâchoire inférieure sont armés de petites dents nombreuses, serrées l'une contre l'autre, implantées sur un seul rang; la pointe, recourbée en arrière, simule un petit hameçon. Les palatins sont rugueux et couverts de très-fines granulations odontoïdes. Le corps est d'ailleurs allongé, arrondi, grêle. La dorsale est reculée tout à fait

---

1. Mull. et Troschel, *Horæ ichthyol.*, tab. 7, fig. 2.

sur l'arrière du dos et au delà des ventrales. Les intestins ne font qu'une seule circonvolution, et le nombre des appendices pyloriques est très-considérable; il y en a plus de quarante dans le *X. ocellatum.* Outre l'espèce décrite par M. Cuvier, et dont nous conservons encore l'individu, qui nous donne la preuve que ce *X. lucius* n'est pas une espèce douteuse, nous avons encore dans les collections nationales le *X. Cuvieri,* décrit et figuré par Spix. C'est une espèce distincte et qu'il ne faut pas confondre avec le *X. ocellatum* de Schomburgk. Nous en devons de beaux exemplaires à ce voyageur. Après ces espèces, qui avaient été indiquées dans le travail de M. Muller et des ichthyologistes qui l'ont précédé, nous pouvons enrichir la monographie de ce genre d'une très-belle espèce, découverte dans l'Amazone par M. de Castelnau, et d'une autre non moins curieuse, rapportée par M. Plée des eaux douces de la grande lagune du Maracaïbo. Voici la description de ces différentes espèces.

Le XIPHOSTOME BROCHET.

(*Xiphostoma lucius*, Spix.)

Comme j'ai sous les yeux l'exemplaire qui a servi à M. Cuvier pour établir son *Hydrocyon lucius*, je ne conserve pas sur cette espèce les incertitudes qui l'ont fait présenter par M. Muller comme une espèce douteuse. C'est même par elle que je commence les descriptions de ce genre, puisque c'est elle qui a été la plus anciennement décrite.

Ce poisson, remarquable par la petitesse et la finesse de ses dents, toutes égales, contraste singulièrement, sous ce rapport, avec les espèces précédentes. Le museau, conique et allongé, doit principalement sa forme à l'allongement des intermaxillaires, et auquel contribue, pour former la base de ce cône au-devant des yeux, le prolongement des frontaux de l'ethmoïde et des os du nez. En dessous, les deux branches de la mâchoire inférieure sont arrondies et viennent se toucher. Dans notre poisson, la tête, mesurée depuis l'extrémité du museau jusqu'au bord de l'opercule, fait le quart de la longueur totale. Le corps est arrondi, quoique un peu méplat sur les côtés. Le tronc n'est guère que sept fois aussi long que la hauteur. L'épaisseur est à peu près moitié de cette hauteur. Le bord antérieur de l'orbite est à la moitié de la longueur de la tête; et il y a quatre diamètres entre le bout du museau et le cercle de l'orbite, et par conséquent, trois entre le bord postérieur de l'œil et celui de l'opercule. L'intermaxillaire égale cinq fois la longueur du maxillaire. Ces deux os sont réunis à l'extrémité du museau par une suture longitudinale, qui est égale à deux fois la longueur du maxillaire. Ils se prolongent un peu encore en dessous pour compléter l'arcade dentaire. L'extrémité du museau est remplie par une peau molle, mais assez résistante. Je compte cent quarante-six dents à l'intermaxillaire. Le maxillaire n'a que de très-fines dentelures; il est placé tout à fait sur les côtés de l'angle de la bouche et au-dessous de l'œil; c'est du moins ce que l'on peut dire de la palette dentée qui le termine; car je le vois tellement soudé à l'intermaxillaire, qu'il est difficile d'en distinguer nettement la suture, et cependant je ne regarderais pas comme impossible qu'il n'eût un prolongement mince et étroit qui se souderait à l'intermaxillaire, en avant de l'œil, sous le premier sous-orbitaire. Cette pièce osseuse est un petit stylet irrégulièrement triangulaire, qui se porte au-devant de l'œil d'une longueur à peu près égale au diamètre de l'orbite. Le second sous-orbitaire ne descend pas au delà du maxillaire; il est pointu vers le bas. Le troisième est une large plaque osseuse qui couvre toute la joue et descend, par son bord inférieur et arrondi, jusque sur la branche de la mâchoire inférieure près de son articulation. Le bord touche complétement le limbe, de sorte qu'il n'y a dans cette espèce aucun espace nu sur le bas de la joue. Un quatrième sous-orbitaire, très-petit, rudimentaire, est placé comme une écaille au-dessous de l'œil, et recouvre le bord orbitaire du troisième os. Le cinquième est une large plaque trapézoïdale, un peu convexe, qui vient couvrir toute la tempe, et enfin, le sixième s'appuie sur le dessus du crâne, contribue à l'élargir, et porte au-devant de lui le sourcilier; celui-ci s'étend non-seulement au-dessus et au-devant de l'orbite, mais jusque sur la narine, et vient s'articuler avec le nasal. En arrière de l'ouverture postérieure de la narine l'os forme une petite gouttière oblongue. Cette portion du sourcilier concourt donc à former, en dessus, la base du cône de tout ce bec. Le reste de l'intervalle est rempli par les frontaux, os oblongs, pointus en avant, et qui n'atteignent guère que la moitié du nasal. Au-devant de ces deux frontaux on voit la suture de la pièce triangulaire et terminale de l'ethmoïde, laquelle s'avance en pointe très-aiguë jusqu'entre les intermaxillaires. Les deux os du nez sont bombés; ils n'atteignent que la moitié de l'espace compris entre le bout du museau et le bord de l'orbite. Les deux frontaux se portent en arrière jusqu'à la hauteur du mastoïdien, en s'arrêtant un peu au-devant du préopercule; au delà, les deux pariétaux forment une bandelette étroite. On n'aperçoit rien de la crête interpariétale, qui est entièrement recouverte par la peau écailleuse de la nuque. J'ai dit que le limbe du préopercule est seul visible, encore n'est-ce que la portion inférieure. Le contour de cet os est arrondi; il descend jusque sous la gorge, d'où il résulte que l'inter-opercule est tout entier en dessous. L'opercule, arrondi au-devant du scapulaire, descend en une pointe très-aiguë, qui se courbe pour toucher à l'interopercule. Le sous-opercule est lui-même un peu plié et arrondi vers le bas. Les deux branches de la mâchoire se touchent et cachent la membrane branchiostège, qui est étroite et soutenue par cinq rayons. Le quatrième est plus large et plus visible que le cinquième. La fente de l'ouïe est très-grande. Pour compléter cette description de la tête, il me reste à dire que le voile palatin supérieur est assez large; que la portion charnue du palais est très-grande; que les palatins et les ptérygoïdiens sont couverts de très-fines granulations. Les arceaux des branchies sont hérissés de scabrosités fines et grenues, semblables à celles du palais. La langue est libre, charnue et arrondie; son voile lingual est aussi grand que le supérieur. La ceinture humérale est peu découverte à l'extérieur. Le scapulaire est couché obliquement sur le haut de l'opercule. L'huméral montre une assez large plaque osseuse, irrégulièrement triangulaire et à bord sinueux au-dessus de la pectorale, qui est attachée tout à fait au bas de l'ouïe. Cette nageoire est pointue et n'atteint guère qu'à la moitié de l'intervalle qui la sépare de la ventrale; celle-ci est reculée sur la seconde moitié du corps, et la dorsale, qui l'est encore davantage, répond à l'intervalle qui sépare les nageoires paires postérieures de l'anale; c'est une très-petite nageoire. La caudale est peu fourchue.

B. 5; D. 9; A. 10; P. 18; V. 8.

Il me paraît que ce poisson était d'une couleur entièrement uniforme. Je ne vois aucune trace d'ocelle ou de tache noire près de la queue. Les écailles sont de grandeur médiocre. Nous en avons trouvé cent six le long des flancs.

L'individu que je viens de décrire et qui a servi de modèle à M. Cuvier, est long de dix-huit pouces.

Le Xiphostome de Cuvier.

(*Xiphostoma Cuvieri,* Spix.)

Je retrouve, parmi les poissons rapportés au Muséum par M. de Castelnau, une espèce qui ressemble beaucoup à celle dédiée par Spix à M. Cuvier. Quoique très-voisine de la précédente,

elle me paraît avoir l'extrémité du museau plus pointue; le dessus du crâne plus plat; l'œil placé plus haut sur la joue, car le cercle de l'orbite entaille la ligne du profil; le dernier sous-orbitaire et le sourcilier sont plus étroits. Les nombres diffèrent très-peu.

D. 10 ; A. 11, etc.

Les lobes de la caudale sont plus aigus. La couleur de notre individu, conservé dans l'esprit de vin, est un roux verdâtre au-dessus de la ligne latérale, et blanc argenté en dessous. Un ocelle noir, très-marqué, est à l'extrémité de la queue.

Cet exemplaire, originaire de l'Amazone, est long de huit pouces.

Le Xiphostome ocellé.

(*Xiphostoma ocellatum*, nob.)

M. Schomburgk nous a donné un exemplaire de son Xiphostome ocellé. Il se distingue des précédents

par un museau conique, un peu plus court et plus gros. L'œil est plus petit. L'intervalle entre les yeux est égal à trois fois et un tiers le diamètre. Comme les sous-orbitaires ne descendent pas autant sous la joue, il y a un petit espace nu au-dessus du limbe. L'angle de l'opercule est un peu moins bas.

D. 10 ; A. 10.

Les lobes de la caudale sont arrondis. Je vois sur le très-bel exemplaire que nous a donné M. Schomburgk le corps d'un vert rembruni sur le dos jusqu'au milieu des flancs. Tout le dessous est blanc. La caudale, qui porte à sa base un grand ocelle noir, a les rayons mitoyens rembrunis, et les bords de chaque lobe blanchâtres. Les ventrales sont pâles ; les pectorales, grisâtres en dessus, sont noirâtres en dessous ; la dorsale paraît cendrée. D'ailleurs, tout le poisson a conservé de beaux reflets argentés. M. Schomburgk, qui l'a décrit frais, dit qu'il est vert rembruni sur le dos ; que le ventre est plus clair ; que les nageoires sont variées de rouge brillant et que cette couleur est dominante sur la caudale. L'ocelle noir de l'extrémité de la queue est bordé, en avant, d'un croissant jaune brillant.

Le voyageur nous apprend que ce poisson vit peu de temps hors de l'eau, et que la couleur passe très-promptement au brun après la mort. Comme il nage près de la surface, les Indiens l'attrapent aisément avec des flèches : il mord aussi très-bien à l'hameçon. C'est le *Pirapu* ou le *Pirapoco* des habitants de la Guyane. Il est commun dans l'Esséquibo et dans le Rio Negro; les riverains du Rio Branco le mangent. Sa chair est jaune, savoureuse, mais elle a un peu trop d'arêtes.

Nous avons un second exemplaire un peu moins grand, qui nous a été donné par M. de Montravel. On trouve donc cette espèce également dans l'Amazone.

Notre individu a deux pieds de long.

Le Xiphostome moucheté.

(*Xiphostoma maculatum*, nob.)

Nous avons une autre espèce, qui ne me paraît pas avoir été décrite par les naturalistes qui ont exploré l'Amazone; quoique voisine des précédentes, elle se distingue par son museau pointu, par la dorsale, qui est tellement reculée qu'elle est presque au-dessus de l'anale. La caudale est profondément fourchue.

D. 10; A. 11; P. 17.

Le dessus du crâne est plat. Le poisson paraît rembruni, avec le centre des écailles plus pâle. De grandes taches noirâtres couvrent principalement les trois nageoires impaires. J'en vois aussi quelques-unes sur l'opercule, dans l'aisselle de la pectorale et même sur les nageoires paires.

Le seul individu que nous possédions est long de onze pouces. Il a été rapporté de l'Amazone par M. de Castelnau.

Le XIPHOSTOME HUJETA.

(*Xiphostoma hujeta*, nob.)

Une autre espèce qui ressemble à la précédente par la position de sa dorsale, s'en distingue

par ce qu'elle a le museau beaucoup plus élargi, plus obtus et courbé à l'extrémité. L'œil est plus petit. L'intervalle entre les yeux est tout à fait plat. L'anale est un peu plus haute, et la caudale, peu fourchue, a ses lobes arrondis. La tache noire de la queue est le centre d'un bel ocelle jaune. La caudale elle-même est rembrunie. L'anale a quelque teinte noirâtre. J'en vois aussi quelque peu sur les autres nageoires.

D. 10; A. 10, etc.

Ce Hujeta offre non-seulement une disposition curieuse par la courbure de ses intermaxillaires et par l'élargissement de son museau; mais il a les dents proportionnellement plus longues et plus crochues que les autres, et les dents palatines ne sont plus réduites à de simples granulations; elles s'élèvent en petite herse sur l'os.

J'ai toutefois regardé avec soin, pour m'assurer si ce caractère ne pouvait pas servir à établir une distinction générique, je ne le pense pas.

Je possède trois exemplaires de cette espèce. Le plus grand n'a que huit pouces de longueur. Ils viennent des rivières de Maracaïbo. Nous les devons aux collections du zélé naturaliste M. Plée, qui nous a fait connaître plusieurs espèces curieuses vivant dans les eaux de cette contrée. Les pêcheurs les lui ont données sous le nom de *Hujeta*.

G. *Des* Salanx.

Le genre des Salanx est une création de M. Cuvier.
Ce grand naturaliste l'a établi d'après un exemplaire un
peu desséché, ce qui l'empêcha d'observer l'adipeuse. Il
jugea que le Salanx devait entrer dans la famille des
Brochets, à cause de la position reculée de la première
dorsale.

Ayant obtenu récemment de M. Gray un exemplaire
en bon état du Leucosome, j'ai facilement saisi la grande
ressemblance qu'il a avec le Salanx de M. Cuvier. L'adipeuse étant très-visible sur le premier, j'ai cherché minu-
tieusement si le second n'aurait pas aussi une nageoire
membraneuse sans rayons : je l'ai trouvée ; j'ai eu alors
peu de chose à faire pour assigner au genre Salanx sa
véritable place.

Nous en possédons deux espèces. J'appellerai la première

Le Salanx de Cuvier.

(*Salanx Cuvieri*, nob.)

Ce poisson a la tête singulièrement aplatie depuis la nuque jusqu'à
l'extrémité du museau. Le tronc paraît plus rond. La queue est
comprimée. La longueur de la tête, mesurée comme à l'ordinaire
depuis le bout du museau jusqu'au bord de l'opercule, est cinq fois
dans la longueur totale. La nuque ne dépasse guère le bord du
préopercule. Toute cette partie du crâne jusqu'aux intermaxillaires
forme une sorte de grand parallélogramme rectangulaire, dont la
longueur est au moins triple de la largeur. Il n'est pas difficile de
reconnaître sur ce crâne aplati que les frontaux antérieurs sont

très-grands et un peu échancrés en avant. Les frontaux principaux le sont plus profondément. L'œil est tout à fait latéral et sur le milieu de la longueur de la tête. Je ne puis presque rien dire des sous-orbitaires, tant ils sont minces; ils me paraissent d'ailleurs fort petits. Le diamètre de l'orbite est contenu sept fois dans la longueur de la tête. Le museau est très-aplati, très-pointu; il est formé, en haut, par les deux intermaxillaires, dont l'extrémité est élargie en une petite palette triangulaire réunie à celle de l'os opposé, par une suture droite et longitudinale. Il n'y a pas de branche montante. Je vois deux petits trous réguliers au bord postérieur de cette suture dans l'échancrure des deux frontaux. La longueur de ces intermaxil-laires est le tiers de la longueur de la tête. Derrière eux sont articulés deux très-petits maxillaires, qui descendent verticalement et ferment l'angle de la commissure. Les intermaxillaires n'ont aucune mobilité, de sorte que la bouche ne s'ouvre que par le mouvement de bascule de la mâchoire inférieure; celle-ci a ses branches aplaties; la sym-physe est excessivement pointue, son angle est à peu près au milieu de l'œil. Les deux branches ne se touchent pas en dessous; elles laissent un isthme assez large. Le préopercule se montre sous la tête comme une palette longue et mince, qui fait suite aux branches de la mâchoire inférieure. Il n'a presque pas de bord montant. Cette languette se trouve élargie par un interopercule, qui a à peu près la même forme, mais qui est cependant moins long. L'opercule est comme une petite écaille arrondie, et pliée en gouttière. Son sous-opercule est triangulaire et forme avec celui du côté opposé une espèce d'ogive assez pointue près de la fente branchiale. Quoique les branches de la mâchoire inférieure ne se touchent pas et qu'elles laissent sous la gorge un isthme assez sensible, on voit les deux opercules se toucher au delà et au-devant de l'ogive dont je viens de parler. C'est à cet endroit que l'on compte les quatre rayons larges, minces et arqués de la membrane branchiostège. Les ouïes sont d'ailleurs très-fendues et les arceaux des branchies assez grands. Les dents de ce poisson sont d'assez forts crochets sur les mâchoires. Il y en a huit ou neuf sur les intermaxillaires, et seulement quatre ou cinq sur les maxillaires. La mâchoire inférieure en porte d'abord trois petites; puis viennent deux crochets assez longs; ensuite cinq ou six petites dents, lesquelles sont suivies d'un certain nombre d'autres un peu plus grosses. Toutes ces dents sont sur un seul rang. Il y en a une rangée de très-petites sur les palatins, qui sont écartés l'un de l'autre, et couchés le long de l'intermaxillaire. Je n'en vois aucune sur le vomer, et autant que j'en puis juger sur cet exemplaire desséché, la langue me paraît lisse. La ceinture humérale se montre derrière la nuque par une série de petites pièces écailleuses, disposées en arc replié, pour suivre le contour de la fente branchiale. Les surscapulaires sont beaucoup plus larges et plus grands que les scapulaires. Les pectorales sont attachées tout à fait en dessous du corps; elles me paraissent assez petites. Les ventrales sont reculées à peu près vers le milieu du corps; la dorsale, assez semblable à l'anale, mais beaucoup plus courte, correspond à la partie antérieure de cette nageoire; celle-ci est étendue sur la queue, beaucoup au delà de la première. C'est la position de cette dorsale qui avait sans doute donné l'idée à M. Cuvier de placer les Salanx dans la famille des Brochets. Mais il existe sur le dos de la queue, à la hauteur des derniers rayons de l'anale, une très-petite adipeuse. Ce caractère vient évidemment se joindre à la forme des mâchoires que j'ai décrites, et prouve que le poisson appartient aux Salmonoïdes. La caudale est fourchue; elle a un nombre assez considérable de petits rayons sur les deux côtés de la queue.

B. 4; D. 10 — 0; A. 28; C. 40; P. 8; V. 7.

Ce poisson ne montre aucun vestige d'écailles; il me paraît avoir été tout à fait nu. Sa couleur est brune.

L'exemplaire unique, un peu desséché et en assez mauvais état, qui existe dans la collection du Muséum national, est long de quatre pouces et demi. Nous en ignorons la patrie.

Le Salanx de Reeves.

(*Salanx Reevesii,* nob.)

Le Salanx, auquel je conserve la dénomination spécifique
que M. Gray lui a donnée, pour le consacrer à la mémoire
du voyageur qui l'a rapporté en Angleterre, méritait, sans
aucun doute, d'être dédié à un des célèbres élèves de Linné
qui avait observé ce poisson sur les côtes de Chine dès 1751.
Tous les naturalistes devinent que je veux nommer *Osbeck,*
qui en a publié une courte description sous le nom d'*Albula chinensis*[1]. Le nom chinois indiqué par le voyageur
suédois que nous venons de nommer, est extrêmement
voisin de ceux que les Anglais ont écrits dans leurs récents
travaux. Il est très-probable que la dénomination populaire
a servi à faire reconnaître cet *Albula chinensis.* M. Gray,
en retrouvant ainsi le poisson d'Osbeck, n'a pas voulu,
avec raison, le laisser dans le groupe des *Albula.* Pour rappeler ce nom, le zoologiste anglais désigna le genre nouveau
qu'il croyait devoir établir pour ce poisson par le nom de
Leucosome, et l'espèce parut dans les Mélanges zoologiques
de cet auteur sous le nom de *Leucosoma Reevesii*[2]. Je
conçois très-bien que la présence de l'adipeuse ait empêché
M. Gray de rapporter au véritable genre de M. Cuvier le
poisson qu'il avait sous les yeux. La diagnose des Salanx
du Règne animal, genre placé dans la famille des Ésox, ne
pouvait pas guider le zoologiste dans cette détermination.

---

1. Osbeck, *Reise in China,* p. 237 de l'édit. suéd., ou p. 309 de la traduct. de
Georg. Rostock, 1765.
2. Gray, *Zool. misc.,* p. 4.

Depuis que j'ai reconnu l'existence de l'adipeuse sur le Salanx de M. Cuvier, j'ai pu rapprocher de son véritable congénère ce *Leucosoma Reevesii*. Je suis encore plus heureux en retrouvant dans cette espèce une de celles fort incertaines que M. de Lacépède a établies d'après l'inspection de nombreux dessins chinois. Je ne puis douter . que le *Synode macrocéphale* ne soit du genre Salanx, et s'il n'est pas de l'espèce dont nous nous occupons maintenant, il en est certainement très-voisin. Voilà donc un poisson connu du temps d'Osbeck, oublié par les compilateurs qui auraient pu profiter de cette description, reproduit dans un autre genre et sous un autre nom spécifique, d'après les documents incertains employés par M. de Lacépède. Il est publié dans ces derniers temps sous un troisième nom par M. Gray. M. Richardson l'inscrit dans son Rapport sur les poissons des mers de Chine, en adoptant le nom générique de Gray, mais en reprenant l'épithète d'Osbeck. C'est un nouvel exemple d'un poisson qui se multiplie dans nos systèmes, qui est promené d'un genre dans un autre, et qui prend définitivement son rang dès qu'on peut le comparer sur la nature avec les espèces voisines. La description que je vais en donner peut être réduite aux observations suivantes :

Ce poisson a la même forme de tête; le même museau déprimé; l'œil petit, latéral, placé au milieu de la longueur de la tête. Les sous-orbitaires sont aussi d'une excessive minceur; les narines percées au-devant de l'œil. Les dents de l'intermaxillaire sont beaucoup plus écartées; car, bien que ces os soient proportionnellement aussi longs, ils n'ont que cinq dents. Les maxillaires qui ont la même position, et qui sont tout aussi courts, ont un bien plus grand nombre de dents; il y en a dix-huit à vingt. Les dents de la mâchoire inférieure sont à peu près semblables, c'est-à-dire, qu'auprès de la symphyse, qui est très-pointue, il y a quelques petites dents; puis vient un gros et long crochet, et ensuite, le long de la branche, une série de petites dents; mais celles-ci sont toutes plus égales et moins nombreuses que celles du Salanx de Cuvier. Les dents palatines sont petites, sur une bande étroite. La langue, qui est très-libre et grande, a une rangée mitoyenne de dents coniques et crochues. Les branches de la mâchoire inférieure sont plus rapprochées que dans l'autre espèce, et les deux côtés de la membrane branchiostège se touchent sous l'isthme. Le tronc de ce poisson est arrondi à la région pectorale; mais, à partir des ventrales, il devient comprimé. Les pectorales sont petites; les ventrales sont au milieu du corps; la dorsale, quoique reculée sur l'arrière du dos, a tous ses rayons insérés bien avant ceux de l'anale; celle-ci est assez longue. La caudale est fourchue. Une petite adipeuse répond aux derniers rayons de l'anale.

B. 4; D. 11 — 0; A. 20; C. 31; P. 10; V. 7.

Le poisson est entièrement décoloré par l'action de l'alcool. Nous tenons le seul exemplaire de cette espèce de la générosité de M. Gray. L'individu est long de sept pouces.

CHAPITRE XXVII.

Des Gonostomes, *des* Chauliodes *et des* Scopèles.

L'ancienne ichthyologie grecque désignait sous le nom
de Scopèle un poisson qui nous est resté encore inconnu.
M. Cuvier s'en est servi pour nommer un genre renfermant
quelques-unes des Serpes de M. Risso. La description
détaillée de la Serpe, que nous avons déjà publiée dans
ce volume, prouve que M. Risso s'était fait une fausse
idée du petit poisson de Surinam, dont M. de Lacépède
avait fait le genre des Serpes, et que Bloch appelait
Gasteropelecus. Mais le genre Scopèle, publié dans la
première édition du Règne animal dès 1817, y fut mal
caractérisé; car l'auteur crut que la langue et le palais
étaient lisses. On va voir qu'une plaque de dents palatines
existe dans tous ces poissons. M. Cuvier reproduisit sa
première description dans la seconde édition du Règne
animal, et il y rapporta les mêmes espèces. Depuis ces
publications, M. Risso introduisit le genre Scopèle dans
l'Ichthyologie de Nice, en le composant de l'espèce dédiée
à M. de Humboldt, de celle nommée la Serpe crocodile,
et d'une troisième décrite dans les Mémoires de l'Académie
de Turin sous le nom de *Scopèle Balbo.*

La diagnose de ce genre n'est pas plus exacte que celle
que nous trouvons dans le Règne animal, quoique l'Ichthyologie de Nice ait vaguement indiqué les dents palatines du Scopèle Balbo, et peut-être aussi celles de la
Serpe crocodile; mais les indications données dans ce
species sont aussi incomplètes que les descriptions elles-

mêmes. Depuis ces travaux, un zélé naturaliste de Messine, M. le docteur Anastase Cocco, s'est mis avec soin à la recherche de ces petits poissons, et il a publié les principales découvertes qu'il fit sur ces espèces, dans une lettre adressée au prince Charles Bonaparte de Canino, sous le titre de : *Lettre sur quelques Salmonoïdes de la mer de Messine.*

Dans cette lettre l'auteur a cherché à retrouver les poissons que Rafinesque avait décrits et figurés sous les noms de *Myctophum punctatum* et de *Gonostome.* Il a essayé d'établir les caractères de plusieurs coupes génériques pour classer ces petits Scopèles. Il a joint à ce premier travail des figures qui aident beaucoup pour déterminer les espèces qu'il a décrites, quoiqu'elles ne soient pas à beaucoup près aussi élégantes que celles de la Faune italienne. On dirait souvent que les deux auteurs ont fait figurer le même individu. Il me paraît très-regrettable, qu'un naturaliste aussi habile que le prince de Canino, se soit entièrement reposé sur les documents de l'ichthyologiste sicilien. S'il avait vérifié les observations de son prédécesseur, je crois qu'il aurait évité quelques-unes des inexactitudes qui lui ont échappé. Je conçois cependant qu'il les ait faites, parce qu'il avait l'idée de séparer des Salmonoïdes tous ceux qui appartenaient à une sous-famille, appelée *Scopelini.* Ce sont, dit-il, des poissons qui ressemblent aux Clupées, qui brillent d'une belle couleur argentée, dont la bouche, très-fendue, est bordée par les intermaxillaires. Ce naturaliste y rapporte huit genres; il reprend les Gonostomes de Rafinesque, qui ont le corps allongé, couvert de grandes écailles caduques; des dents de grandeur inégale en série unique; les pec-

torales insérées au bas de la ceinture humérale; la dorsale
reculée en arrière au delà des ventrales, et presque opposée à l'anale. Ce premier genre, établi sur le *Gonostoma
denudata,* doit être conservé; mais il faut pour cela ajouter à cette diagnose incomplète, que le maxillaire borde,
pour la plus grande partie, l'ouverture de la gueule,
caractère qui ne cadre plus avec celui de la famille des
Scopelini. Il faut dire aussi que les palatins sont hérissés
de petites dents en velours. Le prince de Canino ayant
saisi le caractère remarquable des dents maxillaires du
Gonostoma denudata, a laissé dans ce genre la seule
espèce indiquée par Rafinesque, et il en a séparé les
deux petits Gonostomes indiqués par Cocco sous le nom
de *Gonostoma Poweriæ* et de *G. ovatus.* Il créa pour ces
deux poissons un genre, sous le nom d'*Ichthyococcus,*
voulant le dédier sous cette dénomination à son correspondant de Palerme, le docteur Cocco; mais la diagnose
de ce genre n'offre aucun caractère opposé et distinct, et
j'en dirai de même de ceux qui sont désignés sous les
noms de *Maurolicus,* de *Myctophum* et de *Lampanyctus.*
Tous ces poissons sont les vrais Scopèles de M. Cuvier;
ils ont tous la même dentition, maxillaire ou palatine, la
même composition de mâchoire; les caractères donnés
comme génériques, et tirés de la position de la dorsale
pour les *Maurolicus* et les *Ichthyococcus,* ou de la longueur des pectorales pour les *Lampanyctus,* ne sont que
spécifiques. Il n'en est pas de même du genre *Chloroph-
thalmus.* Je démontrerai que ce poisson est une espèce
particulière d'Aulope. Enfin l'Odontostome constitue un
genre particulier qui doit être conservé.

On voit, d'après ces observations critiques sur le travail

de mes prédécesseurs, que j'ai pu, grâce aux nombreux matériaux réunis dans la grande collection nationale, présenter tout autrement le tableau des différentes espèces réunies dans ce genre et dans ceux qui avoisinent ce groupe. En effet, les Gonostomes rattachent complétement ces petits poissons au groupe des Salmonoïdes; car ils ont deux très-petits intermaxillaires, et de longs et larges maxillaires complétant le bord de la mâchoire. Ce genre est très-voisin de celui des Chauliodes, qui s'en distingue par les dents longues et pointues des mâchoires et des palatins. Or, les Chauliodes appellent à eux les Odontostomes. Ceux-ci et les Gonostomes ont des affinités très-marquées avec les Scopèles, qui, cependant, ne présentent plus, dans la constitution de leurs mâchoires, le caractère essentiel des Salmonoïdes, l'intermaxillaire formant chez eux le bord tout entier de l'arcade maxillaire supérieure. Il semble qu'il ne reste plus, pour caractère dominant des Scopèles, que la présence de l'adipeuse. La constitution de leur mâchoire conduit évidemment à celle des Saurus, dont nous aurons à parler plus en détail dans un chapitre spécial. Ce qu'on doit conclure de ces remarques, c'est que les sous-familles établies par le prince de Canino, ne peuvent pas être caractérisées comme il l'entendait; car personne n'oserait mettre dans deux groupes distincts les Gonostomes, les Chauliodes et les Scopèles. En s'en tenant à la composition de la mâchoire, il faudrait réunir les deux premiers genres pour les séparer du troisième, et le groupe où on placerait celui-ci, devrait comprendre le Saurus dont le maxillaire, semblable à celui des Scopèles, est très-différent des Aulopes.

Les Gonostomes et les Chauliodes forment deux genres

appartenant au même groupe, mais qui, en même temps, lient ces différents petits Salmonoïdes aux familles voisines. On peut dire d'eux qu'ils sont des Clupéoïdes avec une adipeuse, de la même manière qu'on peut considérer les Scopèles et les Saurus comme des Ésoces avec une adipeuse.

Ces poissons n'ont plus le caractère anatomique si curieux que nous ont offert les Salmonoïdes, et sur lequel M. Muller a beaucoup insisté. Leurs œufs ne tombent plus dans la cavité abdominale, les sacs ovariens sont complétement fermés. Mais il ne faut pas oublier non plus que déjà, chez les Pygocentres et les Serrasalmes, ces organes ont la même forme, et sont entièrement clos dans l'abdomen.

Si l'on veut, à l'exemple du prince de Canino, constituer en petites familles tous ces genres qui ont des affinités naturelles, on ne trouve plus dans les détails de ces organisations variées des caractères suffisants pour établir la diagnose de chaque famille. Cela prouve ce que nous avons déjà dit plusieurs fois dans le cours de cet ouvrage, qu'il n'est pas possible que les rapports des genres soient toujours du même degré, et qu'il suffit, pour constituer un arrangement naturel, qu'il n'y ait pas de genre plus voisin à placer entre ceux qu'on rapproche.

A. *Du genre* GONOSTOME (*Gonostoma*, Raf.)

D'après ce que nous venons de dire, dans les considérations générales sur les genres voisins des Scopèles, nous devons commencer l'exposition de ces espèces par celles qui constituent le genre Gonostome. Le caractère de ce genre consiste en de courts intermaxillaires qui ne dépassent pas l'œil. Ils ont une petite branche montante, en partie recouverte sous la portion antérieure du maxillaire ; celui-ci dépasse l'os précédent et complète l'arcade supérieure de la bouche. C'est donc une véritable mâchoire de Clupéoïdes ou de Salmonoïdes. La présence de l'adipeuse fixe la place du genre dans cette dernière famille. Les pêcheurs siciliens ont été frappés des rapports ou plutôt des ressemblances extériéures de ces poissons, puisque Rafinesque nous apprend, que ces hommes ignorants, mais habitués à voir la nature, donnent à l'espèce le nom d'*Anchiove imperiale,* c'est-à-dire d'*Anchois impérial.* Les deux mâchoires, supérieure et inférieure, portent de grandes dents coniques et très-pointues, inégalement espacées, entre lesquelles il y en a de très-petites. Les palatins et les ptérygoïdiens portent des dents en râpe très-fines ; il n'y en a point sur le chevron du vomer ; il y a de très-fines âpretés sur la langue ; mais au delà, sur la queue de l'hyoïde et sur les pharyngiens inférieurs, on trouve des dents en grosse herse. Enfin, il faut signaler les dents pharyngiennes supérieures, qui sont singulièrement disposées : elles sont en grosse herse, sur deux plaques oblongues, l'antérieure n'ayant que trois dents plus longues et plus grosses que les autres ; ces os, attachés à l'entrée d'un pharynx très-comprimé, ont leurs dents couchées si obliquement, qu'elles s'entre-croisent. A ces caractères nous ajouterons les quatorze rayons de la membrane branchiostège, le sous-orbitaire, excessivement mince, comme une pellicule membraneuse, la position de la dorsale, très-reculée sur le dos, et enfin, la présence d'épines libres et recourbées sur

les deux côtés de la queue. Il se pourrait toutefois qu'elles
fussent un caractère spécifique.

Le genre Gonostome a paru dans les Essais d'ichthyologie sicilienne de Rafinesque[1]; mais si l'on compare les
caractères que je viens d'exposer, à ceux donnés par l'auteur sicilien, on verra qu'il était bien loin de les avoir saisis
en entier. Je trouve les Gonostomes mentionnés dans la
lettre de M. Cocco, sur les Salmonoïdes de Messine. A
l'espèce signalée par Rafinesque, l'auteur en a ajouté deux
autres, qui n'appartiennent pas à ce groupe et qui sont de
véritables Scopèles : ce sont ses *Gon. Poweriæ* et *Gon.
ovatus.* M. le prince de Canino a rétabli le genre de Rafinesque, en le réduisant à la seule espèce que nous allons
décrire. Mais ce célèbre auteur n'en a pas mieux précisé
les caractères que son correspondant, M. Cocco.

Le GONOSTOME NU.

(*Gonostoma denudata*, Cocco.)

La seule espèce que je rapporte à ce genre est constituée
sur un poisson

à corps très-comprimé; à tête grosse et haute, et à queue amincie,
de sorte que la plus grande hauteur du corps se mesure à la ceinture humérale; elle est six fois et demie au moins dans la longueur
totale; tandis que la hauteur de la queue n'en fait que les deux
cinquièmes. L'épaisseur est le tiers de la plus grande hauteur. La
tête paraît grosse à cause de son élévation auprès de la nuque;
car elle est comprimée. Sa longueur est quatre fois et demie ou trois
quarts dans la longueur totale. Quand la bouche est fermée, le

---

1. Rafinesque, *Ind. itt. sicil.*, p. 64, n.° 28.

museau est assez pointu, et l'on peut dire alors que la tête est triangulaire. L'œil est petit, près de l'extrémité du museau; car il n'en
est éloigné que d'une fois son diamètre, lequel n'est guère que le
sixième de la longueur de la joue. Ses sous-orbitaires sont excessivement minces, mais tellement larges qu'ils couvrent toute la
joue, en s'étendant jusqu'à l'angle du maxillaire et en remontant
le long du bord du préopercule. C'est surtout le troisième qui
prend cet énorme développement. La mâchoire inférieure est un
peu plus longue que la supérieure; elle se relève assez obliquement.
Comme elle est très-mobile et qu'elle peut s'abaisser beaucoup, la
gueule devient très-grande quand la mandibule est horizontale. La
mâchoire supérieure est bordée par un petit intermaxillaire, que l'on
peut aisément confondre avec le très-remarquable maxillaire qui
en fait la plus grande partie. Ce petit intermaxillaire a une branche
montante courte; il est caché, en partie, sous la portion antérieure
du maxillaire; il a sous la branche montante une dent conique,
suivie de quatre petites dents; vient ensuite une grande canine; puis
cinq petites dents coniques, une longue dent pointue, égale et
semblable à la seconde des grandes, et enfin une série de très-petites
dents coniques. L'extrémité de l'intermaxillaire atteint à peine au
delà du bord antérieur de l'orbite. Le maxillaire qui recouvre tout
l'os précédent à partir de la branche montante, a une première
grande dent à l'endroit où finit l'intermaxillaire; au delà, je lui
compte quatorze grandes dents coniques et très-pointues, inégalement espacées; les dernières sont tout à fait à l'extrémité de l'os,
et entre ces dents et tout le long du bord, il y en a une série de
très-petites, coniques et pointues. Un maxillaire supplémentaire
remonte sous le sous-orbitaire et forme une espèce d'arc, qui va
rejoindre la partie antérieure de l'os, à peu près à l'endroit où son
bord devient le plus concave. Les dents de la mâchoire inférieure
sont semblables à celles du maxillaire. Cet os et le sous-orbitaire
sont tellement minces que l'on voit ses dents à travers quand la
gueule est fermée. Les palatins et les ptérygoïdiens portent des dents
en râpe très-fine; il n'y en a point sur le chevron du vomer. Les
pharyngiennes supérieures sont très-singulières; elles sont disposées

sur deux plaques oblongues, étroites. Les dents de devant sont en grosse herse, et trois dents plus longues, tout à fait auprès du pharynx, sont couchées obliquement, de manière à s'entre-croiser avec les dents semblables du pharyngien opposé. Les pharyngiennes inférieures et les linguales sont en grosse herse; il n'y a que de très-fines âpretés sur l'extrémité de la langue. Les ouïes sont très-largement fendues. La membrane branchiale est courte, soutenue par des rayons espacés; elle est presque entièrement cachée sous la branche de la mâchoire inférieure. Les peignes des branchies sont courts, et les râtelures antérieures sont au contraire assez longues. La première dorsale est reculée sur le dos et répond au commencement de l'anale; celle-ci est assez allongée sous la queue. L'adipeuse est petite, étroite et très-molle. Il y a des épines libres et recourbées au-devant de la caudale. On peut les considérer comme des rayons plus poignants de cette nageoire, qui est d'ailleurs petite et fourchue. Les pectorales sont insérées tout à fait au bas de la ceinture humérale, près du tranchant du ventre. Les ventrales sont petites, au-devant de la dorsale; mais plus rapprochées de l'anus que de l'épaule.

B. 14*; D. 15; A. 31; C. 29; P. 12; V. 8.

Malgré l'épithète que lui a donnée Rafinesque, et que nous avons conservée, puisque nous l'avons vue adoptée par le prince Charles Bonaparte, il n'en est pas moins vrai que le corps est couvert d'écailles minces, caduques. La couleur est un bel argenté blanc sur les flancs, qui sont tous piquetés de points noirs. Le dos et le ventre passent au bleu noirâtre. Les nageoires sont transparentes. Il y a un peu plus de jaune sur la caudale.

L'individu donné par le prince de Canino est long de six pouces. M. Bibron en a rapporté plusieurs autres de

---

* L'auteur de l'Ichthyologie italienne n'en indique que dix. Il aura très-probablement négligé les quatre petits rayons plus difficiles à voir, qui sont vers le haut de l'opercule. J'ai compté ces quatorze rayons sur un exemplaire que je dois à sa bienveillance.

Messine un peu plus petits. Il paraît que c'est dans la mer qui baigne la Sicile qu'on prend ce poisson avec toutes ces autres petites espèces, confondues sous le nom de *poissons du diable.*

Le prince de Canino en a donné une excellente figure. On en trouve une seconde, mais d'une lithographie un peu rude, dans la lettre du docteur Cocco sur les Salmonoïdes : il l'appelait *Gonostomus acanthurus.* Ce zélé ichthyologiste avait parlé précédemment de cette espèce dans le Journal des sciences de Sicile sous le nom de *Gasteropelecus acanthurus.* Le poisson avait été plutôt indiqué que décrit par Rafinesque, sous le nom que le prince de Canino a cru devoir conserver.

B. *Du genre* Chauliode (*Chauliodus*).

Ce genre est extrêmement voisin des Gonostomes. En effet, les intermaxillaires, grêles et peu mobiles, ne dépassent pas l'œil; le maxillaire, qui est assez fortement uni au premier, commence à la seconde dent et vient border tout le reste de l'arcade de la gueule si largement fendue. Les dents caractérisent ce genre; elles sont différentes de celles des Gonostomes : ce sont des crochets grêles, pointus, comprimés et courbés. Ils adhèrent tout à fait à l'os; ceux de devant de la mâchoire inférieure sont les plus grands. Ils remontent sur le crâne au-dessus des yeux, quand la gueule est fermée. Il y a aussi des dents palatines en crochets assez longs, quoiqu'elles soient plus courtes que ceux des mâchoires; les pharyngiennes sont en herse; mais je ne vois pas de dents sur le vomer ni sur la langue. Ces Chauliodes ont deux dorsales, l'antérieure correspond à l'intervalle qui sépare les deux nageoires paires; la seconde, adipeuse, est réduite à une membrane allongée, mince, ayant des vestiges de rayons si mous, qu'ils ne tiennent pas la nageoire redressée; pour l'apercevoir il faut avoir soin de tenir le poisson dans l'eau, on la voit alors flotter au-dessus de l'anale. Les ouïes sont très-largement fendues, et la membrane branchiostège a dix-sept rayons.

La première et la plus grande espèce de ce genre, connue depuis les travaux de Catesby, est assez répandue dans la Méditerranée. J'en décrirai une seconde espèce qui vient du grand bassin de l'Atlantique.

C'est d'après la première que le genre Chauliode a été établi par Bloch. Lorsque M. Cuvier composa le Règne animal, il n'avait pas vu ce poisson d'après nature; n'en jugeant que d'après la figure incomplète de Catesby, il crut devoir placer ses Chauliodes auprès de son genre *Stomias*. Celui-ci, comme M. Cuvier l'a bien déterminé, et comme je l'ai démontré depuis, en traitant de ce genre dans la famille des Brochets, appartient au groupe qui lui a été assigné par M. Cuvier; car la dorsale est unique et reculée sur le dos de la queue; mais on ne peut nier qu'il n'y ait une curieuse ressemblance entre la tête et les dents des *Stomias* et des Chauliodes. Les naturalistes qui ont succédé à M. Cuvier ont tous cru, d'après lui, qu'il fallait rapprocher ces deux genres; voilà pourquoi, celui dont nous allons traiter maintenant se trouve mal placé dans toutes les Ichthyologies.

Le CHAULIODE DE SLOANE.

(*Chauliodus Sloani*, Bloch.)

Un poisson, qui n'est pas sans affinité avec les *Stomias*, mais qui appartient à la grande famille des Salmonoïdes, et que les naturalistes ont méconnu pendant longtemps, est celui qui appartient au genre Chauliode. Nous allons, suivant notre usage, en donner une description détaillée d'après nature.

Le Chauliode est remarquable par la grosseur de sa tête et par la hauteur de la ceinture humérale. Au delà des pectorales, le corps se rétrécit beaucoup; il est très-comprimé. L'épaisseur du tronc égale la hauteur du corps, mesurée à la fin de l'adipeuse, et n'est guère que le quart de la hauteur aux pectorales; celle-ci, portée sur le corps, est comprise sept fois et demie dans la longueur totale. La hauteur de la tête, mesurée de la nuque à l'angle de la mâchoire inférieure, est égale à la longueur de la tête, qui est un peu plus petite que le huitième de la longueur totale. La ligne du profil est concave au-dessus de l'œil; elle se soutient assez fortement jusqu'au commencement du dos; elle devient ensuite droite et oblique jusqu'à la caudale. La gueule est très-largement fendue, ainsi que l'ouverture branchiale. Les deux mâchoires sont armées de fortes dents très-aiguës, très-longues, faisant corps avec l'os de la mâchoire et n'ayant aucune mobilité semblable à celle de l'*Odontostomus Balbo*; mais nous y voyons des dents de remplacement comme il y en a dans ce poisson. La mâchoire supérieure est formée par des intermaxillaires assez longs, peu mobiles, armés chacun de quatre très-grosses dents. L'extrémité de l'os dépasse un peu l'œil. A l'extrémité, il y a une première dent conique, un peu courbée, régulièrement pointue à son extrémité. Cette dent est moins longue que la seconde, laquelle a son extrémité courbée et un peu redressée, de manière à ce que cette pointe laisse en arrière une sorte de petit biseau; mais il n'y a pas de talon, ni de crochet, ni même de dentelure. La troisième est un peu plus courte que la quatrième, et ne fait guère que la moitié de la longueur de la seconde. Il n'y a entre ces dents, le long de l'os, que les dents de remplacement. Le maxillaire, assez fortement uni au précédent, commence à la seconde dent; il n'a que de petites dents aiguës, inégales, dirigées en arrière qu'après avoir dépassé l'intermaxillaire. Son extrémité s'élargit un peu et se termine en angle d'un petit chevron, parce que les deux bords sont coupés obliquement. La mâchoire inférieure a les branches étroites; la symphyse, assez haute, a une pointe mousse, médiane. De chaque côté on voit deux très-longues dents, un peu courbées, très-aiguës, plus longues que celles de la mâchoire supérieure, et remontant de chaque côté du crâne quand la gueule est fermée. Vient ensuite une seconde dent pointue, un peu courbe, qui est moindre que le tiers de la précédente. La troisième est plus longue, car elle fait presque la moitié de la première. Les quatre ou cinq dents qui suivent diminuent graduellement, et la dernière est une très-courte épine. Il y a aussi une rangée de dents courtes et pointues, écartées l'une de l'autre sur les palatins; mais je n'en vois pas sur le vomer ni sur la langue. Elles sont disposées en herse sur deux petites plaques; les pharyngiens le sont de manière à s'entre-croiser l'une l'autre. Le pharynx est d'ailleurs très-étroit.

Après avoir commencé par décrire ce qu'il y a de plus saillant dans le poisson, je vais faire connaître les autres parties de son organisation. L'œil est de grandeur médiocre; il est placé près de l'extrémité du museau et sur le haut de la joue. Les sous-orbitaires sont très-petits. Le préopercule est très-reculé, parce qu'il descend presque verticalement du mastoïdien à l'angle de la bouche; il est même un peu concave. L'opercule est haut, très-étroit et tellement mince qu'il ressemble à une pellicule. Le sous-opercule, qui est également étroit, mais plus court, est un peu caverneux. L'inter-opercule est très-petit. La membrane branchiale a très-peu de largeur et est soutenue par des rayons courts et espacés. Les peignes des branchies sont aussi très-courts, et je ne vois que quelques très-rares râtelures, à peine perceptibles sur le devant des arceaux. La ceinture humérale se compose d'un scapulaire long et grêle, et placé obliquement; il descend jusqu'à la moitié de la hauteur du corps. L'huméral et les autres os de la ceinture sont dirigés obliquement en avant. La pectorale est attachée tout à fait au bas, et elle remonte en se collant contre le corps vers la dorsale; celle-ci est implantée au quart antérieur de la longueur; elle est portée sur une sorte de petit pédoncule; son premier rayon se prolonge en un long filet, égalant au moins la distance qui sépare la nageoire de l'extrémité du museau. L'adipeuse est longue; elle répond aux premiers rayons de l'anale; celle-ci n'est pas étendue; ses premiers rayons sont à peu près trois fois plus longs que les derniers. La caudale est petite et fourchue. Quant aux ventrales allongées, elles sont sur la première moitié du corps, à peu près autant éloignées du rayon filiforme de la dorsale que celui-ci l'est de l'extrémité de la mâchoire supérieure. Les rayons se terminent en filaments déliés; les internes sont plus longs que les externes; ce qui rappelle la forme de la nageoire des Saurus.

B. 17; D. 6; A. 12; C. 27; P. 14; V. 7.

Ces nombres diffèrent assez notablement de ceux qui sont indiqués dans l'ichthyologie italienne. Je crois pouvoir répondre cependant de leur exactitude, parce que je les ai comptés sur plusieurs exemplaires. Quant à l'adipeuse, je vois bien des traces de filaments sur les membranes. J'en compte même jusqu'à quinze sur l'un de mes Chauliodes; mais la grandeur et la disposition de ces filets ont été singulièrement exagérées dans le dessin que le prince de Canino nous a donné de ce poisson, et cependant je me hâte de dire que sa figure est meilleure que celles de ses prédécesseurs. Le corps du Chauliode est couvert de larges écailles excessivement minces, caduques, et dont on compte facilement cinquante-cinq à cinquante-sept rangées le long des flancs. Une couleur d'un brun chocolat, à brillants reflets argentés, est étendue sur le dos et sur les flancs. Le ventre paraît noir; il y a deux séries de points argentés jusque sur la membrane branchiale, quelques-uns même sont épars sur le bas de l'opercule.

Le plus grand exemplaire conservé dans la collection
nationale est long de six pouces. Nous en avons d'autres
plus petits, que nous devons aux recherches actives faites
en Sicile par M. Bibron. Le prince de Canino en a aussi
envoyé un aux collections du Muséum d'histoire naturelle.

Telle est la description d'un poisson très-anciennement
connu, et qui aurait été parfaitement figuré dans l'ouvrage
de Catesby[1], si le dessinateur n'avait pas oublié l'adipeuse.
Il n'y a pas de doute, en effet, que, sauf cet oubli, la
figure du *Vipera marina* ne représente d'une manière
parfaitement reconnaissable le Chauliode. Il faut cependant remarquer que la coloration n'est pas exempte de
tout reproche, et que les points argentés ou dorés qui
brillent sur ce poisson ont été oubliés. Le poisson de
Catesby avait été pris à Gibraltar; il est maintenant conservé
dans le *British Museum.* Comme il avait été déposé dans
le cabinet du célèbre président de la Société royale de
Londres, Hans Sloane, Bloch[2] eut l'idée de le dédier, dans
le Système posthume, à ce savant, en l'appelant *Chauliodus
Sloani,* quoique la figure porte, dans l'atlas, le nom de
Chauliodus setinotus. Le nom de ce genre a été composé
d'après la forme des dents. Il suffit de jeter les yeux sur
la représentation de Bloch pour se convaincre qu'elle n'est
qu'une copie un peu modifiée de la figure de Catesby.
Shaw[3], dans sa Zoologie générale, fut plus exact, car il
reproduisit sans altération la figure de son compatriote;
seulement il considéra ce poisson comme une espèce

---

1. Catesby, Carol., suppl., p. 9, tab. 9.
2. Bloch, Syst. posth., édit. Schneider, p. 430, tab. 85.
3. Sh., *Gener. Zool.,* vol. V, part. 1, p. 120, tab. 3.

d'Ésox, et il l'appela *Esox stomias.* Il résulte donc de là
que le *Chauliodus Sloani,* le *C. setinotus* ou l'*Esox stomias*
de Shaw ne reposent que sur un seul et même document,
celui de Catesby.

Les zoologistes admettront avec une entière confiance la
détermination que je fais du poisson de Catesby, quand
ils apprendront que, pour lever tous les doutes à ce sujet,
j'ai envoyé à mes savants collègues et amis de Londres,
MM. R. Owen et J. E. Gray, un individu pris dans le canal
de Messine, pour le comparer au poisson de Sloane. En
imprimant ce chapitre, je reçois d'eux la certitude de
l'identité spécifique de ces Chauliodes. Je leur témoigne,
avec empressement, l'expression de ma gratitude.

M. Risso a retrouvé le Chauliode à Nice. Il n'y a point
reconnu l'espèce figurée par Catesby, et en le comparant
à la mauvaise figure donnée par Bloch, il le crut différent
de celui qui est figuré dans le Système posthume, de sorte
qu'il le fit paraître comme distinct sous le nom de *Ch.
Schneideri.* La figure qu'il en a donnée est assez reconnaissable; l'adipeuse y est représentée avec des rayons trop
sentis, trop gros; mais la description donnée par cet auteur
est loin d'être satisfaisante. En se dirigeant d'après les idées
qu'il puisait dans le Règne animal, il a placé le Chauliode
auprès du genre *Stomias,* dans sa famille des Exocéides,
ainsi caractérisée : Les Exocéides ont une *seule* nageoire
dorsale, sans adipeuse, etc.; et l'on voit, dans la description
du Chauliode, que la seconde dorsale est fort petite et
au-dessus de l'anale. Une transposition d'étiquette m'a
fait commettre, dans l'Iconographie du Règne animal de
M. Cuvier, une erreur semblable à celle de Catesby; car
le dessinateur a oublié dans sa figure l'adipeuse de ce

poisson. Une autre erreur que je me reproche, c'est d'avoir
donné cette figure incomplète du Chauliode sous le nom
de *Stomias Boa*. Le prince de Canino a rétabli, dans une
excellente figure publiée dans la Faune italienne, les traits
caractéristiques de cette espèce ; mais il ne l'a pas rappro-
chée, suivant les affinités naturelles, de la famille qui doit
embrasser ce poisson.

Le CHAULIODE DE FIELD.

(*Chauliodus Fieldii*, nob.)

Les travaux que je viens de faire sur les poissons conservés
dans nos collections, m'ont fait retrouver la place de l'espèce
dont j'ai parlé dans l'histoire des *Esox* [1], sous le nom de
Stomias Fieldii. On a pu voir avec quelle réserve j'ai cité
cette espèce, parce que je ne la décrivais pas d'après nature.
Ne croyant pas la posséder, je m'en rapportais au dessin
que le docteur Mitchill m'avait envoyé de New-York ; elle
était cependant dans nos collections, et placée à la suite des
Salmonoïdes près des Scopèles. M. Dussumier nous en avait
rapporté des exemplaires pris à 150 lieues S. O. des Açores,
et d'autres pêchés auprès de Sainte-Hélène. Le long barbillon que ces poissons portent sous la symphyse m'avait
fait juger, d'après le dessin de Mitchill, qu'on pouvait les
placer auprès du *Stomias*. La seconde nageoire a été ou-
bliée par le peintre ; mais l'examen du poisson m'a prouvé
qu'ils ont une adipeuse et un système de dentition qui les
rapprochent évidemment des Chauliodes. Nos individus
sont de petites dimensions :

---

1. Val., Hist. nat. des Poissons, t. XVIII, p. 378.

Ils ont le corps court et trapu; la tête grosse; la queue très-grêle et très-étroite. La hauteur prise à la ceinture humérale est du cinquième de la longueur totale. L'intermaxillaire dépasse l'œil. A son extrémité sont deux longues dents en crochet; puis, le long de l'os sont disposées, par paires et sur deux rangs, de petites dents coniques. Le tubercule du maxillaire répond à la seconde dent. Son bord commence à être denticulé au delà de l'intermaxillaire. La mâchoire inférieure a aussi deux longs crochets à sa pointe; puis des petites dents coniques, disposées par paires et sur deux rangs. L'opercule et l'interopercule sont très-étroits. Les pectorales sont étroites, oblongues, dirigées en arrière; elles atteignent à la ventrale; celles-ci ont leurs rayons internes plus longs que les externes. Les premiers rayons de la dorsale répondent à l'aisselle de la nageoire abdominale. L'adipeuse est très-petite, très-étroite. L'anale est courte; la caudale est un peu fourchue. Le barbillon qui est attaché sous la symphyse dépasse l'angle du maxillaire.

B. 17; D. 14; A. 11; C. 21; P. 8; V. 7.

La couleur est un brun noirâtre très-foncé, piqueté de nombreux points argentés, excessivement petits, mais qui rappellent cependant ceux des Scopèles. Les nageoires sont blanches. Le plus grand de nos individus n'a que deux pouces de long.

Je répéterai ici que ce Chauliode a été désigné par Mitchill, dans la lettre à M. Cuvier, sous le nom d'*Esox cirrhatus;* mais je puis affirmer maintenant que ce naturaliste l'avait très-mal examiné, puisqu'il lui refuse des dents sur le palais, et qu'il n'avait indiqué qu'un seul rayon à la membrane branchiostège. Le capitaine Field le prit pendant sa traversée de Mogador à New-York; cela prouve que cette petite espèce est assez commune dans le grand bassin de l'Atlantique. Elle a été parfaitement figurée par mon savant ami, le docteur Richardson, dans l'ichthyologie du Sulphur[1]. Ce savant zoologiste en a publié une description détaillée des plus exactes. Je ne trouve d'autre modification à y apporter que de compter plus exactement les rayons de la membrane branchiostège. A l'époque où Richardson a écrit, le genre des Chauliodes n'était pas encore déterminé comme j'espère qu'il va l'être aujourd'hui. Aussi M. Richardson n'hésita pas à considérer le petit poisson décrit dans cet article, comme formant un genre distinct dont il saisissait fort bien les affinités en le plaçant auprès des Scopèles. Il lui donna le nom d'*Astronesthes,* parce qu'en effet la peau nue de ce poisson est parsemée ou étoilée d'un nombre considérable de petits points blancs et brillants. Les naturalistes qui voudront même attacher à la forte dentition de la langue plus d'importance caractéristique que je ne crois devoir lui en donner, conserveront même ce genre. C'est avec doute que M. Richardson indique son poisson comme originaire des mers de Chine; il me paraît plus probable que c'est une des observations faites à bord du Sulphur; car les localités que j'ai indiquées plus haut sont très-certaines.

C. *Des* ARGYROPELECUS.

M. Cuvier, en publiant dans la deuxième édition du Règne animal les caractères des Sternoptyx, en cite deux espèces qui pourront, dit-il, former un jour le type de deux genres. Cet illustre zoologiste avait parfaitement raison; il aurait pu les établir, il aurait dû même le faire;

---

1. Rich., Sulphur, pl. 50, fig. 1, 2, 8, p. 97.

car M. Cocco, que nous avons déjà cité pour ses recherches assidues sur les Scopèles, lui avait envoyé la description et la figure d'un petit poisson du canal de Messine,
voisin du Sternoptyx d'Hermann, et qu'il avait nommé
Argyropelecus. Comme le naturaliste de Palerme, trompé
par les écrits de Risso, avait cru qu'il y avait des affinités
entre les Scopèles et les *Gasteropelecus,* il avait aussi
comparé son poisson, voisin des Sternoptyx, aux Serpes.
Cette comparaison lui a suggéré l'idée du nom qu'il a composé, mais, ce qui est plus fâcheux, lui a fait très-mal
asseoir les caractères de ce genre nouveau. Nous possédons,
dans les collections du Muséum, un assez grand nombre de
ces petits poissons; M. Cuvier, un peu pressé, a renvoyé à
notre grande Ichthyologie pour traiter avec détail ces
diverses espèces. C'est ce que nous allons essayer de faire.

Les *Argyropelecus* ont le corps très-comprimé; le tronc
haut et en polygone irrégulier; il est terminé par une
queue plus ou moins longue, étroite à son origine, et souvent très-mince près de la caudale. La bouche est presque
verticale; l'arcade supérieure est formée en partie par les
intermaxillaires et en partie par les maxillaires. Quand les
premiers sont allongés, comme dans l'espèce de la Méditerranée, les seconds entrent pour peu de chose dans le bord
supérieur de la bouche, et alors la bouche ressemble tout à
fait à celle des Gonostomes. Mais quand les intermaxillaires
sont courts, ainsi que cela a lieu chez plusieurs poissons
de l'Atlantique, le maxillaire forme presque en entier l'arc
supérieur de la bouche. Ce maxillaire est d'ailleurs composé
de trois pièces : l'une porte les dents; la seconde, petite
palette triangulaire à sommet très-aigu, est attachée au
bas et derrière la première. Enfin, une troisième est une

plaque oblongue, trois ou quatre fois plus haute que large, mince comme une pellicule, d'une parfaite transparence quand on lui a enlevé le pigment argenté dont elle brille. Elle adhère par son bord antérieur à l'arcade du maxillaire qui porte les dents; elle se meut avec lui, elle vient se placer en dessous du sous-orbitaire qu'elle semble en quelque sorte continuer. Des dents en crochet, inégales, quelquefois assez longues et sur un seul rang, hérissent les deux mâchoires. Il y a sur chaque palatin une rangée de petits crochets semblables. La membrane branchiostège a neuf rayons. Une tache argentée existe sur la membrane qui les réunit auprès du corps de l'hyoïde. Une autre grosse tache argentée brille sur les écailles comprimées qui forment la carène tranchante de l'abdomen. Il y a des écailles argentées de chaque côté de l'anus, puis une série de taches à la base de l'anale et d'autres sous la queue. Les huméraux forment une ceinture remarquable sous la gorge; il en est de même des os du bassin qui se terminent en pointe plus ou moins longue, diversement dentelée, selon les espèces. Les interépineux ou même les apophyses des premières vertèbres se prolongent entre la nuque et la dorsale, et forment une crête osseuse très-mince, recouverte par un épiderme sensible au-devant de la dorsale. Ces poissons ont un intestin à double courbure, quatre appendices cœcales; le foie très-petit; les œufs assez gros : je n'oserais dire qu'ils soient libres dans la cavité abdominale, mais ils m'ont paru tels, à moins que l'extrême délicatesse de la membrane du sac ovarien ne m'ait empêché de faire une observation exacte.

Ces caractères génériques des Argyropelecus, petits poissons qui ont été portés à la connaissance des naturalistes

par M. le docteur Anastasio Cocco, sont dus aux observations de cet habile observateur. Depuis, M. Webb,
M. Reynaud, MM. Dussumier et Quoy ont rapporté
d'autres espèces de l'Atlantique. C'est à l'une d'elles qu'appartient le Sternoptyx d'Olfers, que j'ai dessiné dans le
cabinet de Berlin. Il est facile de voir que les caractères
assignés à ce genre fixent ces poissons dans le voisinage des
Scopèles à côté des Gonostomes. Ils en ont, en effet, la
composition de la bouche et presque la dentition. Les
taches argentées du corps montrent comme caractère
secondaire la certitude de cette affinité, et je fortifierais
encore au besoin ces raisons, en faisant observer que l'un
de mes *Argyropelecus* a des épines sur la queue comme
nous en trouvons dans les Scopèles. Quelques années après
la publication faite par M. Cocco, dans le Journal des
sciences et lettres de Palerme, ce zélé zoologiste, qui ne
connaissait pas bien le Sternoptyx d'Hermann, crut devoir
placer dans ce genre et à côté de celui d'Olfers, figuré par
M. Cuvier, son *Argyropelecus* du canal de Messine, et c'est
ainsi qu'il fit paraître la même espèce dans sa lettre au professeur Costa de Naples, sous le nom de Sternoptyx méditerranéen. Le prince Charles Bonaparte revint sur ces
travaux dans sa Faune italienne. Je ferai remarquer qu'il
semble avoir écrit sa petite monographie, le Règne animal
à la main; car la caractéristique de ses deux genres n'est
que la simple traduction des phrases du Règne animal.
Il ne parle point des dents palatines ni de la composition
si importante de l'arcade maxillaire. Il fait de plus une
confusion que j'ai peine à concevoir; après avoir cité le
Sternoptyx diaphana, il regarde que le *St. Olfersi,* qui
sera du genre *Argyropelecus*, ne peut être séparé du

St. Hermanni. Je ne vois, ni dans le texte, ni dans les explications des planches données dans le tome III, aucune parole de M. Cuvier qui puisse faire croire que l'auteur du Règne animal ait établi un *St. Hermanni* différent du *St. diaphana.*

En distinguant génériquement les *Argyropelecus* des Sternoptyx, on fixe les caractères de l'un et de l'autre groupe de ces poissons; on rend plus facile l'appréciation de l'affinité de ces différents genres, et l'étude que nous allons faire dans le chapitre suivant du Sternoptyx, viendra compléter la démonstration que tous ces genres appartiennent bien à la famille des Salmonoïdes.

L'Argyropelecus de la Mediterranée.

(*Argyropelecus hemigymnus*, Cocco.)

On doit à M. Cocco la première description et la première figure de cette jolie petite espèce d'*Argyropelecus,* assez abondante sur certains points de la Méditerranée. Quoiqu'elle soit la plus petite du genre et la moins anciennement connue, je vais commencer la description de cette monographie par cette espèce, attendu qu'il me paraît plus facile de se la procurer que toute autre. Elle est d'une forme très-singulière. A cause de l'éclat brillant et argenté de son corps, on pourrait presque la comparer à une petite médaille hexagonale et irrégulière, terminée par une queue grêle et assez longue.

La hauteur verticale, mesurée à la nuque, est égale à la longueur du disque et à celle de la queue, en n'y comprenant pas la caudale; celle-ci égale, à peu de chose près, le sixième de la longueur

totale. Le corps est tellement comprimé que l'épaisseur n'est que le
septième de la hauteur. La tête égale à peu près le quart de la
longueur totale. L'œil est assez grand, tout à fait sur le haut de
la joue, tellement, que le cercle de l'orbite échancre la ligne du
profil. Les deux yeux sont gros et saillants; mais les frontaux qui
les séparent sont tellement étroits que les deux globes de l'œil
semblent se toucher. Je vois, pour premier sous-orbitaire, une très-
petite pièce osseuse, mince comme une membrane, placée au-devant
de l'œil sous la narine, entre l'orbite et l'intermaxillaire. Un second
sous-orbitaire longe le bord du maxillaire; c'est une lamelle d'une
minceur pelliculaire, elliptique, que l'on prendrait facilement
comme dépendante du maxillaire si on ne la dissèque avec soin.
La bouche est assez largement fendue. La mâchoire supérieure est
tout à fait verticale; l'inférieure se redresse au-devant d'elle et la
dépasse un peu. La symphyse a un petit tubercule saillant. L'arcade
dentaire est formée, en haut, par de courts intermaxillaires, qui
ont de courtes branches montantes. Ces intermaxillaires bordent
en avant les maxillaires larges, aplatis, excessivement minces; ils
descendent jusqu'à l'angle de la commissure, de telle façon qu'ils
bordent la bouche. Les maxillaires qui sont beaucoup plus longs
et qui descendent jusque sur l'angulaire de la mâchoire inférieure,
continuent sur le devant l'arcade de la mâchoire supérieure. C'est
donc une constitution qui rappelle celle des Gonostomes ou celle
de plusieurs Clupées. Derrière le maxillaire il existe un petit maxillaire supplémentaire, qui est pointu vers le haut et élargi vers le
bas. Cet os remonte jusqu'auprès du premier sous-orbitaire. Les
branches de la mâchoire inférieure sont composées de pièces
caverneuses, qui se séparent facilement les unes des autres. L'angulaire se termine par une épine triangulaire assez saillante, qui
se détache sur la peau argentée qui recouvre l'angle de la ceinture
humérale. Le préopercule est très-étroit; son angle se termine par
une forte épine saillante, dirigée vers le bas. L'opercule est excessivement mince, triangulaire, étroit et pointu près de son articulation; il a dans le milieu une sorte de petite carène; une très-petite
paillette argentée, échancrée vers le bas, nous montre le sous-oper-

cule, et enfin l'interopercule, encore plus petit, se prolonge en une petite pointe excessivement mince sous le bord horizontal du préopercule. Pour retrouver les diverses pièces du sous-orbitaire ou de l'appareil operculaire, il faut avoir soin de choisir des individus bien complets; car toutes ces pièces sont si minces et se détachent si facilement qu'on ne les trouve pas toujours sur tous les exemplaires. Je vois des dents en crochets sur les intermaxillaires, sur le maxillaire; celles de la mâchoire inférieure sont plus longues, surtout les latérales. Puis il y en a une ligne sur le bord de chaque palatin; elles sont crochues comme celles des mâchoires. Je n'en aperçois pas sur le vomer. Il n'y en a pas non plus sur la langue. Les ouïes sont très-largement fendues, et la membrane branchiostège est très-visible. Je lui compte neuf rayons, dont les trois derniers sont un peu écartés des autres. Près de l'insertion des six premiers on voit une tache argentée qui rappelle tout à fait celle que nous trouvons dans les Scopèles et les Gonostomes. Je ne trouve pas de branchie operculaire. Les peignes des branchies sont très-courts; mais les râtelures sont assez longues. La ceinture humérale se compose d'un scapulaire grêle, plié à angle droit sur la nuque, et dont la branche inférieure descend verticalement derrière l'opercule. Vient ensuite un huméral à surface ciselée, un peu arquée; il descend tout le long de la fente des branchies jusqu'au delà de l'articulation de la pectorale. Il donne, en arrière, une petite languette étroite, qui se porte sous les derniers rayons de la nageoire, de manière que la pectorale est articulée dans l'échancrure de cet os; mais, en même temps, l'os se continue en avant pour se dilater bientôt en une palette triangulaire, appuyée sur celle du côté opposé; il y a une seconde échancrure en avant de la pectorale; c'est sous cet os que sont ceux de l'avant-bras. La pectorale est étroite et longue, car l'extrémité des rayons atteint presque jusqu'à l'anale, c'est-à-dire, qu'ils dépassent beaucoup le disque du corps. Les os pelviens sont gros et longs; ils remontent verticalement pour s'attacher vers le haut près de la colonne vertébrale; ils ont donc, à peu près, la hauteur du tronc, ou tout au moins, la même longueur que les côtes. Ces deux os se réunissent en chevron, dont l'angle est une

petite plaque triangulaire, excessivement mince, à bord tranchant
et dentelé. La partie postérieure se prolonge en une pointe un peu
plus forte, saillante derrière le disque du corps. C'est au-dessus
de cette épine que sont insérées les ventrales, petites nageoires que
l'on peut cependant retrouver avec un peu d'attention. On voit
très-facilement, le long des flancs, les lignes saillantes marquées
par les côtes. Il est facile d'en compter au moins sept. Elles viennent
toutes se réunir le long d'une petite carène très-aiguë, formée par
une suite de chevrons osseux, rappellant tout à fait ceux de la
carène des Clupées. Chacun porte un petit disque argenté, brillant
du plus bel éclat poli, et que l'on peut, avec raison, comparer
aux taches des Gonostomes ou des Scopèles. Ils ont été pris par
Hermann pour les plis du sternum. Si l'appareil des nageoires
paires vient de nous montrer plusieurs particularités remarquables,
nous n'en trouvons pas de moins singulières dans ce qui avoisine
la dorsale. Nous voyons, en effet, les sept premières apophyses
épineuses se prolonger au delà des muscles, saillir au-dessus de la
peau, et, soit qu'on les considère comme simples, soit qu'on
veuille admettre que les interépineux ont été soudés et confondus
avec les apophyses des vertèbres; ces pièces s'élargissent et se soudent
entre elles, de manière à former au-devant de la dorsale une petite
plaque triangulaire, osseuse, nue, plus haute en arrière qu'en avant,
et sur laquelle il n'est pas difficile de compter sept petites carènes
relevées, correspondant aux interépineux. La pointe postérieure me
paraît un peu dentelée. C'est derrière cette plaque qu'existe une
petite dorsale, insérée obliquement, et qui ne dépasse pas le tronçon
de la queue en dessous, tout à fait à son origine est insérée l'anale,
étendue à peu près jusqu'au milieu de la longueur de la queue. En
avant de cette nageoire on trouve l'anus au fond d'un petit cloaque
linéaire, dont les lèvres sont formées par six petites plaques argentées, très-minces, lisses et qui font les premières taches des côtés
de la queue; elles sont éloignées et distinctes des six autres taches
également argentées qui correspondent aux derniers rayons de
l'anale. On trouve ensuite auprès de la caudale et toujours sous
la queue quatre autres petites plaques argentées. Il y a donc sous

cette portion du tronc trois groupes bien distincts de taches brillantes. Sur le dos de la queue et au delà de l'anale existe un très-léger vestige d'adipeuse. Enfin, nous ajouterons que la caudale est fourchue.

B. 9 ; D. 7 — 0 ; A. 11 ; C. 21 ; P. 9 ; V. 5.

L'*Argyropelecus* est couvert d'une peau nue, sans écailles, brillant d'un pigment argenté très-épais. Le dos paraît bleuâtre. Au-dessus de l'anale et à la base de la caudale on voit sur les poissons, conservés dans l'eau-de-vie, une tache noire qui existe, à ce qu'il paraît, aussi sur le poisson frais, autant que j'en puis juger par des dessins manuscrits envoyés à M. Cuvier par M. Risso. L'intérieur des branchies est noir.

Ce que j'ai pu voir des viscères de ce poisson m'a montré un foie très-petit, un estomac renflé comme un petit pois auprès du pylore. L'intestin fait deux replis. Il y a une vessie natatoire, et les œufs m'ont paru assez gros.

Le cabinet national en possède de nombreux exemplaires, dus aux recherches éclairées de M. Bibron. D'autres nous ont été donnés par M. Benoît. On conçoit qu'un poisson si commun ait excité l'attention de M. Cocco. Ce zélé naturaliste en a publié une première description sous le nom d'*Argyropelecus hemigymnus;* elle est insérée dans le premier fascicule des Actes de l'Académie de Sicile pour l'année 1829[1]. Le même savant est revenu sur ce poisson dans sa lettre au professeur Costa, de Naples. Les observations de 1838 sont insérées dans le Phare de Messine[2]. M. Cocco se décide alors à le considérer comme faisant partie du genre Sternoptyx, et il l'appelle *Sternoptyx méditerranéen.* L'espèce me paraît rester dans de petites

---

1. *Act. acad.*, *fascic.* 1, pl. 4, fig. 3. Palerme, 1829.
2. Phar. de Mess., vol. 4, ann. 6, fascic. 15.

dimensions, car tous les nombreux individus que je possède n'ont que dix-huit lignes de longueur. J'ai la certitude que ce poisson existe aussi sur la plage de Nice. M. Risso en avait envoyé à M. Cuvier une courte description, accompagnée d'un dessin reconnaissable; mais il n'en a été rien publié. Depuis, le prince Charles Bonaparte a donné, dans sa Faune italienne, une figure de ce même poisson. Il a conservé le nom générique que Cocco lui avait donné, et il a publié l'espèce sous le nom d'*Argyropelecus hemigymnus*. J'en ai donné aussi une figure dans l'Iconographie du Règne animal, sous le nom de *Sternopt. hemigymnus*.[1]

*L'*ARGYROPELECUS DE D'URVILLE.

(*Argyropelecus d'Urvillei*, nob.)

MM. Quoy et Gaimard ont trouvé, dans l'Atlantique, une seconde espèce qui diffère de celle de la Méditerranée,

parce qu'elle a la racine de la queue beaucoup plus haute, d'où il résulte que cette portion du corps est proportionnellement plus courte. La hauteur du tronc est encore égale à sa longueur et à celle de la queue. Les intermaxillaires sont beaucoup plus courts, de sorte que le maxillaire entre pour une beaucoup plus grande part dans l'arcade de la mâchoire supérieure. L'œil est aussi grand; son premier sous-orbitaire est un peu plus large. Le second recouvre de même le bord du maxillaire. L'angle de la mâchoire inférieure ne se prolonge pas en pointe; mais la symphyse, quoique plus étroite, a un petit tubercule saillant. L'angle du préopercule est de même terminé par deux pointes; mais la postérieure ou

---

1. Valenc., Poissons, pl. 103, fig. 3.

l'horizontale est ici plus sensible. Les os pelviens sont moins pointus et moins dentelés; mais l'huméral ressemble tout à fait à celui de la Méditerranée. La crête formée par les interépineux de la dorsale est beaucoup plus basse et sans dentelures. Je vois des dents en crochet aux intermaxillaires, aux maxillaires et aux palatins. Les dents moyennes de la mâchoire inférieure sont plus longues que celles de l'espèce de la Méditerranée. La pectorale est plus courte, car elle ne dépasse pas et même n'atteint pas le bord postérieur du tronc. L'individu de la collection est en si mauvais état que je n'ose donner le nombre des rayons des nageoires; mais je les trouve comptés de la manière suivante sur le dessin de M. Quoy :

B. 9; D. 9; A. 10; C. 20; P. 10; V. 6.

On voit cependant le repli membraneux, vestige de l'adipeuse; il est même assez haut. La couleur de ce poisson est un bleuâtre rembruni sur le dos et argenté sur tout le reste du corps.

Ces naturalistes ont pris ce poisson dans l'Atlantique, mais sans donner d'autre indication plus précise.

L'ARGYROPELECUS A ÉPINES.

(Argyropelecus aculeatus, nob.)

Celui-ci a le corps beaucoup plus haut que les précédents;

car la hauteur du tronc, atteint au delà des deux tiers de la longueur en n'y comprenant pas la caudale. La queue est plus courte que le tronc, et ne mesure que les trois cinquièmes de la hauteur. La base de la queue est même tellement étroite que le profil du corps, derrière les ventrales, est fortement échancré. L'œil est de grandeur médiocre, tout à fait sur le haut et sur le devant de la joue. L'espace frontal est extrêmement étroit, et l'on voit très-distinctement en avant et en arrière deux carènes divergentes. C'est à l'extrémité de ces carènes et tout à fait en dessus que sont les deux narines. Le sous-orbitaire, placé tout à fait au-devant de l'œil, est triangulaire et assez oblong. Le préopercule n'a qu'une épine à son angle; c'est la verticale ou l'inférieure; celle de l'angle de la mâchoire inférieure est très-obtuse. Les intermaxillaires sont courts; les maxillaires sont coupés carrément. La troisième ou la quatrième dent de la mâchoire inférieure est une épine assez longue; les autres dents sont petites et en crochet. La plaque des interépineux de la dorsale est un triangle assez haut, où l'on compte aisément onze rayons. Le bord est festonné, mais non dentelé. Les os pelviens sont terminés par deux épines; l'une récurrente ou dirigée en avant, courte; l'autre, postérieure, est assez longue. Le cloaque de cette espèce est assez grand. Les lamelles, écailleuses et argentées, qui en bordent la fente, sont plus épaisses et ont des épines saillantes; ce qui rend la lèvre un peu dentelée.

B. 9; D. 9; A. 14; C. 21; P. 10; V. 7.

Un autre caractère fort remarquable de cette espèce, repose sur la double rangée d'épines qui existe sous la queue, indépendamment des rayons d'apparence plus ou moins épineuse que l'on rencontre également dans les autres espèces.

Nous en possédons un exemplaire assez bien conservé, sur lequel on voit d'une manière très-nette les restes de l'adipeuse. Sa couleur ressemble tout à fait à celle des autres *Argyropelecus.*

Cette très-jolie espèce a été prise en mer, à la hauteur des Açores, par M. le professeur Regnault, alors chirurgien à bord de la Chevrette. L'individu est long de deux pouces et demi.

*L'*Argyropelecus d'Olfers.

(*Argyropelecus Olfersii*, nob.)

M. Cuvier a dédié au baron d'Olfers, sous le nom de *Sternoptyx Olfersii,* une espèce de l'Atlantique, voisine

de la précédente, mais qui s'en distingue par l'absence
des épines caudales. Cet *Argyropelecus* a d'ailleurs

le corps un peu moins haut que le précédent, car la hauteur est
égale à la longueur du tronc, mesurée depuis l'épaule jusqu'à la
caudale; tandis que dans le *Sternoptyx acanthurus* cette hauteur
du tronc est égale à la distance prise entre le bord du préopercule
et la base de la caudale. Il y a deux crochets assez longs aux
intermaxillaires qui sont courts. Les dents maxillaires sont pointues
et en crochet, et à l'extrémité du maxillaire on voit quatre dents
crochues et dirigées vers le haut, c'est-à-dire, qu'elles sont précisément courbées en sens inverse des autres dents. La mâchoire
inférieure a de longs crochets parmi ses dents pointues. L'angle
de la mâchoire se termine par une épine courte et plate. Le préopercule descend verticalement, il est armé d'une simple épine
grosse, courbée et dirigée en avant. Les deux pointes du bassin
sont égales et courtes; elles sont dirigées en sens contraire. La
crête interpariétale a sept ou huit rayons; elle est beaucoup plus
basse que celle de l'espèce précédente. Il n'y a pas d'épines sous la
queue, mais un peu au-devant de la caudale on voit quatre petites
taches argentées; elles sont séparées par un court intervalle de
l'anale et des six taches argentées qui sont au-dessus de cette
nageoire. Il y en a quatre autres entre l'anale et les ventrales
au-dessus des lèvres du cloaque. Ces lamelles écailleuses ont le
bord lisse; elles ressemblent, sous ce rapport, à celles de l'espèce
de la Méditerranée. La pectorale atteint à la ventrale; l'anale est
longue; on voit bien les traces de l'adipeuse, qui est longue et
basse.

B. 9; D. 9; A. 11; C. 25; P. 10; V. 6.

Le poisson, conservé dans l'esprit de vin, a le dos bleu foncé,
et tout le reste du corps argenté. Les nageoires sont devenues
jaunâtres.

Nous en possédons un très-bel exemplaire, long de deux
pouces et demi; nous le devons aux infatigables recherches

de M. Dussumier, qui l'a pris à quelques lieues au S. E. du cap de Bonne-Espérance, au milieu d'un de ces bancs d'innombrables zoophytes de très-petite taille, couvrant quelquefois la mer pendant plusieurs lieues, et que les marins appellent communément du frai de poisson. Le Sternoptyx était couché sur le coté et à fleur d'eau, quoiqu'il fût encore vivant. M. Dussumier écrit dans ses notes qu'il lui est difficile d'indiquer les couleurs changeantes de ce poisson. Celle de la nacre, prenant divers reflets où domine l'azur, était étendue sur le milieu de chaque côté. Cette teinte était bordée de noir du côté du dos, sur lequel on voyait briller cependant ces différents reflets. Ses nageoires étaient transparentes et l'œil d'un très-beau vert.

J'ai observé dans le cabinet de Berlin, un autre exemplaire qui a été pris dans l'Atlantique, entre les Canaries et le Brésil. M. d'Olfers m'a dit qu'on le retira avec la sonde au milieu des Fucus qui s'y attachent. Ce savant diplomate se rendait alors au Brésil, et il a su, dans plusieurs circonstances, mettre à profit sa position élevée pour être utile aux sciences naturelles et en particulier à l'ichthyologie. Avec quel plaisir je me rappelle encore aujourd'hui le bonheur que j'ai éprouvé à examiner ce poisson, voisin des Sternoptyx dont M. d'Olfers venait de faire présent au célèbre cabinet de Berlin; c'était alors le premier exemplaire qui pouvait fixer mes idées sur le poisson d'Hermann. Je remercie de nouveau mon ami, M. Lichtenstein, de la libéralité avec laquelle il m'a laissé profiter de tous les trésors scientifiques du beau Musée confié à sa direction.

Autant que je puis en juger par un dessin malheureusement peu soigné, qui avait été envoyé à M. Cuvier par M. Risso, je crois qu'on trouve l'*Argyropelecus Olfersii* sur les côtes des Canaries. Il avait été fait par M. Webb, mais comme je n'ai pas examiné ce poisson, je ne l'ai pas compris dans la description que j'ai faite des importantes collections ichthyologiques réunies par ce célèbre botaniste.

M. Cuvier[1] a fait dessiner l'exemplaire rapporté par M. Dussumier.

D. *Du* Sternoptyx.

On doit à Hermann, de Strasbourg, la connaissance, à la vérité fort incomplète, du singulier genre dont voici les caractères :

Le corps est haut et très-comprimé, soutenu par de longues côtes, dont on voit la trace sous les téguments argentés du tronc. La bouche, fendue presque verticalement, est bordée en haut par de très-courts intermaxillaires, et sur les côtés par les maxillaires, de sorte qu'elle est une véritable bouche de Truite ou de Salmonoïde. Elle a des dents sur plusieurs rangs à chaque mâchoire; elles sont disposées de manière que les plus courtes sont extérieures et que les plus longues sont intérieures. Les palatins, assez larges, n'ont que deux ou trois crochets sur le devant. Le vomer est lisse et sans dents. Les arceaux des branchies et les pharyngiens inférieurs ont quelques aspérités semblables à celles des mâchoires; mais l'extrémité de la langue est lisse et charnue. Cette dentition

---

1. Cuvier, Règne animal, 2.ᵉ édit., p. 316.

est assez remarquable; car celle des mâchoires rappelle beaucoup la disposition des dents des Saurus; celle des palatins ressemble beaucoup à celles des Chauliodes. Les ouïes sont largement fendues; la membrane branchiostège est soutenue par cinq rayons de forme différente; les trois mitoyens sont fins comme des soies, les deux autres, éloignés l'un de l'autre et des précédents, sont arqués, aplatis, élargis et tout à fait résistants. L'arcade humérale se prolonge en avant sous la gorge en une petite carène terminée par une pointe; mais les huméraux sont loin d'avoir la complication des *Argyropelecus.* Les os du bassin se terminent de même en pointe. Les ventrales sont petites. Les interépineux ne laissent au-devant de la dorsale qu'une large crête triangulaire à bord dentelé, sur laquelle on ne voit qu'une seule épine, grosse et saillante, formant le bord postérieur de la lame triangulaire. Il y a des points argentés le long de la carène du ventre, le long de l'anale et sous la queue. Les interépineux de l'anale se prolongent sous la base de la queue entre les deux feuillets d'une membrane triangulaire et transparente qui réunit la partie antérieure de cette nageoire au reste du corps : l'adipeuse est assez longue.

On voit par cet exposé que le Sternoptyx est très-voisin du genre précédent : il en diffère cependant suffisamment par la composition de sa mâchoire, par les dents maxillaires et palatines, et par le nombre des rayons de la membrane branchiostège; mais il montre en même temps comment tous les poissons avec lesquels il a de nombreuses affinités, sont des Salmonoïdes, et comment on ne peut pas plus faire une famille particulière des Sternoptyx et des *Argyropelecus,* qu'on ne peut séparer les

autres sous-familles de Salmonoïdes. M. Charles Bonaparte, qui a tenté ce travail, dit que les *Sternoptygini*
ont la mâchoire formée par l'os maxillaire; cela est vrai
pour le Sternoptyx; mais cela n'est pas plus exact pour
les *Argyropelecus* que pour les *Scopelini*.

Le genre Sternoptyx dont nous venons de rétablir tous
les caractères, a été fondé par Hermann; mais ce célèbre
zoologiste avait négligé les rayons branchiostèges et les
ventrales. Cette erreur de la description fit placer très-
singulièrement les Sternoptyx dans l'ordre des Apodes,
entre les Xiphias et les Leptocéphales. M. de Lacépède,
acceptant les caractères indiqués par Hermann, fit des
Sternoptyx un ordre particulier de la division des Apodes,
parce qu'il leur admettait un opercule branchial sans
membrane. Bloch, dans son Système posthume, rangea
aussi le genre Sternoptyx dans ce groupe des Apodes;
mais il l'associe au *Chœtodon alepidotus* de Linné, dont
il fait le *Sternoptyx Gardenii,* de sorte que le genre
se trouve composé de deux espèces, dont l'une est un
Scombéroïde et l'autre un Salmonoïde. Je ne puis trop
admirer la sagacité de M. Cuvier qui, dès la première
édition du Règne animal, ramena le Sternoptyx à la
famille des Salmonoïdes, quoique à cette époque il fût
encore obligé d'admettre que le poisson n'avait point de
ventrales, et que les ouïes paraissaient formées d'une
membrane sans rayons. Ce n'est qu'avec doute, dit-il, que
nous plaçons ici ce poisson que nous n'avons pas vu; ses
prévisions furent justifiées par les nouvelles observations
qu'il put faire sur ce curieux poisson, et que des anato-
mistes habiles, MM. Strauss et Reisseissen, s'empressèrent
d'envoyer à M. Cuvier.

Nous ne connaissons encore qu'une seule espèce de ce genre, qui vit dans le grand bassin de l'Atlantique et qu'il est difficile de se procurer, à cause de cette vie océanique.

Le STERNOPTYX D'HERMANN.

(*Sternoptyx diaphana*, Hermann.)

Il a le corps beaucoup plus trapu que les *Argyropelecus*; il est aussi beaucoup plus épais, et enfin, il est beaucoup plus polygonal. Si l'on place ce poisson de manière à prendre pour l'axe du corps une ligne passant par le milieu de l'œil et le milieu de la queue, et que cet axe soit horizontal, on voit la bouche descendre presque verticalement; la mâchoire inférieure et la membrane des branchies faire saillie au-devant de la bouche. L'extrémité de la ceinture humérale se termine en pointe, et le côté du polygone du corps, depuis la symphyse jusqu'à cet angle, est oblique en avant. La ligne du ventre descend en arrière, en faisant un angle presque droit avec celui-ci. Cette ligne est un peu plus courte que celle du côté précédent; puis du bassin jusqu'à l'extrémité de l'anale est un troisième côté, faisant avec le second un angle extrêmement obtus, de telle façon que la ligne de l'anale se relève peu. La courbe du dos remonte un peu obliquement, depuis l'extrémité du museau jusqu'à la plaque osseuse de la dorsale. Le profil redescend ensuite le long de la dorsale, en faisant quelques sinuosités. Le très-court tronçon de la queue, qui fait saillie au delà de ce polygone, a très-peu de hauteur. En mesurant donc la hauteur du tronc, depuis la base de la dorsale jusqu'au ventre, on la trouve égale à la distance mesurée depuis le bout du museau jusqu'à la naissance de la queue, ou ce qui est la même chose, jusqu'à la fin du repli membraneux, qui est la trace de l'adipeuse. L'axe du corps étant toujours horizontal, on voit que la tête est dirigée très-obliquement et portée en avant. La fente de l'ouïe suit cette direction et le bord de l'opercule est juste sur la ligne tirée du pied de l'épine dorsale à l'angle saillant de la ceinture humérale. L'œil est grand; son diamètre vertical est un peu plus long que l'horizontal, et celui-ci surpasse un peu la moitié de la longueur de la tête. L'intervalle qui sépare les deux yeux, est légèrement concave. Tout le dessus du crâne est lisse, mais il y a le long du bord de chaque orbite une crête sourcilaire, aiguë, dentée, qui va depuis la narine jusque sur la région mastoïdienne, où elle se termine en une pointe mousse, relevée sur le crâne. Je vois au-devant de l'œil un très-petit rudiment de sous-orbitaire. Le préopercule borde tout à fait l'orbite; il descend très-obliquement de la région mastoïdienne jusqu'un peu au-dessous de l'angle de la bouche, et se termine par deux pointes écartées en fourche; la postérieure, qui suit à peu près le corps de l'os, mais en se portant un peu en arrière, est aussi grosse que le limbe; l'épine antérieure est très-petite. L'opercule est une pièce tellement mince qu'on peut la dire membraneuse; il est très-étroit, terminé en pointe vers le bas, et son milieu est relevé par une carène longitudinale. Au-dessous, je trouve un sous-opercule pointu vers le haut, un peu plus large en bas; il n'a guère que la moitié de la longueur de l'opercule. La fente de la bouche est médiocre. De très-petits intermaxillaires sans branche montante occupent la partie moyenne de l'arcade dentaire. A leur extrémité sont articulés les maxillaires qui bordent tout le reste de la mâchoire supérieure. La bouche de ce Sternoptyx reprend donc la structure complète de celle des Salmonoïdes. La mâchoire inférieure a ses branches courtes et un peu arquées. Le palais est assez large; aussi les palatins sont-ils beaucoup plus grands que ceux des *Argyropelecus*. Les mâchoires portent de très-petites dents courtes, serrées, sur plusieurs rangs, et les internes sont plus grandes que les externes. Cette dentition ressemble un peu à celle des *Saurus*. Si la singularité de ce poisson engage à décrire ses dents avec plus de détails, il faut ajouter qu'elles sont implantées, par rangées obliques, sur l'os, de manière qu'on peut compter trois dents à la première série mitoyenne; quatre à la seconde; cinq à la troisième, autant à la quatrième, etc. Il n'y a sur les palatins que deux ou trois petits crochets, situés à l'extrémité antérieure de l'os. On voit donc que la dentition des Sternoptyx est notablement différente de celle des *Argyropelecus*. La fente de l'ouïe est assez grande; la membrane branchiostège se réunit sous la gorge en laissant un isthme large; elle n'a que cinq rayons, trois mitoyens, fins comme des soies; les deux externes sont plus forts, aplatis et un peu arqués. La ceinture humérale est oblique comme la tête. On observe un surscapulaire assez grand, irrégulièrement triangulaire, plié ou caréné; un scapulaire grêle et pointu vers le bas; sa surface est toute guillochée; il en est de même de celle de l'huméral, qui est étroit, qui descend jusqu'au-devant de la pectorale, mais qui n'a ni palette terminale, ni échancrure comme l'huméral des *Argyropelecus*. La pectorale est triangulaire et atteint à peine aux ventrales. Sur la cavité abdominale, qui est haute, comme dans tous ces petits poissons, on voit facilement les côtes, qui sont au nombre de sept ou huit au-devant des os du bassin; ceux-ci sont terminés par une double épine, saillante au delà des téguments. Derrière eux sont insérées les très-petites ventrales, auxquelles MM. Strauss et Reisseissen n'ont compté que trois rayons. Le long du ventre et au-devant des nageoires il y a dix petites fossettes, brillantes de l'éclat métallique le plus vif, et derrière elles on voit un petit enfoncement où est percé l'anus. Au-dessus de cette ouverture, les parois abdominales, remarquables par leur éclat argenté, remontent obliquement à peu près jusqu'aux deux cinquièmes de la hauteur; puis, ces téguments se portent à angle droit en arrière pour s'étendre sur la queue. Ils laissent un espace triangulaire, rempli par une membrane transparente et soutenue par les interépineux de l'anale, qu'on voit quelquefois comme des cheveux descendre à travers cette membrane jusqu'aux rayons de cette nageoire. Cette partie transparente justifie très-bien l'épithète donnée par Hermann à son poisson. Au haut de cet espace triangulaire, il y a trois fossettes nacrées ou argentées, puis on en trouve sous la queue et au delà de l'anale trois autres semblables. Tout le dessous de la queue, depuis l'anus jusqu'un peu en avant des fossettes caudales, est occupé par l'anale, sur laquelle il n'est pas difficile de compter les quatorze rayons larges, aplatis et rameux qui la soutiennent. La lame osseuse de la dorsale est haute, triangulaire, très-pointue ; son bord est dentelé. Il n'existe qu'un seul rayon osseux. On pourrait en conclure que les premières apophyses épineuses des vertèbres ne se prolongent pas comme dans les *Argyropelecus*. La dorsale est basse, et n'occupe guère que la moitié de l'espace compris entre la caudale et l'épine. Le repli membraneux, vestige de l'adipeuse, est long et bas. La caudale est un peu échancrée.

B. 5 ; D. 9 ; A. 13 ; C. 25 ; P. 10 ; V. 3 ?

Tout le poisson brille d'un bel éclat d'argent. Le dos est bleu très-foncé, presque noirâtre. L'intérieur de la bouche et des ouïes est couvert d'un nombre considérable de petits points pigmentaires noirs. J'ai déjà parlé des taches argentées et brillantes qui sont le long du sternum au-dessus de l'anus, de l'anale et sous la queue ; on en voit encore une très-brillante derrière l'huméral, un peu au-dessus de l'aisselle de la pectorale. Sur le haut du tronc, près de l'articulation des côtes, il y a aussi des taches triangulaires oblongues, plus brillantes que le reste du corps ; mais je crois que ces dernières sont plutôt produites par des reflets. La caudale est couverte de nombreux petits points bruns.

M. Dussumier qui a décrit les couleurs au moment où le poisson sortait de l'eau, dit que le dos était noir, avec des reflets irisés ; les côtés bleus, avec de beaux reflets de nacre ; l'abdomen argenté, légèrement teint d'azur ; l'œil bleu et argenté.

Ce Sternoptyx fut trouvé à vingt-cinq lieues au nord de Sainte-Hélène ; il flottait renversé sur le côté, et avait été déchiré par quelque autre poisson, de sorte que cet individu, long de deux pouces et un quart, n'est malheureusement pas très-bien conservé. Nous en possédons un autre, plus petit, qui a été pris en mer à la hauteur des Açores par M. Reynaud. Celui-là n'a qu'un pouce et demi de long ; il n'est pas entier, car il lui manque le haut de la tête et une partie des nageoires; mais la bouche et les branchies sont très-bien conservées. M. Cl. Gay a aussi observé le Sternoptyx; il m'a communiqué le dessin d'un individu qu'il a retiré de l'estomac d'un Requin, pris le 3 juillet 1832 par 45° longitude ouest et 29° latitude nord; ce qui montre que les Sternoptyx sont répandus dans le vaste bassin de l'Atlantique. M. Cuvier a publié, dans le Règne animal, le dessin que M. Strauss a bien voulu faire pour lui sur l'original même de Hermann, conservé dans le Musée de Strasbourg. Un autre professeur de cette ville, M. Reisseissen, avait également fait pour M. Cuvier une peinture coloriée fort exacte du même individu de Hermann, et ce célèbre anatomiste avait poussé la complaisance jusqu'à en faire une seconde image grossie presque du double, afin que l'on pût mieux observer les curieux détails des formes extérieures de ce poisson. Nous connaissons donc parfaitement, grâce à la publication du dessin de M. Strauss, l'animal qui a fait le sujet des premières observations de Hermann. Elles parurent en 1781 dans le *Naturforscher*, partie 16, page 8, et partie 17, page 249. La description ne laisse pas que d'avoir de nombreuses inexactitudes, et l'incorrection du dessin qui l'accompagnait ne pouvait guère servir à donner aux naturalistes une idée juste de ce poisson. En comparant, en effet, cette gravure, qui a été copiée d'abord par Walbaum, dans son *Artedius renovatus*[1], et ensuite par Bloch, dans l'édition de Schneider[2], avec l'excellente figure de la planche 13, n.° 1, de la seconde édition du Règne

---

1. Pl. 1, fig. 2.
2. Pl. 35.

animal, on a de la peine à croire que ces dessins aient été
faits d'après le même individu. Je ne conçois pas comment
Hermann a dit que la membrane branchiostège n'existe pas.
La carène dorsale n'est pas continue avec les deux crêtes
sourcilliaires. La description d'Hermann a été reproduite
en abrégé dans les *Observationes zoologicæ*, publiées par
Hammer en 1804. Ce Sternoptyx avait été pris sur les
côtes de la Jamaïque.

E. *Du genre* ODONTOSTOME.

Ce genre est une création de M. le docteur Anastase
Cocco. Il a été adopté par le prince de Canino; mais ni
l'un ni l'autre de ces auteurs ne l'ont suffisamment caractérisé. Ce sont des poissons qui doivent venir à la suite
des Scopèles, parce que l'arcade supérieure de la bouche
est entièrement formée par l'intermaxillaire, et que celui-
là porte seul les dents externes : il n'y en a aucune sur le
maxillaire; d'ailleurs la mâchoire inférieure, les palatins,
le chevron du vomer sont armés de dents toutes mobiles,
qui se redressent comme par un mouvement élastique,
quand on les abaisse. La peau qui enveloppe tous ces os,
nourrit des germes, évidemment destinés à remplacer les
dents que le poisson doit perdre si fréquemment. Elles
sont remarquables par leur forme comprimée, par les
dentelures de leur carène et par leur extrémité dilatée
en un petit fer de lance, dont le talon est une pointe très-
aiguë. La langue n'a aucune dent; mais il y a de petites
âpretés le long du corps de l'hyoïde. Nous ne connaissons
encore qu'une seule espèce dans ce genre, qui est en outre

très-remarquable par la grandeur de son œil, et surtout par la paupière adipeuse qui le recouvre. Il est possible que ces particularités ne soient que des caractères spécifiques.

L'ODONTOSTOME BALBO.

(*Odontostomus hyalinus*, Cocco.)

Un des plus singuliers poissons de cette famille, est celui que M. Risso a décrit sous le nom de Scopèle Balbo.

Le corps est très-comprimé; la tête est grosse; le museau est développé surtout à cause de la grandeur et de la grosseur des branches de la mâchoire inférieure. L'épaisseur du corps est à peu près le quart de la hauteur, qui est comprise six fois dans la longueur totale. Celle de la longueur de la tête surpasse un peu le cinquième de cette même longueur. Les yeux sont grands, tellement rapprochés l'un de l'autre que l'intervalle qui les sépare n'est guère que le quart du diamètre de l'orbite. Ils sont protégés par une sorte de paupière adipeuse, attachée au bas de l'œil, et formant ainsi sous l'organe une sorte de bourse, qui tend à rendre la vision supérieure en reportant l'œil sur le haut de la tête, quoique cet organe soit logé dans un orbite latéral et sur une tête excessivement comprimée. Je n'ai pas encore rencontré de disposition pareille dans aucun autre poisson. Il en résulte que le diamètre vertical de l'orbite est d'un tiers plus grand que l'horizontal. Les sous-orbitaires sont excessivement minces et en quelque sorte perdus dans les téguments adipeux qui couvrent la joue. La distance de l'œil au bout du museau est égale à son diamètre vertical. Les deux ouvertures de la narine sont petites, rapprochées et au milieu de cet espace. La gueule est très-largement fendue. La mâchoire supérieure est bordée par des intermaxillaires grêles et étroits, armés de petites dents égales, crochues et recourbées en arrière. Le maxillaire est également un os grêle, couché le long de cet intermaxillaire et élargi en une petite palette près de l'extrémité, il n'a point de dents. Les palatins sont armés de dents longues, comprimées, tranchantes, pointues et triangulaires à l'extrémité. Cette pointe se recourbe pour se porter un peu en avant; ce qui donne une double courbure à la dent. Celle qui est à l'extrémité de chaque palatin est beaucoup plus longue que les autres. J'en vois une isolée et courte, mais très-pointue sur le chevron du vomer, tout près de l'extrémité. J'ai déjà dit que les branches de la mâchoire inférieure sont remarquables par leur largeur et leur épaisseur; elles le sont plus à la symphyse qu'à l'articulation. Cette mâchoire est armée de dents longues et crochues, un peu courbées en arrière, pointues à l'extrémité, avec un petit talon en arrière et près de la pointe. Le bord antérieur est finement dentelé. Ces dents, si remarquables par leur forme, sont, comme les palatines, implantées dans la gencive. Elles sont mobiles. Quand on les abaisse, elles se redressent vivement. Il semble qu'un ligament élastique soit destiné à les relever. Ce qui ajoute encore à l'étonnante disposition de cette dentition, c'est que la nature ait armé de dents aussi caduques la gueule d'un poisson sans doute très-vorace. On voit au pied de chaque dent palatine, comme sur le bord interne de la mâchoire, des bourses contenant des dents de remplacement. Quant aux rapports de longueur entre ces crochets, il y en a deux très-petits au-devant du troisième; le premier est même beaucoup plus court que le second. Le quatrième est le plus long; le cinquième égale le troisième; le sixième et le septième diminuent graduellement. A la base de chacune des grandes dents il en existe une petite, implantée solidement sur l'os de la mâchoire. Les pharyngiennes sont courtes, pointues et coniques, insérées sur le côté interne de l'os, de manière à s'enchevêtrer. La langue, qui est extrèmement comprimée, n'a point de dents, mais on sent quelques âpretés le long de la carène de l'hyoïde; il y a quelques petites épines à son extrémité. Les ouïes sont très-largement fendues; les peignes sont courts, et il n'y a pas de râtelures sous le devant de l'arceau. On remarque une très-petite branchie operculaire. Quant à la membrane des ouïes, elle est courte et soutenue par des rayons espacés, entièrement cachés sous les branches maxillaires. Le préopercule remonte verticalement de l'angle de la mâchoire inférieure au mastoïdien par un limbe ou une carène osseuse, étroite, la seule portion visible de cet os. L'opercule est très-mince, quadrilatère, plus petit que le sous-opercule, qui est à peu près de même forme, mais un peu échancré vers le bas. L'interopercule est excessivement petit. La ceinture humérale se montre sous la peau en une large pièce triangulaire, portant tout près de la carène du ventre une pectorale, dont les rayons postérieurs sont à peu près aussi longs que les antérieurs. Cette nageoire s'abaisse quand elle s'écarte; mais elle ne peut pas se rapprocher des parois abdominales. La ventrale est assez grande, à peu près au milieu de l'espace entre l'anale et la nageoire de l'épaule. La première dorsale est triangulaire; elle répond à la ventrale. La seconde dorsale, assez éloignée, est située au-dessus de la fin de l'anale; celle-ci est longue et taillée en lame de faux. La caudale, fourchue, a des lobes étroits, précédés d'un assez grand nombre de petits rayons qui s'avancent en dessus et en dessous sur le tronçon de la queue.

B. 8; D. 12; A. 35; C. 27; P. 12; V. 9.

Le poisson me paraît entièrement dépourvu d'écailles. La peau est chargée de nombreux points pigmentaires noirs et souvent étoilés. La couleur est argentée, lavée de rose pâle, comme couleur de chair.

Le Muséum possède un exemplaire un peu desséché, qui lui a été envoyé par M. Risso, pour nous faire connaître sa *Scopèle Balbo* : il est long de cinq pouces. Nous en avons reçu depuis un second individu très-bien conservé que M. le docteur Coste s'est procuré à Nice. C'est une des précieuses espèces que nous devons aux recherches de cet habile physiologiste : l'individu est long de sept pouces. Nous sommes donc bien sûrs de connaître le curieux poisson figuré par Risso dans les Mémoires

de l'Académie de Turin[1] et reproduit dans l'Ichthyologie
de Nice; mais c'est aussi, sans aucun doute, quoique la
figure n'en soit pas très-bonne, l'*Odontostome transparent*
figuré par le docteur Cocco[2] dans son Mémoire sur les
Salmonoïdes. Enfin, le poisson a reparu sous le même
nom dans l'Ichthyologie italienne. Je suis obligé de dire
que la figure ne nous fait pas aussi bien connaître ce sco-
péloïde que d'autres du même ouvrage. L'espèce a été
dédiée par Risso au ministre de l'instruction publique du
Piémont, M. Balbo. L'auteur parle de la rapidité de sa
natation, de la vivacité de ses mouvements. Il dit qu'il
habite les profondeurs de la mer de Nice, ne s'approchant
que rarement du rivage. La femelle fraie en été sur les
plages couvertes de galets.

F. *Des* Scopèles (*Scopelus*).

Après avoir caractérisé les Gonostomes, les Chauliodes
et les Odontostomes, nous arrivons à parler des Scopèles,
dont le caractère distinctif et essentiel repose sur la longueur de l'intermaxillaire qui borde toute l'arcade dentaire
et s'étend jusqu'au delà de l'angle de la commissure. Le
maxillaire, caché derrière lui, est presque aussi long; c'est
un petit osselet grêle et sans dents. Celles des mâchoires
sont petites, presque toutes égales; elles sont en râpe
très-fine sur les palatins; mais le vomer n'en a aucune; par
conséquent les dents vomériennes des Odontostomes ca-

---

1. Risso, Académie des sciences de Turin, t. **XXV**, p. 272, tab. 10, fig. 3.
2. Cocco, *Lettere su Salm.*, tab. 4, fig. 2.

ractériseront autant ce genre, comparé à celui des Scopèles, que la forme singulière de leurs dents mobiles et allongées. Si les deux genres que je viens de nommer sont ainsi séparés l'un de l'autre, ils ont, au contraire, des affinités sensibles par la ressemblance de leurs intermaxillaires; elle lie les Scopèles aux Chauliodes et aux Gonostomes; ce qui place les Scopèles, que je viens de caractériser, dans la famille des Salmolnoïdes.

Nous connaissons un assez grand nombre d'espèces de ce genre, dont une habite les mers d'Angleterre et de Norwége; les autres sont abondantes dans la Méditerranée. Deux d'entre elles furent d'abord portées à la connaissance des naturalistes par les ouvrages de M. Risso. Cet ichthyologiste les plaça dans un genre dont il ne connaissait point du tout les poissons et fort peu les caractères, celui des *Serpes* ou *Gasteropelecus.* Il le composa d'une *Serpe microstome,* qu'on n'aurait jamais pu déterminer, si nous n'en avions reçu des exemplaires étiquetés de la main de M. Risso. Sans ces précieux documents, aucun naturaliste n'aurait pu débrouiller les confusions multipliées sous lesquelles il avait caché ce poisson. Les deux autres espèces appartiennent au genre dont nous traitons. Lorsque M. Cuvier vint à rétablir le véritable genre de Bloch, et à reconnaître que la Serpe microstome constituait un genre tout particulier, n'ayant aucun rapport avec le poisson de Bloch et la *Serpe Humboldt* ou la *Serpe crocodile* qui lui était associée, cet illustre et habile maître constitua le genre des Scopèles. J'ai déjà dit comment il ne l'avait pas suffisamment caractérisé, ce qui explique pourquoi les ichthyologistes qui examinaient, sur les bords de la Méditerranée, ces nombreux petits poissons, ont cru devoir, dans l'incertitude où les laissait la diagnose incomplète du Règne animal, établir plusieurs genres que nous n'avons pas adoptés.

Ces petits Scopèles paraissent nager avec rapidité; malgré leur petitesse, ils sont très-courageux; ils dévorent les petits mollusques et les radiaires. Quelques espèces paraissent vivre en société; les unes se tiennent dans des profondeurs assez considérables, les autres habitent de préférence les rivages. Ils fraient sur les plages couvertes de galets; leurs œufs sont nombreux, d'un beau jaune, et contenus dans des sacs ovariens clos. M. Risso assure qu'ils éclosent très-promptement.

Le Scopèle de Humboldt.

(*Scopelus Humboldti*, Cuv.)

Je suis bien sûr de la détermination de cette espèce, puisque je la donne d'après les exemplaires qui ont servi à M. Cuvier lorsqu'il a établi le genre dont nous nous occupons. Ils avaient été envoyés au Cabinet par M. Risso, qui les donnait pour types de la *Serpe Humboldt.*

C'est un poisson à museau court et obtus, à grosse tête, à corps élevé de l'avant, et tellement atténué vers la queue que la hauteur près de l'insertion de la caudale n'est guère que le tiers de celle du corps, mesurée auprès de la nuque, laquelle est le sixième environ de la longueur totale. Cette hauteur, portée sur la tête, atteint au bord du préopercule. La longueur de la tête est quatre fois et un quart dans la longueur totale. L'œil, remarquablement grand, est placé tout près de l'extrémité du museau ; le cercle de l'orbite entame la ligne du profil. Le diamètre est un peu plus grand que le tiers de la longueur de la tête. Les sous-orbitaires sont très-étroits et caverneux ; le bord est relevé près du globe, de manière à le sertir par une petite lamelle verticale. Je ne vois point de sourcilier. L'intervalle des deux yeux est égal à peu près au diamètre. Une crête verticale s'élève du fond de la gouttière frontale, et va rejoindre l'extrémité de la très-courte branche montante des inter-maxillaires. Cette crête est cachée, dans l'état frais, par la peau qui revêt tout le crâne ; elle le rend, par conséquent, caverneux. De chaque côté d'elle, on trouve les deux petits os du nez et la narine, qui est, par conséquent, placée tout près de l'extrémité du museau. La bouche est grande et fendue au delà de l'œil. La mâchoire inférieure dépasse un peu la supérieure ; son bord dentaire est un peu concave ; il correspond par cette forme à la courbure de l'intermaxillaire. Cet os qui borde toute la mâchoire est extrêmement étroit ; il n'a pas de lèvre. Le maxillaire, un peu élargi en arrière, est simple ; je ne lui vois pas d'os supplémentaire. Il a son bord relevé en gouttière, et appliqué le long de l'intermaxillaire. L'autre partie plate de l'os se cache sous les sous-orbitaires. Les branches de la mâchoire inférieure sont assez larges, rendues caverneuses par deux longues arêtes longitudinales. La langue est réduite à un très-court tubercule lisse et sans dents, faisant une saillie assez forte dans la bouche quand la gueule est ouverte. La longueur des branches de l'hyoïde et des râtelures des branchies, rappelle tellement celle des Anchois, qu'elle m'explique bien pourquoi les pêcheurs vendent ces petits poissons pêle-mêle avec les Melettes. On pourrait dire, avec assez de justesse, que le museau d'un Scopèle est précisément l'inverse de celui d'un Anchois, et que la nature a autant raccourci l'ethmoïde, et par conséquent les os qui viennent y prendre appui, qu'elle l'a allongé et rendu saillant dans l'Anchois. Les dents sont d'une extrême petitesse, nombreuses et sur plusieurs rangs aux deux mâchoires. Il y a une bandelette étroite sur les palatins et une plaque oblongue sur les ptérygoïdiens ; je n'en vois pas au vomer, qui est certainement lisse et sans dents. Les pharyngiens supérieurs et inférieurs en sont tout hérissés. Cette dentition rappelle donc à quelques égards celle des Saurus. Une autre ressemblance que les

22.   41

Scopèles ont avec ces poissons, se trouve dans la grandeur des sous-opercules. En effet, nous voyons derrière l'œil un préopercule étroit descendre verticalement jusqu'à l'angle de la mâchoire inférieure. L'opercule est placé sur le haut : il est mince, un peu convexe et n'atteint guère qu'à la moitié de la joue. L'autre portion est en partie cachée par le sous-opercule, mais l'interopercule contribue à compléter aussi la clôture de l'espace assez large qui est au-devant du sous opercule. Les ouïes sont très-largement fendues. La membrane branchiostège est entièrement cachée entre les branches de la mâchoire inférieure, qui se touchent quand la gueule est fermée. Il y a une petite branchie operculaire, mais je ne vois pas que la membrane branchiostège remonte aussi haut sous l'opercule que celle des Saurus. La dorsale est insérée au delà des ventrales et à peu près aux deux cinquièmes de la longueur du corps : elle est petite et arrondie. L'adipeuse semble formée de plusieurs filets très-fins et rapprochés. L'anale est assez étendue; les pectorales atteignent presque à la ventrale. La caudale est fourchue. J'appelle l'attention du lecteur sur ce caractère, parce que j'ai eu le tort de laisser représenter, dans le Règne animal, le Scopèle avec une caudale arrondie.

B. 9; D. 14; C. 25; A. 20; P. 13; V. 8.

Les écailles sont petites, caduques, mais assez épaisses. La couleur est rembrunie sur le dos, glacée d'argent en dessous, et les opercules sont très-brillants. Des points enfoncés, argentés ou dorés, couvrent comme de nombreux stigmates le dessous du corps et des mâchoires. Il y en a un seul rang de chaque côté de l'anale, lequel semble se porter assez régulièrement tout le long du ventre jusque sous la gorge, et même jusque près de l'extrémité de la mâchoire inférieure ; puis il y a plusieurs de ces points épars sur le tronc, sur l'opercule, et quelques-uns existent même sur les côtés de la queue.

La longueur des plus grands exemplaires est de trois pouces.

Outre ceux reçus de Nice, par M. Risso, j'en vois d'autres venus du même endroit, par M. Laurillard. Nous en avons aussi de Naples, par M. Savigny, et des îles d'Hyères, par M. Lesueur.

Ce que j'ai dit au commencement de cette description explique pourquoi j'ai commencé par décrire cette espèce, quoiqu'elle ne soit pas la plus anciennement connue : c'est la *Serpe Humboldt,* figurée d'une manière assez reconnaissable dans la première édition de l'Ichthyologie de Nice[1]. Le même auteur en a reproduit une figure et une courte description dans son Mémoire sur les Scopèles, inséré dans le Recueil de l'Académie des sciences de Turin[2]; et, enfin, on la vit reparaître dans la nouvelle édition de l'Ichthyologie de Nice[3]. Il ne me paraît pas douteux que le Scopèle de Benoît, très-bien représenté dans la Faune italienne du prince Bonaparte, n'appartienne à l'espèce dont nous parlons. On aurait conservé plus de doute, si l'on n'avait eu à s'appuyer que sur la figure donnée par M. Cocco[4], dans sa lettre sur les Salmonoïdes. Je serais aussi fort tenté de rapporter à notre poisson le *Myctophum punctatum* de Rafinesque. Toutefois je ne dirai que très-peu de mots d'une figure aussi vague; mais ce que je ne puis admettre, c'est que le *Myctophum punctatum* de la Faune italienne soit de la même espèce que le poisson de Rafinesque. Celui-là me paraît constituer une espèce tout à fait particulière.

---

1. Risso, Ichthyol. de Nice, p. 358, pl. 10, fig. 38.

2. Risso, sur les esp. du genre Scop., Acad. des sc. de Turin, t. XXV, tab. 10, fig. 2.

3. T. III, p. 467, n.° 375.

4. Cocco, *Lett. su Salm.*, p. 12, tab. 2, fig. 4.

Le Scopèle de Pennant.

(*Scopelus Pennantii,* nob.)

Les côtes d'Angleterre nourrissent un Scopèle, qui a été déjà décrit par Pennant, et que les ichthyologistes anglais ont retrouvé depuis. Je n'ai malheureusement pas vu ce poisson; je regrette de ne pas mieux connaître encore une espèce de la Manche. Toutefois, les caractères que me fournissent les travaux des naturalistes anglais, ne me laissent aucuns doutes.

Elle est assez semblable au Scopèle de Humboldt. A en juger cependant par la figure de M. Clarke, la queue serait beaucoup plus grêle et plus étroite, mais M. Yarrell ne présente pas ce caractère aussi tranché. La dorsale est reculée sur l'arrière du dos. Les ventrales sont petites et très-rapprochées de l'anale. L'adipeuse est très-basse.

Dans la figure donnée par M. Clarke, les premiers rayons de l'anale s'allongeraient un peu, et laisseraient croire que cette nageoire est coupée en faux : elle est représentée plus courte et plus égale par M. Yarrell. Ce qu'on peut dire des autres caractères du poisson ressemblerait à tout ce que nous avons observé sur notre premier Scopèle. Cette espèce parut d'abord dans la Zoologie britannique de Pennant; mais, par une inconcevable confusion, il y rapporta toute une synonymie qui convient à l'Argentine. Je vois que, dans l'édition de 1769, Pennant avait eu communication de son petit poisson par Brunnich. Celui-ci l'avait trouvé sur les côtes de Shepy. Pennant paraît en avoir eu un second exemplaire qui fut pris dans le

comté de Flinshire, près de Downing. M. Law serait,
d'après l'ouvrage de M. Yarrell, le second naturaliste anglais qui ait vu ce petit poisson : il l'a pêché aux Orkneys.
Un troisième observateur, M. William Walcott, l'aurait
également observé sur le rivage près d'Exmouth. Enfin,
on trouve dans le Magasin d'histoire naturelle une notice
sur un quatrième individu pris dans le Firth de Forth à
Portobello. Il est fâcheux que ces habiles observateurs
aient consacré dans leurs récents écrits le nom d'Argentine,
cette dénomination tendant à continuer la confusion faite
par Pennant.

Le SCOPÈLE BORÉAL.

(*Scopelus borealis*, Nilsson.)

Je trouve, dans le Prodrome de l'Ichthyologie scandi-
nave de M. Nilsson, l'indication d'un Scopèle sous le nom
que je lui conserve. Bien que l'auteur cite la Zoologie britannique de Pennant, il rapporte encore à son espèce la
figure qu'on trouve dans les écrits de la Société d'histoire
naturelle de Copenhague[1]. L'habile ichthyologiste que je
cite, dit de son poisson

> que la tête est assez grosse; que le museau est court et obtus; que
> la mâchoire inférieure monte au-devant de la supérieure, et que les
> yeux sont grands.

Ces observations faites sur la nature par un naturaliste
aussi distingué que M. Nilsson, se rapportent parfaitement
à la figure que j'ai citée plus haut, et elles me font croire
que le poisson des côtes de Norwége, n'est pas le même
que celui des côtes d'Angleterre : ce serait une espèce

---

1. T. II, 2.ᵉ partie, 1793, tab. 1, fig. 2.

voisine de celle décrite par MM. Cocco et le prince Bonaparte sous les noms d'*Ichthyococcus* et de *Sc. Risso*. Elle diffère du Scopèle de Pennant, parce que la tête est beaucoup plus haute et le front beaucoup plus convexe; que les yeux sont beaucoup plus grands; que les ventrales, éloignées de l'anale, sont plus rapprochées des pectorales. Le reste n'offrirait pas de différence sensible. Cette troisième espèce vient des côtes de Norwége : elle est conservée dans le Musée de Berghem.

Le SCOPÈLE DE MAUROLICO.

(*Scopelus Maurolici*, nob.)

Une espèce de la Méditerranée, que je n'ai point vue, mais qui se rapproche à plusieurs égards de celle des côtes d'Angleterre, est le *Maurolicus amethystino-punctatus* de MM. Cocco et Bonaparte. Cette espèce a, comme le Scopèle de Pennant,

les ventrales reculées auprès de l'anale; la dorsale sur l'aplomb de ces nageoires paires postérieures est donc aussi rejetée en arrière. Elle en diffère parce que le museau est concave; que l'œil est un peu plus éloigné; d'ailleurs, les autres caractères de forme et de couleur rentrent dans tout ce que nous avons observé précédemment. Toutefois, je suis obligé d'observer que je donne les caractères d'après la figure de la Faune italienne, qui me paraît infiniment meilleure que celle de M. Cocco. [1]

D. 10; A. 17; C. 23; P. 9; V. 6.

En réformant le genre *Maurolicus*, j'ai conservé à l'espèce le nom du littérateur italien distingué auquel on avait voulu dédier ce genre.

----

1. Cocco, *Lett. su Salm.*, tab. 4, n.° 12.

Le Scopèle de Cocco.

(*Scopelus Coccoï*, Ch. Bon.)

Je trouve dans la Faune italienne une espèce de Scopèle dédiée à M. Cocco.

Elle ressemble beaucoup, par sa queue grêle, au poisson de M. Lesueur; mais elle me paraît s'en distinguer parce que l'anale serait plus longue et les pectorales beaucoup plus petites. L'œil est également très-petit.

Le Scopèle de Tenore.

(*Scopelus Tenorei*, Ch. Bon.)

Le prince Charles Bonaparte a dédié au savant botaniste de Naples, M. Tenore, le petit poisson que M. Cocco appelle *Maurolicus attenuatus*[1]. Il me paraît assez voisin du *Scopelus Poweriæ;*

mais il a cependant le corps plus allongé; le museau plus pointu, plus droit et sans concavité. Les ventrales sont insérées plus en avant et éloignées de l'anale. Les yeux ont le quart de la longueur de la tête.

D. 12; A. 15; C. 23; P. 9; V. 6.

Autant que je puis en juger par la description incomplète que M. Risso a donnée de son *Scopelus angustidens*, je ne m'étonnerais pas que l'espèce de M. Risso n'appartînt à notre *Scopelus Tenore*, puisqu'il lui donne un museau pointu.

---

1. Cocco, *Lett. su Salmonoid.*, p. 33, t. 4, fig. 13.

Le SCOPÈLE DE POWER.

(*Scopelus Poweriæ*, nob.)

Parmi les très-petits poissons que M. Reynaud nous a
rapportés des plages de la Méditerranée, nous avons trouvé
une espèce remarquable

par son petit museau pointu; son profil un peu concave. Il a
d'ailleurs les caractères de nos autres Scopèles; car je me suis
assuré de la présence des dents du palais.

D. 14; A. 14, etc.

La couleur est un bleu noirâtre sur le dos, avec deux rangées
de points argentés le long des flancs et sous les mâchoires.

Je crois retrouver dans cette petite espèce, dont je ne
possède que deux exemplaires longs de douze à quinze
lignes, l'*Ichthyococcus Poweriæ*; car nos individus ressemblent parfaitement à la figure que j'observe dans la
Faune italienne.

Il se distingue du *Scopelus Maurolici,* parce qu'il a le
museau moins creux et les ventrales plus éloignées de
l'anale. Il a le corps moins long que le *Sc. Tenore,* et
celui-ci se distingue par son museau tout droit.

Le SCOPÈLE LUMINEUX.

(*Scopelus metopoclampum*, nob.)

Le prince Charles Bonaparte a envoyé au Muséum un
poisson étiqueté par lui sous le nom de *Myctophum metopoclampum.* C'est un poisson si voisin du *Scopelus
Humboldti,* qu'il faut y regarder avec le plus grand soin
pour l'en distinguer.

La différence la plus sensible que je lui trouve porte sur ce que le corps est plus trapu, ce qui résulte d'une plus grande hauteur du tronçon de la queue; elle égale la moitié de la hauteur du tronc, mesuré près de la nuque; elle est, par conséquent, presque double de celle de l'espèce précédente. Le maxillaire est aussi beaucoup plus pointu. Le museau est plus large. La dorsale est plus haute; les pectorales me paraissent un peu plus courtes; les ventrales plus longues; la caudale moins fourchue; l'anale est aussi moins étendue sous la queue.

B. 9; D. 12; A. 14; P. 10; V. 8.

Les écailles sont aussi fortes et à peu près dans le même nombre, c'est-à-dire, qu'il y en a une quarantaine entre l'ouïe et la caudale. La couleur est rembrunie, presque noirâtre sur le dos; les points brillants du dessous du corps sont argentés, passant au bleu. Je n'en vois aucun qui soit doré. Il n'y en a pas sur les branches de la mâchoire inférieure. Les joues brillent d'un bel éclat argenté. L'intérieur des opercules est d'un noir très-foncé.

L'exemplaire que les collections nationales tiennent du prince de Canino a trois pouces et demi : il vient du canal de Messine. M. Guichenot a trouvé cette même espèce sur les côtes de l'Algérie ; il a cru retrouver en elle le *Scopelus Humboldti.*

Je n'ai pu rien voir, sur les exemplaires conservés dans l'alcool, de ce singulier appareil lumineux couvrant le devant du museau dans cet espace qui est deux fois aussi grand que l'œil. Ce ne serait pas le premier exemple d'un poisson qui aurait quelque partie du corps phosphorescente, comme la nature l'a fait chez un si grand nombre d'insectes. Nos lecteurs peuvent se souvenir que j'ai signalé, d'après les observations de M. Reinwardt, un Hémiramphe qui porte à l'extrémité du museau une vésicule phosphorescente et très-brillante.

22.

Le Scopèle de Rafinesque.

(*Scopelus Rafinesquii*, nob.)

Je dois aussi à la bienveillance du même naturaliste la facilité de décrire d'après nature son *Myctophum Rafinesquii*.

Le poisson ressemble au précédent par son maxillaire étroit et pointu; par sa queue haute; mais il s'en distingue parce que l'œil est sensiblement plus petit; son diamètre étant quatre fois et quelque chose dans la longueur totale. La dorsale et l'anale sont plus hautes. La première est plus étendue. Les ventrales sont plus courtes.

B. 9; D. 16; C. 25; A. 14; P. 12; V. 8.

Les écailles sont aussi grandes. La couleur est brunâtre, d'un argenté bleuâtre sous les mâchoires et sur les opercules. Le dedans des ouïes est brun. Les points sont beaucoup plus petits.

M. le prince de Canino en a donné une figure dans l'Ichthyologie italienne. L'espèce aurait, comme la précédente, le devant du front phosphorescent.

Le Scopèle de Gemellaro.

(*Scopelus Gemellari*, Ch. Bon.)

Je trouve figuré dans l'Ichthyologie italienne, sous le nom de *Myctophum Gemellari*, un poisson qui a l'œil aussi grand que le *Scopelus metopoclampum*; mais qui me paraît s'en distinguer par une anale plus courte, des ventrales plus larges, des écailles un peu plus grandes, et le corps un peu plus étroit.

C'est d'ailleurs une espèce très-voisine, qui a l'espace interoculaire étroit, et phosphorescent.

Le Scopèle de Canino.

(*Scopelus Caninianus*, nob.)

Je vois, dans la Faune italienne, un Scopèle qui est remarquable

par la grandeur de son œil; la longueur de son anale; la largeur de sa dorsale; qui a le corps trapu, haut de l'avant et étroit en arrière. Ce Scopèle a, d'après les observations du prince de Canino, un rudiment d'appareil lumineux sur l'œil; c'est là ce qui m'a démontré qu'on ne peut pas conserver le genre *Myctophum*, puisque nous voyons l'appareil lumineux de certaines espèces diminuer graduellement.

Je considère ce petit poisson comme nouveau, à cause des caractères que je viens d'indiquer. Je ne puis partager l'opinion, même en y ajoutant un point de doute, que ce soit le *Myctophum punctatum* de Rafinesque, à cause de la forme générale du corps, de la position avancée des ventrales. Je crois l'espèce voisine de celle des côtes de Norwége; mais elle en diffère par la longueur de son anale et par plusieurs autres caractères.

Le Scopèle de Risso.

(*Scopelus Rissoi*, Cocco.)

Une espèce dédiée à M. Risso par le naturaliste de Messine, qui nous a fait connaître le plus grand nombre de ces petits poissons, est remarquable par sa forme raccourcie.

La hauteur fait le tiers de la longueur totale; elle surpasse un peu la longueur de la tête. L'œil est grand; son diamètre égale presque la moitié de la joue. La pectorale atteint jusqu'à l'extrémité de la ventrale. L'anale est longue et basse. Les premiers rayons de la caudale sont petits et redressés, tellement qu'ils ressemblent beaucoup aux épines longues et détachées que nous trouverons dans l'espèce suivante.

B. 9; D. 15; A. 18; C. 25; P. 15; V. 8.

Les écailles sont beaucoup plus hautes que longues. Nous en comptons trente-cinq environ le long de la ligne latérale, qui est fortement marquée par une suite de points noirâtres. La couleur est un bleu noirâtre sur le dos, assez nettement séparé du blanc argenté dont brillent les flancs et le ventre. On retrouve facilement les stigmates de tous ces petits poissons, parce qu'ils sont entourés d'un cercle noir.

Il y a dans les collections nationales plusieurs exemplaires de ce poisson; ils ont tous, à peu de chose près, deux pouces de longueur. Nous devons cette jolie espèce à M. Benoît, naturaliste de Messine, qui a donné plusieurs autres poissons fort intéressants.

Cette espèce n'est pas éloignée de mon *Scopelus caninianus*, quoiqu'elle en soit parfaitement distincte.

Le Scopèle crocodile.

(*Scopelus crocodilus*, nob.)

M. Risso a étiqueté lui-même le poisson que nous décrivons, comme sa Serpe crocodile.

C'est une des espèces les plus allongées; car la hauteur est six fois dans la longueur totale. La tête n'y est comprise que quatre fois

et un tiers. L'œil, qui est assez grand, est encore placé assez près
du museau; il n'en est éloigné que de la moitié de son diamètre,
lequel est contenu trois fois et demie dans la longueur de la tête. La
bouche est très-fendue; la mâchoire inférieure paraît un peu plus
longue que la supérieure. Le bord du préopercule est très-oblique.
L'opercule est un rectangle allongé, placé très-obliquement le long
du bord du préopercule; l'interopercule est petit, ainsi que le sous-
opercule. Les dents sont d'une excessive finesse; on distingue cependant très-bien l'âpreté qu'elles font sur les mâchoires , et l'on
voit et l'on sent avec facilité celles des os de la voûte palatine. Les
pharyngiennes sont un peu plus fortes. La fente des ouïes est très-
grande. La dorsale est beaucoup plus longue qu'elle n'est haute;
l'anale lui ressemble à peu près; les pectorales sont courtes et n'atteignent pas aux ventrales. Le dessus et le dessous de la queue auprès
des derniers rayons de la nageoire est armé d'épines assez fortes,
qu'il ne faut pas considérer, je crois, comme des rayons détachés
de la caudale, parce que ce sont des épines osseuses et non des
rayons articulés. On en compte neuf en dessus et autant en dessous.

D. 20; A. 18; C. 25; P. 13; V. 8.

Les écailles tombent très-facilement; elles sont minces. La couleur est un roux marron assez uniforme. Les points du ventre et
des côtés de l'anale sont dorés. Je vois une tache foncée à la base
de la caudale; le dedans des opercules est d'un bleu noirâtre très-
foncé, que l'on voit par transparence à travers la minceur de l'opercule et du sous-opercule.

Nos individus sont longs de cinq pouces. Ils ont été
rapportés de Nice par M. Laurillard. Ils ressemblent beaucoup au *Gonostoma denudata* de Rafinesque, car cette
espèce a la queue hérissée d'épines; mais elle se distingue
du Scopèle crocodile, parce que les mâchoires sont armées
de dents longues et coniques.

Ce poisson, qui a d'abord paru parmi les Serpes dans

la première édition de l'Ichthyologie de Nice[1], a été reproduit dans le Mémoire de M. Risso[2] sur les Scopèles : il est ensuite entré dans la nouvelle édition.[3]

Le Scopèle de Bonaparte.

(*Scopelus Bonapartii,* nob.)

J'ai trouvé que M. Risso a confondu avec les deux poissons précédents deux autres plus petits, qui s'en distinguent très-certainement par la longueur de leurs pectorales.

Les poissons ont d'ailleurs la même forme; ils me paraissent cependant un peu moins longs. Les yeux sont grands, car le diamètre égale à très-peu de chose près le tiers de la longueur de la tête. Le dessus de la tête est remarquablement caverneux. Les fosses qui sont au-dessus de l'œil sont augmentées par l'élévation d'une forte carène sourciliaire, prolongée en avant en une forte épine couchée horizontalement. La caudale, fourchue, n'a que quatre épines en dessus et trois en dessous; elles sont crochues et plus grosses que les rayons de la nageoire. Elles en sont tout à fait distinctes. L'opercule est moins haut; le sous-opercule est plus grand; les pectorales atteignent un peu au delà de l'anus; les autres nageoires sont semblables à celles de l'espèce précédente.

D. 13; A. 13; C. 25; P. 13; V. 8.

Les écailles sont assez fortes, peu adhérentes. La couleur est un marron brillant, à reflets argentés. Le dessous de l'opercule et l'intérieur de la branchie est noir, et les opercules ont de beaux reflets argentés. Les points du ventre et de l'anale sont dorés.

---

1. Ichthyol. de Nice, p. 337.
2. Mém. de l'Acad. des sc. de Turin, t. XXV, pl. 10, fig. 1.
3. Ichthyol. de Nice, p. 466, n.° 373.

Les deux exemplaires rapportés de Nice par M. Laurillard, n'ont que trois pouces de longueur. Comme je trouve que la figure, publiée par le prince de Canino, se rapporte très-bien à notre poisson, je ne doute pas que je n'aie ici sous les yeux le *Lampanyctus Bonapartii* de l'Ichthyologie italienne. Je suis encore confirmé dans cette opinion par la synonymie donnée à ce *Lampanyctus,* puisque l'auteur le croit le *Scopelus crocodilus* de Risso, quoiqu'il ne le présente qu'avec un point de doute. C'est donc encore le *Nyctophus Bonapartii* de M. Cocco. J'ai examiné avec le plus grand soin les dents de ce poisson; j'en ai comparé les différents caractères, et je ne puis conserver de doute sur les rapports de ces espèces avec celles que j'ai décrites plus haut, et par conséquent je ne puis hésiter à réunir ces genres des naturalistes italiens à celui des Scopèles.

Je m'étonne cependant que l'observateur, fort habile, dont je viens de rappeler les travaux, n'ait pas parlé de l'épine sourciliaire.

Le Scopèle aux grands yeux.

(*Scopelus boops*, Rich.)

C'est auprès de ces espèces que viendra se placer le Scopèle de la Nouvelle-Zélande que je trouve dans Richardson. Je lui conserve le nom que cet auteur lui a donné, quoique les yeux ne soient pas proportionnellement beaucoup plus grands que ceux du Scopèle de Humboldt.

Cette espèce est remarquable par la longueur de son anale; son adipeuse, assez large, a de nombreux filets. La dorsale est petite. La pectorale est assez grande; elle dépasse de beaucoup la ventrale, et atteint presque jusqu'au premier rayon de l'anale. Les écailles sont grandes et fortes. Les couleurs ressemblent à celles des espèces voisines, soit par les taches nacrées dont le corps est parsemé, soit par la couleur noire à reflets argentés dont brille tout ce poisson.

Il a été pris par le docteur Hooker, dans la mer qui sépare la Nouvelle-Hollande de la Nouvelle-Zélande : l'individu est long de quatre pouces et demi. M. Richardson[1] en a donné une longue description, et une figure dans l'Ichthyologie de l'*Erebus* et *Terror*.

Le Scopèle brillant.

(*Scopelus resplendens*, nob.)

MM. Quoy et Gaimard ont pris, dans l'océan Atlantique, un Scopèle très-voisin de la Serpe crocodile de Risso.

Il me paraît cependant en différer un peu parce qu'il a le corps un peu plus trapu; le museau plus étroit; l'œil plus petit, plus rapproché de l'extrémité; l'angle de l'opercule un peu plus aigu; l'anale est moins haute de l'avant et plus taillée en faux, parce que les rayons postérieurs sont plus longs; il a d'ailleurs les dents palatines et tous les autres caractères des véritables Scopèles. Cette espèce me paraît ressembler tout à fait au poisson qui a été décrit par M. Richardson[2], dans le voyage du Beagle, sous le nom de *Lampanyctus resplendens*.

D. 23; A. 18; C. 25; P. 13; V. 8.

La longueur de l'individu est de trois pouces neuf lignes.

---

1. Rich., *Myctophum boops*, Ereb. et Terror, p. 39, pl. 27, fig. 6 à 12.
2. Richardson, Ichthyol. de l'Ereb. et Terr., p. 42, pl. 27, fig. 16, 17 et 18.

Le Scopèle ovale.

(*Scopelus ovatus*, Cocco.)

Les auteurs italiens que j'ai déjà cités, ont encore décrit un petit poisson, semblable, par sa forme élevée et raccourcie, à l'espèce dédiée à M. Risso.

Mais, à en juger par la figure de la Faune italienne, il s'en distingue par la pectorale qui est plus longue; par l'anale qui est plus courte, et aussi par son œil sensiblement plus petit. Si je n'avais pas la figure de l'Ichthyologie italienne, je serais fort embarrassé pour déterminer le *Gonostomus ovatus* de Cocco.[1]

D. 13; A. 16; C. 20; P. 8; V. 6.

Ce naturaliste avait fait de ce poisson sa troisième espèce de Gonostome. Il est assez singulier qu'il ait associé les trois poissons qui composent ce genre.

Le Scopèle étincelant.

(*Scopelus coruscans*, nob.)

M. Dussumier a pris aux atterrages des Seychelles un petit Scopèle, qui se distingue des précédents

par son corps allongé, couvert de fortes écailles imbriquées et ciliées. L'œil est médiocre, placé tout près du bout du museau. La queue est de longueur médiocre. La couleur est un bleu noirâtre, à reflets argentés et brillants. Les nageoires sont petites.

D. 11; A. 10; V. 8, etc.

---

1. Cocco, *Lett. su Salmonoid.*, p. 9, t. 1, fig. 3.

Nous ne possédons qu'un petit exemplaire de cette espèce, long de seize lignes. Je crois pouvoir lui rapporter,
sans me tromper, le *Myctophum coruscans* de M. Richardson.[1] Son individu a été pris dans le sud de l'océan
Atlantique et dans les mers Australes.

Le Scopèle rude.

(*Scopelus asper*, Richards.)

J'ai trouvé parmi les poissons rapportés de la Nouvelle-
Irlande, par MM. Lesson et Garnot, un autre petit Scopèle,
très-voisin des précédents, mais que M. Richardson[2] a distingué avec raison sous le nom de *Myctophum asperum.*

Il est, en effet, remarquable par ses écailles fortes et presque
dentelées, tant les cils de leurs bords sont rudes et saillants; il a le
corps haut de l'avant; le front convexe; la dorsale ramenée sur la
première moitié du corps. L'œil est grand. La bouche est assez
fendue. La couleur est brillante.

D. 14; A. 18; C. 25; P. 17; V. 8.

Notre exemplaire est long de deux pouces. M. Richardson n'a pas connu la localité précise de ses exemplaires.

Le Scopèle de Lesueur.

(*Scopelus notatus*, Lesueur.)

Nous avons, enfin, à parler d'une petite espèce de la
mer des Indes, que M. Lesueur a prise auprès de l'Ile-de-

---

1. Rich., Ichth. de l'*Ereb. et Terr.*, p. 40, pl. 27, fig. 1 à 5.
2. Richardson, Ichthyol. de l'*Ereb. et Terror*, p. 41, pl. 27, fig. 13, 14 et 15.

France, et que nous avons retrouvée dans les collections faites à bord de la Chevrette par M. Reynaud.

Celle-ci est remarquable par la longueur de sa queue, qui est extrêmement étroite; elle a d'ailleurs le museau plus aigu et l'œil plus petit que les espèces voisines que nous venons d'examiner; elle leur ressemble par les écailles fortes et ciliées dont le corps est couvert. Nos exemplaires sont petits. Le plus grand n'a que dix-huit lignes.

Ce poisson, observé autrefois par M. Lesueur, a été publié dans les Annales des sciences de Philadelphie [1]. Je crois devoir lui rapporter le *Myctophum hians* de M. Richardson [2]. La seule différence appréciable entre la figure qu'il a donnée et celle de M. Lesueur, me paraît porter sur la longueur de l'anale; mais, comme nous avons encore un exemplaire de M. Lesueur, et qu'il ressemble parfaitement à la figure de M. Richardson, nous ne conservons pas de doute sur notre détermination spécifique.

---

1. Lesueur, Journal de l'Acad. des sc. de Phil., t. I.
2. Richards., Ichthyol. de l'*Ereb. et Terror*, p. 41, pl. 27, fig. 19, 20 et 21.

CHAPITRE XXVIII.

Du genre SAURUS (Cuv.).

Je désigne, sous le nom consacré par M. Cuvier, un genre de poissons qui appartient à la famille des Salmonoïdes, si l'on en établit le caractère sur la présence de l'adipeuse, mais qui s'en éloigne par la forme des mâchoires.

Le genre Saurus comprend des poissons qui ont le corps allongé, la gueule très-fendue, de longs intermaxillaires arrondis, terminés en pointe. Ils n'ont pour maxillaire qu'un simple stylet osseux caché dans les téguments, et souvent confondu avec l'intermaxillaire : on ne peut reconnaître et séparer les deux os que par une dissection attentive. Des dents nombreuses, coniques, un peu courbées, souvent terminées par une pointe en fer de lance, forment des bandes en herse sur les deux mâchoires, le long des palatins, sur la langue et sur les pharyngiens. Elles présentent cette disposition singulière, que les petites dents sont le long du bord externe de l'os, que les plus grandes forment le rang interne. Au caractère tiré de cette singulière dentition, et de la forme non moins remarquable des intermaxillaires, il faut ajouter que les ventrales ont leurs premiers rayons beaucoup plus courts que les derniers; ce qui est le contraire chez la plupart des autres poissons. La nature reproduit ici ce qu'elle nous a déjà montré dans les Platycéphales, dans les Callionymes, et dont elle a tiré un si grand avantage pour faire la ventouse constituée dans les Gobies par la réunion des deux ventrales. Dans les espèces de ces différents genres, les rayons internes de la nageoire sont plus longs que les externes. Les pectorales des Saurus sont beaucoup plus petites que les nageoires paires postérieures, et elles sont singulièrement tronquées; les ouïes sont très-largement fendues; la membrane branchiostège est assez libre, et constamment soutenue, dans toutes les espèces, par seize rayons, dont les derniers, serrés contre l'opercule, remontent en suivant le contour de cet os jusqu'au haut de la fente branchiale. Cette disposition les rend difficiles à compter, et c'est là ce qui explique comment on trouve leur nombre indiqué par les auteurs d'une manière tout à fait vague. On lit dans les ouvrages les plus recommandables que les Saurus ont huit ou neuf, et souvent douze ou quinze rayons aux ouïes. Il faut aussi signaler dans les Saurus la grandeur du sous-opercule, quelquefois aussi de l'interopercule, et souvent la petitesse de l'opercule. La dorsale est de moyenne grandeur, placée sur le devant; l'adipeuse est si petite, et est tellement couchée sur le dos de la queue, qu'elle se perd facilement dans les mucosités qui enveloppent cette partie du tronc, ou qu'elle tombe facilement sur les individus desséchés.

Les Saurus ont un estomac en cul-de-sac arrondi très-ample; une branche pylorique très-courte; un petit nombre de cœcums. Tous ces poissons diffèrent encore des Salmonoïdes ordinaires, parce que les ovaires sont renfermés dans des sacs entiers, complétement fermés, et que par conséquent les œufs ne tombent pas dans la cavité abdominale, comme cela a lieu dans nos Saumons ou dans nos Truites. Ils n'ont pas de vessie aérienne.

Les mers de l'Océan européen ne me paraissent pas nourrir de Saurus; mais il en existe une espèce dans la Méditerranée. Nous en aurons plusieurs autres à faire connaître des mers d'Amérique ou de l'Inde; et quelques-unes de ces dernières seront un des rares exemples d'espèces communes à l'Atlantique et aux mers de l'Inde. Quoique ce Saurus existe dans la Méditerranée, aucun passage des anciens ne justifie l'application que Salviani a faite du nom de σαῦρος d'Aristote, d'Athénée ou d'Élien au poisson qu'il a si bien figuré. En effet, Aristote[1] cite son σαῦρος comme un des poissons qui vivent en troupes et en bonne harmonie entre eux. Il le cite avec les *Tunni,* les *Aleces,* les *Corvuli,* les *Dentices,* etc. Les rares apparitions de notre Saurus près du rivage, prouvent que ce poisson, dont la chair est bonne est agréable, ne vit pas en troupes aussi nombreuses que les Thons et autres poissons dont parle Aristote. Nulle part le Saurus n'a donné lieu à de grandes pêches, que les hommes n'auraient pas manqué de faire, si l'espèce avait eu les habitudes qui lui sont attribuées par Aristote. Athénée[2] n'écrit pas σαῦρος, mais il cite, d'après Speusippe, le σαῦρις comme un poisson semblable à la Sphirène, à la Bellone ou à l'Orphie.

Le corps allongé et arrondi de notre poisson pourrait bien, en effet, rappeler un peu les formes des espèces citées par Speusippe; mais il y a une si grande différence dans la conformation du museau, que je ne vois pas comment on aurait comparé notre Saurus à ces différents poissons. Quant à Élien[3], son Saurus est un poisson de la mer Rouge

---

1. *Hist. animal.*, liv. IX, chap. 2, p. 925, *b*. Paris, Henri Étienne, 1629.
2. Liv. VII, ch. 21, fol. 323, *b*, éd. de Casaubon. Lyon, 1612.
3. Édit. de Schneider, liv. XII, ch. 25, p. 392 et p. 162.

qu'il compare à celui de la Méditerranée, et qui est rayé longitudinalement de lignes, les unes argentées, les autres dorées. Ce ne sont pas là les couleurs du seul Saurus de la mer Rouge que les naturalistes aient encore observé, et ce que Élien ajoute encore à la suite de ces traits, me prouve qu'il s'agissait d'un poisson certainement différent.

Il me paraît hors de doute, que ce qui a déterminé Salviani à retrouver dans son poisson le σαύρος des Grecs, c'est que l'espèce est connue, à Rome, sous le nom de *Tarentola*, expression par laquelle les Romains désignent nos Lézards.

Il est assez curieux de voir qu'un poisson, qui avait été si bien représenté par Salviani, n'ait pas été mieux apprécié par les ichthyologistes méthodistes. En effet, Artedi associe le Saurus à l'Éperlan, pour constituer le genre *Osmerus*. Gronovius ne fait pas attention à l'adipeuse d'une autre espèce dont il donne, pour le reste, une figure assez reconnaissable, et il établit sur elle le genre *Synodus;* d'où il faut conclure, que la première pensée du genre *Synodus,* que Bloch et Lacépède ont composé d'une réunion d'espèces tout à fait disparates, a été celle du genre *Saurus* de M. Cuvier. Quant aux espèces qui entrent dans le genre *Saurus,* nous verrons l'espèce de la Méditerranée mal déterminée. Nous prouverons que le *Salmo fœtens* de Linné n'est pas le même que le *Salmo fœtens* de Bloch. M. de Lacépède nous donnera de nouveaux exemples de la facilité avec laquelle il faisait des doubles emplois; car il avait dans les collections nationales les moyens de reconnaître l'*Esox synodus* de Linné dont il fait son *Synode fascié,* et qu'il reproduit ensuite parmi les Osmères d'après des documents de Commerson. Il donne parmi ses Coré-

gones, et d'après une figure mal coloriée, le *Salmo fœtens*
de Linné sous le nom de Corégone rouge ; ce qui ne l'empêche pas de l'inscrire de nouveau dans la liste des Osmères.
Quant au *Salmo fœtens* de Bloch, il reparaît une seconde
fois d'après une figure de Plumier. J'espère avoir débrouillé
toutes ces confusions et avoir rendu à chaque espèce sa
véritable synonymie, ainsi qu'on va le voir dans les descriptions suivantes :

Du Saurus ordinaire.

(*Saurus lacerta*, Risso.)

Nous commençons la description des espèces de ce
genre par celle qui vit dans la Méditerranée et qui a été
figurée par Salviani[1] d'une manière très-reconnaissable.
Cette figure est une des meilleures de cet ouvrage, quoique l'auteur ait oublié la nageoire adipeuse de cette espèce.
C'est, on peut le dire, la seule bonne figure donnée jusqu'à
présent d'un poisson qui, sans être commun, n'est cependant pas très-rare ; car on va voir que les autres citations
indiquées dans tous les auteurs à la suite du *Salmo saurus*,
appartiennent à des espèces différentes ; mais avant d'entrer
dans cette discussion, je vais faire la description du poisson
de Salviani, en désignant l'espèce sous le nom que M. Risso
a inscrit dans la seconde édition de son Ichthyologie de
Nice.

Ce poisson a le corps allongé et arrondi. La plus grande hauteur
du corps est sept fois dans la longueur totale, et l'épaisseur du

---

1. *Saurus Salviani, de aquat.*, fol. 142, pl. 99.

tronc mesure à peu près les deux tiers de la hauteur. La tête est allongée; elle est comprise cinq fois dans la longueur totale. Les deux mâchoires sont égales; cependant, quand la gueule est ouverte, la mâchoire inférieure paraît dépasser la supérieure. Le dessus du crâne est un peu concave. Autour de l'orbite et derrière les yeux les os sont plus ou moins profondément ciselés. Les yeux sont petits, avancés et placés tout à fait sur le haut de la joue, tellement que le cercle de l'orbite entame sur le plan supérieur du crâne. L'ouverture de l'orbite semble tétragonale. Le plus grand diamètre est environ le septième de la longueur de la tête, et l'œil est éloigné du bout du museau d'une fois et deux tiers ce diamètre. L'intervalle qui sépare les deux yeux est égal à ce diamètre. Le sous-orbitaire est très-étroit au-dessus du maxillaire; il n'avance pas vers l'extrémité du museau au delà de la narine. Cette première pièce est suivie d'une seconde, triangulaire, étalée sur la joue, et qui paraît surtout se prolonger par les écailles oblongues qui couvrent toute la joue. Je ne vois d'ailleurs que deux osselets sous-orbitaires. Au-dessus et en avant de l'œil il y a un large sourcilier triangulaire, convexe, rugueux, un peu dentelé; il contribue à l'élévation de l'arcade sourciliaire et à rendre, par conséquent, plus creuse la gouttière frontale. Les deux ouvertures de la narine sont petites, rapprochées l'une de l'autre et placées au-devant de ce sourcilier. La gueule est extrêmement fendue. L'angle de la mâchoire atteint un peu au delà de la moitié de la longueur de la tête; elle dépasse donc considérablement l'orbite. C'est là ce qui fait que le préopercule est rejeté fort loin sur la joue. Son bord est arqué; c'est à peine si l'on peut reconnaître une portion horizontale. Les trois autres pièces de l'appareil operculaire sont cachées sous des écailles oblongues, de sorte qu'on ne peut les voir sans la dissection; elles sont remarquables. L'opercule est une petite plaque triangulaire, placée tout à fait sur le haut de la fente de l'ouïe. Il se termine inférieurement par un angle arrondi. Tout le bord postérieur est régulièrement arqué. Au-dessous, nous voyons le sous-opercule former une plaque plus grande que l'opercule, et embrasser l'ogive de cet os, de manière à remonter le long du bord arqué du préopercule.

22.

44

L'angle aigu, qui le termine, est beaucoup plus haut que le bord
antérieur de l'opercule. C'est au-dessous et au-devant de ce sous-
opercule qu'on trouve une petite plaque triangulaire, touchant à
la fois à la mâchoire inférieure et au bas du préopercule; c'est le
quatrième os de l'appareil operculaire ou l'interopercule. Toutes ces
pièces sont munies d'un bord membraneux large, et prolongé tout
le long de la crête des os de la mâchoire inférieure. J'ai déjà signalé
la grandeur de la fente de la bouche. L'arcade supérieure est entièrement bordée par les intermaxillaires, qui s'étendent depuis l'extrémité
du museau jusqu'à l'angle de la mâchoire. Ils sont épais, robustes,
et recouverts d'une peau simulant une lèvre mince, appliquée sur
eux et cachant dans son épaisseur le maxillaire, os qu'on ne peut
voir que par la dissection. Il est si mince qu'on l'enlève facilement
avec la peau lorsqu'on veut préparer le squelette de ces poissons;
mais on retrouve cependant sur l'intermaxillaire la petite rainure
dans laquelle était logée cette pièce. La mâchoire inférieure a des
branches fort larges, sur lesquelles il est facile de voir les quatre
os qui entrent dans leur composition. Deux petites fossettes sont
creusées dans l'intérieur de la bouche, derrière l'extrémité des intermaxillaires, et près du voile du palais. Cette gueule, si large, est
armée de dents en grosse herse, pointues, coniques. Les deux mâchoires en portent plusieurs rangs, et elles offrent cette singulière
disposition que les dents internes sont les plus grandes, et que celles
du rang externe sont les plus petites. Il y a ensuite une seconde
bande de dents semblables, implantées sur les palatins; mais il n'y
en a aucune sur le vomer ni sur les ptérygoïdiens. La langue, les
os du corps de l'hyoïde et les pharyngiens supérieurs et inférieurs
en sont aussi hérissés, mais les dents y deviennent plus petites. Les
ouïes sont très-largement fendues. La membrane branchiostège est
très-lâche, très-grande; il est facile d'y compter les treize rayons
qui la soutiennent de chaque côté; les derniers remontent jusqu'au
haut de l'opercule, tout à fait sous le bord membraneux de l'os;
ce qui montre bien que la membrane branchiostège est un organe
distinct de ce bord membraneux, quoique dans beaucoup de poissons elle semble se confondre avec lui. Nous retrouvons ici un

nouvel exemple du prolongement de la membrane de l'isthme formant sous la gorge une sorte de sac qui embrasse la base de l'hyoïde.
Toute cette membrane, si grande et si lâche, se cache entièrement
entre les branches de la mâchoire et sous les deux appareils operculaires, de telle façon que, quand la gueule est fermée, les deux
branches de la mâchoire sont rapprochées l'une de l'autre, et se
touchent dans toute leur étendue. La dorsale est placée sur le
devant du corps, très-peu en arrière du tiers de la longueur
totale; elle est cependant beaucoup moins avancée que les ventrales.
La nageoire du dos n'a pas tout à fait autant de longueur que le
tronc a de hauteur, mesuré sous elle; ses premiers rayons sont un
peu moins hauts qu'elle n'est longue; les derniers ont moitié de la
hauteur des premiers. La nageoire adipeuse est remarquablement
petite, couchée sur le tronçon de la queue, qui est méplat. L'anus
est aux deux tiers postérieurs du corps. L'anale qui le suit est courte,
et ses rayons, quoique grêles, ne sont pas très-hauts. La caudale
est fourchue, et elle a sur chaque lobe un appendice écailleux,
prolongé en une petite palette. La ceinture humérale est assez large;
on ne peut en bien connaître la disposition qu'en l'étudiant sur le
squelette. Les pectorales sont courtes et tronquées; les ventrales
sont assez larges et remarquables, parce qu'elles ont les premiers
rayons courts et le dernier presque triple du premier; ce qui est
le contraire de ce que l'on observe dans la plupart des autres
poissons.

B. 16; D. 12; A. 11; C. 25; P. 13; V. 8.

Les écailles sont grandes et fortes; il y en a soixante-cinq rangées
le long de la ligne latérale; celle-ci est droite et marquée par des
petites tubulures aplaties, formant une sorte de petit écusson sur
l'écaille, traversée par le tube. La couleur est un gris verdâtre plus
ou moins argenté.

Nous avons reçu ce poisson de Toulon, par M. Banon
et par M. Reynaud; de Corse, par M. Peyraudeau; d'Iviça,
par M. Delaroche; de Naples, par M. Savigny; de Messine,
par M. Bibron, et d'Athènes, par M. Donnando.

Le plus grand de tous ces individus est long de quatorze
pouces. Je vois cette espèce se porter jusqu'aux Canaries,
car je la trouve dans les collections de MM. Webb et Ber-
thelot sous le nom de *Lagarto de tierra*. L'espèce existe
aussi sur nos côtes de l'Algérie. M. Guichenot en a rapporté de bons exemplaires pêchés sur ces côtes.

Après Salviani, qui a bien fait connaître le *Tarentola*
des Romains, nous trouvons dans Willughby[1] une assez
bonne description du Saurus. C'est sur ces matériaux qu'Artedi a établi sa seconde espèce d'*Osmerus,* caractérisée
d'une manière assez vague par les onze rayons de l'anale.
Après avoir rapporté, avec quelque doute, les synonymies
grecques que lui indiquait l'historien des poissons de Rome,
Artedi ajoute aussi, mais avec doute, le *Lacertus peregrinus* de Rondelet. Cette figure ne se rapporte pas, évidemment, à l'espèce dont nous traitons, c'est notre *Saurida
tombil;* l'espèce était donc, sauf les petites inexactitudes
que nous venons de signaler, assez bien indiquée par le
prédécesseur de Linné; mais il l'avait fort mal placée dans
son genre *Osmerus,* comprenant deux poissons très-diffé-
rents, l'Éperlan et celui qui nous occupe. Linné a fait de
ces *Osmerus,* comme nous l'avons déjà dit, des espèces de
son genre *Salmo,* et l'on voit paraître dès la dixième édition
un *Salmo saurus* dans ses *Osmeri.* Bloch, qui est venu
ensuite, a donné pour figure du Saurus, une copie du
dessin de Plumier qui représente l'espèce des Antilles, et il
a confondu en outre le Sauride de la mer Rouge, figuré
par Rondelet avec le poisson de Plumier, bien qu'il aurait
pu arriver à une détermination plus juste de l'espèce in-

---

1. Appendice, p. 29.

dienne, puisqu'il l'avait reçue par John de la côte Malabare et qu'il en a publié une figure assez reconnaissable. Le *Salmo saurus* de Bloch est donc une compilation de ce qu'il a pris dans Salviani et dans Willughby sur le poisson de la Méditerranée et une confusion de l'espèce américaine et indienne. On devra donc rayer de l'Ichthyologie ce que le naturaliste de Berlin a fait sur le prétendu *Salmo saurus*. Il en est malheureusement de même de M. de Lacépède, qui s'est contenté de copier Bloch. Après ces auteurs nous arrivons à M. Risso, qui a inscrit un *Osmerus saurus* dans sa première édition, lequel est devenu, après les travaux de M. Cuvier, qui ont éclairé cet ichthyologiste, le *Saurus lacerta* de la seconde édition. Cet auteur avait séparé dans ses deux ouvrages, sous le nom d'*Osmerus fasciatus* ou de *Saurus fasciatus* une seconde espèce, que les pêcheurs de Nice ne distinguent cependant pas de la précédente. Les nombreux exemplaires que j'ai examinés me prouvent que ces hommes, habitués à observer simplement la nature, ont parfaitement raison. Ces nouvelles observations me servent à corriger l'erreur que j'ai commise en établissant, dans l'Ichthyologie des Canaries, une troisième espèce que j'ai nommée *Saurus trivirgatus*. L'examen que je viens d'en faire, et l'étude plus approfondie de tous ces poissons, me prouvent que je n'avais sous les yeux qu'une variété du Saurus ordinaire.

Le SAURUS ODORANT.

(*Saurus fœtens*, nob.)

Si nous passons de l'autre côté de l'Atlantique, nous trouvons aussi plusieurs espèces de ce genre.

L'une d'elles a le dessus du crâne plus large et moins creux; le museau plus pointu, ainsi que la saillie de la mâchoire inférieure. Cette acuité est très-sensible dans les individus encore jeunes qui n'ont guère que huit à neuf pouces de longueur. Les dents sont plus grêles et plus espacées, et celles des palatins sont sur une bande plus large. Le poisson a d'ailleurs le corps plus long, mais tout aussi arrondi que celui de nos côtes. La pectorale est un peu moins tronquée.

B. 16; D. 13 — 0; A. 13; C. 25; P. 14; V. 8.

La couleur est un gris argenté sur le dos et devenant plus blanc sous le ventre. Le lobe inférieur de la caudale a du noirâtre.

Nous avons reçu ces poissons de la Martinique par M. Plée, et de Saint-Domingue par M. Ricord. Ce médecin nous apprend que le poisson, peu commun dans la baie de Port-au-Prince, y est connu sous le nom de Merlan. L'espèce me paraît aussi se porter sur les côtes de l'Amérique septentrionale; car nous en avons reçu un exemplaire assez grand, long de seize pouces, envoyé par M. le docteur Holbroock. D'un autre côté, je vois l'espèce gagner les côtes de l'Amérique méridionale, puisque des exemplaires se sont trouvés dans les collections envoyées de Bahia au Musée de Genève, qui les a communiqués au Muséum national de Paris; cette espèce faisait aussi partie des collections recueillies longtemps avant, à Rio-de-Janeiro, par M. de Lalande.

Si les naturalistes que nous avons à citer ont indiqué avec certitude la localité des individus dont je vais parler, ce Saurus serait du petit nombre des poissons qui passent de l'océan Atlantique dans le grand océan Pacifique autour du cap Horn. En effet, MM. Lesson et Garnot ont désigné le port Payta pour lieu d'origine de l'exemplaire qu'ils ont rapporté de l'expédition commandée par le capitaine Duperrey. La même espèce aurait été retrouvée au même endroit vingt ans plus tard par M. Léclancher, lorsque cet officier de marine récolta quelques poissons, qu'il a donnés au Muséum d'histoire naturelle pendant la campagne de la frégate la Reine-Blanche, sous les ordres de M. l'amiral Dupetit-Thouars.

C'est une des espèces mal déterminées par les auteurs systématiques qui nous ont précédés; elle aurait pu cependant l'être depuis longtemps; car ces ichthyologistes ont eu successivement sous les yeux plusieurs figures de cette espèce. On peut dire que la plus ancienne est celle qui appartient au manuscrit du P. Plumier; mais il faut avouer qu'elle est une des plus incorrectes que ce botaniste nous ait laissées; elle manque de dents, et, malgré cette imperfection, il est impossible de ne pas reconnaître notre Saurus à museau prolongé dans la figure qui a été arbitrairement colorée en rouge très-foncé. Le dessin de Plumier porte cette phrase : *Trutta marina, rictu acuto,* P. Plumier. La copie a été employée par M. de Lacépède, pour en faire sa Corégone rouge (*Coregonus ruber*). Si l'on n'avait pas sous les yeux l'original de cette gravure, il serait difficile de reconnaître notre espèce dans la copie donnée par l'ichthyologiste français [1]. Avant la publication du dessin de Plumier, les naturalistes avaient une figure de notre espèce dans l'Histoire de la Caroline, de Catesby. Le Saurus *ex cinereo nigricans* représenté, planche 2, figure 2, me paraît y appartenir; la figure de Catesby ressemble assez bien au poisson de Charleston, cité plus haut,

---

1. Lacép., t. V, p. 144, n.° 3.

et qui vient des mêmes lieux que l'original de Catesby. Je suis cependant obligé de faire remarquer que le museau n'est pas tout à fait assez pointu.

Linné a établi sur le Saurus de Catesby son *Salmo fœtens*: il le tenait de Garden, qui le lui avait envoyé sous la dénomination de *Whiting*, c'est-à-dire sous le même nom que nos pêcheurs de Saint-Domingue donnent à cette espèce, en l'appelant le *Merlan*. Les quelques mots que Linné ajoute à sa diagnose d'après les notes de Garden, confirment cette dénomination. Nous avons donc là sous les yeux le véritable *Salmo fœtens* de Linné. Il a été placé dans la douzième édition, et sans doute par une transposition des feuillets du manuscrit, parmi les Characins qui, dans la pensée de Linné, ne devaient avoir que quatre rayons à la membrane branchiostège, car il en compte douze à l'espèce que nous déterminons. Je lui conserverai donc le nom qu'elle avait reçu du grand législateur de l'Histoire naturelle en 1766; mais je dois faire remarquer que Bloch a figuré, sous ce nom de *Salmo fœtens,* une espèce tout à fait différente, dont nous aurons à parler plus loin. M. de Lacépède a changé le nom donné par Linné en celui d'*Osmerus albidus,* parce qu'il a placé dans son genre des Osmères le *Salmo fœtens* ou le *Salmone blanchet* de l'Encyclopédie méthodique. Sa synonymie est mauvaise; car il y réunit la citation de Bloch. La figure de Catesby[1] a été copiée dans l'Encyclopédie méthodique pour représenter ce Blanchet. La détermination de ce Saurus nous conduit à celle de Sloane[2],

---

1. Catesby, Caroline, tab. 2, fig. 2.
2. Sloane, Jam., tab. 251, fig. 1.

intitulée *Saurus maximus, non maculatus.* Nous avons déjà fait remarquer, à l'article de l'Élops, que cette figure avait été citée par inadvertance sous le nom d'*Elops saurus.* Celui-ci est représenté à la planche 250, figure 1. On ne peut douter que ce *Saurus maximus* ne soit en effet du genre dont nous traitons ici, quoique la figure soit incorrecte, parce que l'auteur a oublié la nageoire adipeuse. Ce *Salmo fœtens* existe aussi au Brésil, et nous le trouvons figuré dans l'ouvrage de Spix[1], mais sous un nouveau nom. Les auteurs de cette ichthyologie l'ont appelé *Saurus longirostris.* La figure et la description sont d'ailleurs fort exactes.

Nous avons vu cette espèce se porter sur les côtes occidentales de l'Amérique, à Payta. Cela va me servir à rectifier ce que M. Cuvier a dit, avec un peu trop de précipitation, sur un prétendu Saurus transparent du lac de Mexico, qu'il a indiqué dans le Règne animal sous le nom de *Saurus mexicanus*[2]. J'ai sous les yeux le dessin qui lui a été envoyé par le major Hamilton Smith; ce naturaliste observait notre poisson dans la collection de Bulock, et je vais, pour plus de clarté, donner ici un extrait de la lettre écrite à M. Cuvier le 15 octobre 1824 par le major :

«Mes trois visites m'ont suffi pour déterminer qu'il n'y a rien de nouveau (dans la collection de Bulock), excepté peut-être un *Salmo dentex.* (Je me sers de ce nom, n'ayant pas de livre auprès de moi pour lui donner le véritable, qu'il doit porter dans le Règne animal.)

---

1. Spix, tab. 43, p. 80.
2. 2. édit., p. 314.

« Selon M. Bulock, ce poisson est transparent comme l'Éperlan (*Salmo eperlanus*). C'est le seul qui se trouve dans le lac de Mexico. Malheureusement pour cette assertion, j'ai fait la même question à un Indien, né à sept lieues de Mexico, et il m'a dit que c'était un poisson de mer. Ci-joint l'esquisse que j'ai l'honneur de vous adresser. »

On sait que Bulock n'était point naturaliste, il aura confondu ce Saurus avec la grande Athérine du lac de Mexico, que j'ai décrite (*Atherina Humboldti*); car, je le répète, il est impossible de ne pas reconnaître, dans le dessin du major Smith, notre *Salmo fœtens* à son museau pointu.

Le Saure Synode.

(*Saurus synodus*, nob.)

Une autre espèce des côtes d'Amérique, a été tout aussi méconnue des ichthyologistes modernes que la précédente, et cependant on va voir qu'elle est connue depuis longtemps; car elle a paru dès la dixième édition du *Systema naturæ*.

Ce Saurus a le corps plus court; l'intervalle entre les yeux est concave et les sourciliers font sur les côtés une saillie plus grande que dans toutes les espèces précédentes. Le dessus de la tête a un petit nombre de stries; mais elles sont très-sensibles. Les dents palatines donnent à cette espèce un caractère facile à saisir; celles de devant sont un peu plus longues que les suivantes.

B. 16; D. 15; A. 10; C. 25; P. 12; V. 8.

Cette espèce se distingue encore des précédentes par les couleurs. Le corps et les nageoires sont grivelés de noir sur un fond gris-argenté. Il y a une tache noire remarquable et constante sur l'extrémité du museau de tous ces poissons.

Nos plus grands exemplaires ont treize pouces.

Nous avons reçu cette espèce de la Martinique par M. Plée, de la Guadeloupe par M. Ricord, et de Bahia par les soins de M. Moricand de Genève.

Nous voyons aussi cette espèce s'avancer jusqu'à Sainte-Hélène, d'où nous en avons reçu de beaux exemplaires par M. Dussumier. Mais ce poisson va encore beaucoup plus loin; car MM. Quoy et Gaimard l'ont pris aux îles Sandwich.

Je ne suis pas très-sûr qu'il faille distinguer le *Saurus gracilis* des îles Sandwich.

Cette espèce est aussi répandue dans les mers de l'Inde. Nous l'avons reçue de l'Ile-de-France par M. Mathieu, et de Bourbon par M. Leschenault. Nous l'avons aussi de la Nouvelle-Guinée par MM. Quoy et Gaimard.

La comparaison des nombreux individus que nous avons réunis, nous permet de reconnaître en elle le *Synodus* de Gronovius. Cet habile homme donne quinze rayons à la membrane branchiostège, et remarque qu'elle est cachée sous l'opercule; de plus, il porte aussi son caractère sur la grandeur de la bouche armée de dents très-fortes, longues, contiguës, serrées sur les deux mâchoires, sur le palais, sur la langue et sur les pharyngiens. L'erreur commise par Gronovius est d'avoir oublié l'adipeuse. On reconnaît d'ailleurs notre poisson dans les bandes interrompues dont le corps est varié. Ce *Synodus* de Gronovius est devenu dans la dixième édition l'*Esox synodus* de Linné[1]; mais par une erreur typographique, on n'a marqué que cinq rayons aux branchies au lieu de quinze.

---

1. Édit. X, p. 313, n.° 4.

L'espèce a été reproduite sans aucun changement dans les éditions suivantes de Linné, et elle est devenue dans M. de Lacépède la première espèce de son genre Synode, sous le nom de *Synode fascé*[1]. Cet auteur l'a associée aux Érythrins, à un Butyrin et à deux Cyprinoïdes indéterminés. Bloch, qui travaillait à la même époque à composer le Système ichthyologique qui a paru posthume par les soins de Schneider, en fit aussi la première espèce de son genre *Synodus*, sous le nom de *Synode synode*. Il lui rétablit les quinze rayons de la membrane branchiostège indiqués par Gronovius, et il associe ce poisson à des Érythrins, à un Butyrin et à la Galaxie. Ces erreurs étaient pardonnables, car les nomenclateurs s'appuyaient sur la figure de Gronovius, et même aussi sur sa description incomplète, le naturaliste hollandais ayant négligé l'adipeuse. Mais ce qu'on aura peut-être de la peine à croire et ce qui cependant est tout à fait hors de doute, c'est que Bloch a donné, dans sa grande Ichthyologie, pour le *Salmo saurus*, cette même espèce.

Il a publié, en effet, son *Salmo saurus* d'après un dessin de Plumier, qui ne fait pas partie de la bibliothèque nationale.

C'est d'après des exemplaires venus d'Amérique que Gronovius et Linné ont parlé de ce poisson; mais très-peu d'années après, les voyageurs retrouvaient cette espèce dans le grand océan de la mer des Indes. Commerson la dessinait à l'Ile-de-France, et en laissait une description détaillée faite avec le plus grand soin. Il dit qu'il l'observa en décembre 1769 sur les plages de l'Ile-de-France comme

---

1. Lacép., t. V, p. 321.

une des espèces les plus rares. Le dessin de Commerson a été gravé d'une manière un peu rude dans l'Ichthyologie de M. de Lacépède[1], sous le nom de *Salmone varié*. A peu près dans le même temps, Solander, compagnon de Cook, retrouvait notre espèce à Otaïti. Un dessin parfaitement reconnaissable existe dans la bibliothèque de Banks, aujourd'hui déposée au *British Museum*. Notre célèbre confrère, Robert Brown, nous a permis de prendre un calque du dessin et une copie de la description que Solander en avait faite sous le nom de *Dentex marmoreus*. Heureusement que les compilateurs ne se sont pas servis de ce document; car l'espèce aurait probablement encore eu un nouveau nom. MM. Quoy et Gaimard ont donné, dans la Zoologie de l'Uranie[2], une bonne figure de cette espèce, sous le nom que lui avait imposé Lacépède. Mais ce même poisson a reçu dans ces derniers temps une nouvelle dénomination, car je ne doute pas, d'après l'examen que nous avons fait des nombreux exemplaires du Muséum, que ce ne soit le *Saurus intermedius* de Spix. Les bandes me paraissent descendre plus bas que nous ne les avons jamais observées, et les dents me semblent un peu petites.

Je trouve aussi cette espèce citée dans l'Ichthyologie des mers de Chine par M. Richardson, sous le nom de Lacépède; suivant lui, les Chinois l'appellent *Hwa Kow Kwăn.*

Enfin, il faut encore rapporter à cette espèce le *Saurus minutus* de Lesueur[3]. Il est évident qu'il est établi d'après

---

1. T. V, pl. 3, fig. 3.
2. Pl. 48, fig. 3.
3. Lesueur, *Journ. of the acad. sc. of Philad.*, t. V, part. 1, 1825, p. 118, pl. 5.

un exemplaire encore très-jeune, de deux pouces de long
sur une épaisseur de deux lignes. Ce petit poisson venait
de l'Ile-de-France : son museau est très-pointu; il a des
marbrures sur le corps. Voilà tout ce qu'on peut dire
d'une espèce aussi peu caractérisée par son auteur. Il me
paraît probable qu'elle a été établie sur d'anciennes notes
prises à l'Ile-de-France, quand ce voyageur y passa avec
l'expédition du capitaine Baudin. Or, on conserve encore,
dans les collections nationales, des petits Saurus rapportés
par Péron, qui ont les proportions que nous venons d'indiquer, et qui doivent être les originaux de cette figure.
Ils appartiennent à l'espèce que nous décrivons dans cet
article.

Le Saure anolis.

(*Saurus anolis*, nob.)

Il existe dans les mêmes mers une autre espèce très-
voisine de celle-ci,

qui me paraît cependant s'en distinguer par l'égalité des dents palatines; les antérieures ne sont pas plus longues que celles qui
sont implantées en arrière sur le reste de l'os. Un autre caractère
remarquable consiste dans les alvéoles hexagonales qui tapissent
toute la muqueuse du palais. Le dessus du crâne me paraît un
peu plus court. Les sourciliers ont la forme de deux écailles plus
saillantes et plus détachées sur le devant de l'orbite. Cette espèce a
d'ailleurs les couleurs assez semblables à celles des poissons qui
précèdent. Les taches semblent cependant être plutôt disposées par
bandes verticales, et je vois aussi une ou deux raies longitudinales
sur la joue.

D. 11; A. 12; C. 25; P. 14; V. 8.

Ce poisson nous est venu de la Guadeloupe par M. Ricord, et de Bahia par M. Moricand. Je rapporte, mais
avec quelque doute, à cette espèce, un individu desséché
qui a été envoyé de la Martinique par M. Achard. M. Plée
en a recueilli dans la même île de forts beaux exemplaires
sous le nom d'Anolis; l'un d'eux est long de quinze pouces.
Ce qui me paraît faire reconnaître facilement cette espèce,
quand on la met à côté de la précédente, c'est l'absence
de tache noire sur l'extrémité du museau; cependant on
voit que je ne me fonde pas sur ce seul caractère pour
distinguer ces deux poissons, et que j'ai commencé par
signaler ce qui tenait aux formes générales. M. Plée nous
dit, dans ses catalogues, que la forme et les couleurs ont
fait donner à ce poisson le nom d'*Anolis*. On ne le mange
pas, probablement à cause du nom qu'il porte. M. Plée
ne croit pas que les plus grands individus dépassent un
pied et demi.

Le SAURE MÉLÉAGRIDE.

(*Saurus meleagris*, nob.)

J'ai déjà distingué de ces espèces un Saurus très-voisin,

qui a l'intervalle des yeux plus étroit; le sourcilier moins saillant
sur les côtés; le museau plus court; les dents plus longues et
l'extrémité pointue et taillée en fer de flèche. Les taches sont plus
nombreuses et plus serrées; c'est ce qui m'a fait distinguer ce
poisson sous le nom indiqué plus haut.

B. 16; D. 13; A. 9; C. 25; P. 12; V. 8.

Ce poisson vient de Buénos-Ayres, par M. d'Orbigny.
L'individu est long de huit pouces.

Le SAURE DE FORSTER.

(*Saurus myops*, nob.)

Après ces espèces à museau très-allongé, nous en avons
d'autres qui sont remarquables par le raccourcissement de
l'extrémité de la tête. Cependant je ne vois dans la composition des maxillaires, dans la forme de leurs dents,
ou dans celle des os du palais ou de la langue, aucune
autre différence caractéristique assez grande pour établir
une nouvelle coupe générique. Je remarque seulement
que les trois pièces de l'appareil operculaire qui suivent
le préopercule, sont tout à fait visibles. La grandeur même
du sous-opercule mérite de fixer l'attention du zoologiste;
car, dans presque tous les autres poissons, cette pièce
n'est qu'un simple accessoire de l'opercule, et nous l'avons
vu disparaître complétement dans une famille entière,
celle des Siluroïdes. Après ces réflexions je dirai, du poisson que j'ai sous les yeux,

que son corps est allongé et arrondi; l'épaisseur du tronc mesure
à peu près les trois-quarts de la hauteur comprise sept fois et demie
dans la longueur totale, et à bien peu de chose près deux fois dans
celle de la tête. Les yeux sont placés tout à fait sur le devant; car
la distance du bout du museau au bord antérieur de l'orbite n'est
que le huitième de la longueur de la tête, et le diamètre de l'œil
est un peu plus petit que cette distance, sans être tout à fait le
neuvième de cette même longueur. L'intervalle qui sépare les deux
yeux est creusé en une gouttière assez profonde. Les sourciliers sont
élevés, mais se portent peu sur les côtés. Les osselets sous-orbitaires
sont petits et tout rugueux. Toute la surface du crâne est osseuse et
rugueuse ou fortement striée. Les dents sont en grosse herse sur les

intermaxillaires. A la mâchoire inférieure elles sont un peu plus fines; elles le deviennent encore plus sur la bande unique des palatins et sur la langue. Tout le préopercule est couvert d'écailles oblongues; il est facile d'en compter six ou sept rangées. Il y en a quelques-unes sur le haut de l'opercule, sur le bord du limbe; mais le sous-opercule et l'interopercule ne sont couverts que par une peau lisse et sans écailles; c'est une des causes qui laissent apercevoir plus facilement ces pièces. La dorsale est avancée sur le dos, au tiers environ de la longueur totale. Les ventrales sont insérées encore plus en avant; elles répondent à l'extrémité de la pectorale, qui est courte, et elles sont assez longues, car leur extrémité atteint à l'aplomb du dernier rayon de la dorsale. La caudale est fourchue; l'anale est longue.

B. 16; D. 12; A. 16; C. 25; P. 12; V. 8.

Les écailles sont fortes; il y en a soixante-cinq rangées le long de la ligne latérale, qui est marquée comme celle du Saurus ordinaire. La couleur est un gris plus ou moins cendré, disposé par bandes longitudinales sur les flancs.

L'examen des viscères de ce poisson nous montre un estomac charnu, en sac conique très-allongé, donnant de sa partie antérieure et inférieure une branche très-courte, d'où naît un duodénum entouré de nombreux cœcums. Le foie est petit et grêle. Les laitances n'occupent guère que la moitié de la longueur de la cavité abdominale. Il n'y a pas de vessie natatoire. Les muscles rétracteurs de l'œsophage sont d'une grosseur remarquable, tellement que les reins s'écartent l'un de l'autre pour se porter en dehors de ces muscles et de chaque côté sous les côtes en s'écartant de la colonne vertébrale. La vessie urinaire est grande et oblongue. Le péritoine est mince et argenté.

La longueur du plus grand de nos individus est de quinze pouces.

Cette espèce est du petit nombre de celles que nous trouvons à la fois sur les côtes d'Amérique et dans les mers de l'Inde. Nous l'avons reçue, en effet, de la Caroline du Sud, par M. Lherminier; puis nous en avons un grand nombre d'exemplaires envoyés de la Martinique par M. Plée et par M. Garnot. Nous la voyons passer à Bahia; MM. Gay et de Castelnau l'ont rapportée du Brésil. M. Dussumier en a pris de magnifiques exemplaires à Sainte-Hélène. Or, cette espèce, si répandue dans l'Atlantique, a été observée à l'Ile-de-France et donnée par M. Liénard. M. Leschenault l'a pêchée à Pondichéry; elle y porte un nom particulier, celui de *Pai-tompoli,* et M. Reynaud se l'est procurée à Trinquemalay, de Ceylan, pendant le service qu'il faisait sur la corvette la Chevrette. M. Gernaert, consul de France à Macao, l'a aussi envoyée des mers de Chine. Elle nous est encore venue de Célèbes par MM. Quoy et Gaimard. Nous l'avons d'Amboine par les mêmes naturalistes.

Ce poisson, si répandu, n'a pas été connu de Linné; mais c'est évidemment lui que Bloch a fort mal figuré, en le confondant avec le *Salmo fœtens* du *Systema naturæ.* Quoique la figure de Bloch soit au-dessous de toute critique, on reconnaît encore notre espèce à la brièveté du museau. Longtemps avant, Plumier d'abord, puis Forster, avaient rapporté en Europe des documents sur ce poisson : c'est le *Trutta marina, rictu obtuso* du premier. Il en a laissé une figure assez peu correcte que M. de Lacépède a fait graver sous le nom d'*Osmère galonné* (*Osmerus lemniscatus*[1]). J'ai sous les yeux le calque de la figure du second de ces naturalistes, intitulé *Salmo myops,* dessiné à Sainte-Hélène. Le peu de mots que Forster a laissés dans ses manuscrits sur cette espèce, et dont nous devons la pu-

---

1. Lacép., t. V, pl. 6, fig. 1.

blication à mon savant ami, le professeur Lichtenstein[1], s'accordent assez bien avec ce que le dessin nous apprend. Le célèbre compagnon de Cook l'a entendu appeler par les habitants de Sainte-Hélène *Ground-Spearing*.

Une troisième figure de ce poisson a été donnée par Spix et Agassiz, encore sous un nom nouveau : c'est leur *Saurus truncatus*. Je crois que l'on peut y rapporter aussi le *Lagarto* de Parra[2], que Bloch a cité dans le Système posthume, sous son *Salmo fœtens*. Enfin, M. Lesueur a aussi donné, dans le Journal des sciences de Philadelphie, sous le nom de *Saurus fasciolatus* une nouvelle figure de cette espèce.

M. Reeves a aussi indiqué cette espèce dans son Ichthyologie des mers de Chine et du Japon, et il nous apprend que c'est le *Saurus elegans* de M. Gray. Je vois que cet habile ichthyologiste a déjà été frappé de la ressemblance de son poisson avec la figure de Bloch.

M. Plée l'appelle le *Lagarto* de la Martinique.

Le Saure ophiodonte.

(*Saurus ophiodon*, Cuv.)

Je ne m'étonnerais pas qu'on séparât des autres Saurus l'espèce que je décris dans cet article; cela dépendra de l'importance qu'on voudra donner à certains caractères qui ont fixé notre attention dans l'étude des autres Saurus. Je vois que le poisson qui nous occupe a les dents im-

---

1. J. R. Forst., *Descript. animal.; edente* H. Lichtenstein, p. 412, n.° 303.
2. Tom. 18, fig. 2.

plantées sur les mêmes os, c'est-à-dire qu'elles sont en
carde et sur une bande plus ou moins large aux deux
mâchoires, aux palatins, aux pharyngiens et sur la langue;
mais elles ont une forme particulière et sont fortement
recourbées en crochet. Or, avec cette caractéristique qu'on
pourrait tirer de la forme des dents, on pourrait ajouter
le nombre considérable des rayons branchiostèges, la
longueur des pectorales et le nu de la région antérieure
du tronc. Toutefois je me demande, si ces caractères, que
Lesueur paraît avoir retrouvés dans une espèce américaine, doivent déterminer le naturaliste à faire une nouvelle coupe générique. Je ne le pense pas, parce que
l'expérience nous a souvent montré que les caractères
fondés sur le plus ou le moins de développement d'un
organe, s'évanouissent toujours par suite des formes intermédiaires que la nature sait produire.

Après avoir fait précéder de ces réflexions la description
de ce poisson, je vais la donner avec quelques détails, afin
de justifier ces remarques.

Le corps de ce Saurus est faiblement comprimé sur les côtés.
La hauteur mesurée à la dorsale est six fois et demie dans la longueur totale. Le crâne est extrêmement court. Sa longueur est à
peine le tiers de celle de la tête, qui n'est que cinq fois et demie
dans la longueur totale. L'œil est très-petit et tout près du bout du
museau. Les sous-orbitaires sont cachés sous la peau nue qui couvre
toute la face; ils sont fort petits. L'intermaxillaire est très-grêle; il
borde toute l'arcade supérieure de la gueule; le maxillaire est
extrêmement petit, encore plus difficile à voir que celui des autres
espèces de Saurus, parce qu'il est beaucoup plus intimement uni
à l'os précédent. Le préopercule est très-étroit, dirigé obliquement
en arrière, et sans limbe apparent. Quant aux trois autres pièces
de l'opercule, elles sont d'une telle minceur qu'il est difficile de les

distinguer des membranes dans lesquelles elles semblent se perdre. L'opercule, excessivement petit, répond à peu près au milieu de la longueur du préopercule. Le muscle abducteur de l'opercule est large, étendu et mince. C'est là ce qui complète le bord de la fente branchiale. Le sous-opercule est un peu plus grand que le préopercule; mais il me paraît encore plus mince, et enfin, l'interopercule, quoique un peu moins grand que le précédent, l'est encore plus que l'opercule. Des rides ou des stries rayonnantes couvrent sa surface. Sous cet appareil membraneux on voit s'attacher la membrane branchiostège; elle est excessivement mince, soutenue par les rayons déliés au nombre de vingt-cinq. Nous trouvons, à l'intérieur de la bouche, des palatins longs et grêles. Les ptérygoïdiens sont rejetés sur les côtés; ils sont allongés comme toutes les pièces de l'arcade ptérygo-palatine. Tout cet appareil est aussi mobile que l'opercule, et permet un grand écartement, que la mobilité des branches de la mâchoire inférieure rend encore plus facile. L'os lingual et les branches de l'hyoïde sont très-petits; mais la queue de l'os est au contraire fort allongée. Il est impossible d'avoir composé avec toutes les pièces de la tête osseuse d'un poisson une gueule plus semblable à celle d'un serpent. Les pharyngiens inférieurs ou supérieurs sont aussi très-allongés. Quant aux branchies, elles sont grêles. Les peignes sont très-courts; les arceaux sont longs et peuvent s'écarter beaucoup; il n'y a pas de branchie operculaire. Comme le crâne est très-court, on conçoit que le vomer et le sphénoïde sont très-petits. Il n'y a aucune dent sur ces deux os du crâne; mais il y en a de très-nombreuses sur les intermaxillaires, sur les palatins, sur la mâchoire inférieure, sur les ptérygoïdiens; j'ajouterai même sur les arceaux des branchies; car ici les râtelures sont semblables aux dents; enfin, il y en a quelques-unes; mais en très-petit nombre, sur la langue. Ces dents sont implantées en herse sur plusieurs rangs. Les internes sont généralement plus grandes et plus longues que les externes; les plus longues se voient à la mâchoire inférieure. Ces dents sont fortement courbées; leur pointe est acérée et terminée en demi-fer de flèche. Quelquefois cette extrémité se redresse un peu; ce qui rend la dent tout à fait comparable aux crochets venimeux d'une vipère; elle y ressemblerait complétement si elle était creuse. Un scapulaire et un surscapulaire, grêle et oblong, forment le bord supérieur de la ceinture humérale, qui est complétée par les os ordinaires du bras. Ils sont grêles et donnent attache à une pectorale qui se termine en pointe aiguë quand tous les rayons sont serrés. Cette nageoire qui dépasse l'insertion de la ventrale est aussi longue que celle-ci, et comprise quatre fois et demie dans la longueur totale. La dorsale répond à peu près à l'insertion des ventrales; elle est basse; l'anale est taillée en faux; la caudale est trilobée; car, outre le prolongement des deux lobes supérieur et inférieur, les rayons mitoyens, recouverts d'écailles semblables à celles de la ligne latérale, forment un lobe médian.

B. 25; D. 13 — 0; A. 15; C. 21; P. 11; V. 9.

Il y a une série d'écailles minces, mais assez larges tout le long de la ligne latérale, depuis le scapulaire jusqu'à l'extrémité des rayons de la caudale; mais le reste du tronc ne devient écailleux qu'en arrière de la dorsale et des ventrales. Ces écailles sont d'ailleurs très-minces, assez grandes et disposées par bandes obliques. On y voit à la simple vue de nombreuses stries d'accroissement. Tous ces poissons sont plus ou moins safranés, et plus foncés vers la queue. Les pectorales, les ventrales et la dorsale sont noirâtres. Quelques individus ont les nageoires paires plus pâles et la queue beaucoup plus foncée. Je n'ose dire que ces variétés doivent être considérées comme des espèces distinctes.

Nos différents individus ont de neuf à dix pouces de longueur.

Les naturalistes auraient pu avoir connaissance de cette curieuse espèce vers la fin du siècle dernier; car les premiers exemplaires rapportés en Europe existaient dans les collections de Sonnerat. Comme ce voyageur n'a pas publié ses observations ichthyologiques, il a laissé l'avantage de cette publication à Patrick Russell, qui a donné une assez bonne figure du poisson. Outre les exemplaires de Sonnerat conservés dans notre Musée national, nous en avons reçu un grand nómbre d'autres de la côte de Coromandel et de Malabar par M. Dussumier, qui a observé l'espèce depuis l'embouchure du Gange jusqu'à Bombay. Elle va encore plus loin sur là presqu'île; M. Reynaud en a rapporté de l'embouchure de l'Irrawadi, près de Rangoon. M. Leschenault a aussi envoyé ce poisson de Pondichéry; ses notes nous apprennent qu'on y nomme le poisson *Van-kara-vassy.*

Russell[1] dit que c'est le *Vana-motta* des pêcheurs de Vizigapatam sur la côte de Coromandel. Ce naturaliste s'était singulièrement trompé sur les affinités de cette espèce; car il la rapporte au genre des Silures. Hamilton Buchanan en a mieux saisi les rapports, en la rangeant, cependant avec doute, dans le genre *Osmerus,* parce qu'il avait remarqué les grandes affinités de son poisson avec le *Salmo fœtens* de Linné. Il observe cependant que celui-ci a des écailles sur tout le corps, tandis que l'espèce qu'il décrivait n'en a que sur les parties postérieures : c'est le *Nehar* des pêcheurs établis sur les bouches du Gange, et, en latinisant ce nom, il appela l'espèce *Osmerus nehareus.* La description qu'il en donne est exacte; mais il est assez singulier que, ni lui, ni Russell, n'entrent dans aucun détail économique sur cette curieuse espèce. Cependant, M. Dussumier qui l'a observée sur deux points très-éloignés de la côte, a recueilli des documents curieux à Bombay sur la pêche et sur la préparation de ces poissons, de couleur blanche variée de gris, avec des reflets argentés sur les opercules et dont tout le tronc est à demi-transparent.

---

1. Russell, Poiss. de Vizigap., t. II, p. 55, pl. 161.

Exposés à l'air, ils répandent pendant la nuit une vive
lumière phosphorescente. Ce poisson, très-vorace, se pêche
par millions sur la côte malabare. Les Indiens seuls le
mangent frais. On le sale, et on le sert alors sur la table
des Anglais comme un assaisonnement. Ces salaisons deviennent l'objet d'exportation considérable dans toute
l'Inde. Le même naturaliste a pris cette espèce dans les
brasses du Gange, et il a cru que les individus de ce point
éloigné pouvaient être considérés comme d'une espèce distincte de ceux de la côte malabare, à cause de la couleur
dorée des individus du grand fleuve. J'ai comparé avec
beaucoup de soin les exemplaires des deux localités, et
je suis convaincu de leur identité spécifique. On les pêche
en abondance pendant la mousson du N. E. C'est le *Saurus
ophiodon* de M. Cuvier, et cette épithète est très-carac-
téristique. M. Richardson[1] a retrouvé l'espèce dans les
collections de poissons des mers de Chine faites par
M. Reeves, et en acceptant l'épithète de Buchanan, il l'a
appelée *Saurus nehareus*. On trouve ce poisson dans les
mers de Chine à Chusan, à Woossoog et à Canton; mais
le commerce l'apporte sec et tout préparé de Bombay,
et il est même vendu salé à Londres sous le nom de
Bombay's docks. M. Lesueur[2] a aussi donné une figure de
cette espèce; mais elle est moins bonne que ne le sont
ordinairement celles de ce zélé naturaliste; car il a exagéré
la disposition en hameçon des dents, dont il n'a compté
que deux rangées sur les mâchoires. Je ne sais ce qu'il a
considéré comme les intermaxillaires, il a pris ceux-ci

---

1. Rich., *Ichthyol. de Chine et du Japon*, p. 301.
1. Lesueur, *Journ. of the acad. nat. sc. of Philadelph.*, vol. 5, part. 1, p. 48, .
pl. 3.

pour les maxillaires. M. Cuvier a remarqué avant moi les inexactitudes relatives aux dents du vomer. Dans le mémoire du Journal de Philadelphie, où l'auteur n'a compté que dix à douze rayons à la membrane branchiostège, il a mal rendu la forme de la caudale et la distribution des écailles. C'est cependant bien l'espèce dont nous traitons ici. Lesueur a fait cette description sur un poisson qui lui avait été communiqué par le docteur Hays, et qui venait de la mer des Indes. Nous sommes entrés dans quelques détails sur cette description imparfaite, parce que ce naturaliste se proposait de faire un genre de ce poisson, qu'il aurait appelé Harpodon, en fondant le caractère sur la présence erronée de dents au vomer.

J'ai vu une belle figure de ce poisson parmi les dessins rapportés de Malacca par le major Farqhuar; ce qui ajoute à l'étendue de l'espace occupé dans les mers de l'Inde par cette espèce. Son nom malais est *Ikan arooan tasick.*

CHAPITRE XXIX.

Du genre SAURIDE (*Saurida*, nob.).

Il me semble nécessaire de séparer des Saurus deux espèces originaires de la mer des Indes qui offrent toutes deux un caractère commun, distinct de ceux que nous observons chez les Saurus. Les palatins portent sur le côté interne de la longue bande de dents un petit groupe distinct de dents aiguës entourées d'aspérités plus courtes. Il en résulte que ces os ont deux rangées de dents séparées, tandis qu'il n'y en a qu'une seule dans les Saurus. Il y a encore une autre différence qui fera reconnaître ces espèces, c'est que les rayons internes de la ventrale ne sont pas aussi prolongés que ceux des Saurus. Ce caractère n'est cependant que secondaire. J'ai aussi remarqué que les deux petites fossettes, creusées sur le devant du voile du palais, n'existent pas dans les Saurides; mais ces poissons ont deux fossettes oblongues sur les côtés de leur palatin, que l'on ne voit pas dans les Saurus. Les dents me paraissent plus égales. Il n'y a d'ailleurs aucune autre différence à signaler entre nos Saurides et les Saurus, et cependant les premiers ont un certain aspect qui les fait aisément reconnaître, quand on a comparé un certain nombre d'exemplaires des premiers avec de nombreux Saurus. Je pourrais encore signaler la carène qui existe le long des flancs; mais elle n'est pas suffisamment prononcée dans la seconde espèce, pour appeler plus particulièrement sur elle l'attention des naturalistes. Notre premier Sauride a reçu déjà

plusieurs noms; il a été connu de Russell. Le second n'avait
pas encore été introduit dans nos catalogues méthodiques,
quoique une description assez reconnaissable s'en trouve
dans les manuscrits de Solander.

Le SAURIDE TOMBIL.

(*Saurida tombil,* nob.)

Les formes générales de ce poisson rappellent tout à
fait celles de nos Saurus.

Le corps est allongé, arrondi, mais un peu déprimé sur le devant.
Le dessus de la tête est même tout à fait plat. La hauteur du corps,
prise à la dorsale, surpasse à peine l'épaisseur, et est contenue près
de huit fois dans la longueur totale. La tête n'y est pas cinq fois. La
gueule est très-fendue comme celle des Saurus. Les dents maxillaires d'en haut et d'en bas, et celles qui sont sur la langue, sont en
cardes assez fortes, coniques et très-pointues. Le voile du palais qui
recouvre le commencement des dents palatines n'a pas ces fossettes
que nous avons observées dans les Saurus ; mais il y en a deux
grandes et oblongues derrière les palatins et le long de ces os. Les
dents de la rangée extérieure sont sur une bande étroite qui occupe
toute la longueur du palatin. La plaque postérieure est courte; c'est
la rangée de dents mitoyennes qui est la plus longue. Le museau
est assez court; l'œil est petit, à deux diamètres de l'extrémité. Les
sous-orbitaires sont minces et oblongs. Le sourcilier est surmonté
d'une petite carène. Les pièces de l'opercule sont cachées par des
écailles; il y en a une oblongue dans l'aisselle de la pectorale, et
une plus grande dans celle de la ventrale. La première de ces nageoires est courte et tronquée; celle du ventre est beaucoup plus
large, et quoique ses rayons postérieurs soient encore les plus longs,
il n'y a pas entre eux et les antérieurs une différence aussi grande
que dans les Saurus. La caudale est fourchue, sans palette écailleuse.

L'anale est petite et courte; la dorsale est insérée sur le devant du corps, cependant un peu au delà du premier tiers. La base des rayons est garnie d'écailles triangulaires et pointues, qui forment une gouttière, entre laquelle s'abaissent les rayons. L'adipeuse est très-petite.

B. 16; D. 11 — 0; A. 10; C. 25; P. 15; V. 9.

Les écailles sont de grandeur ordinaire. Nous en comptons soixante-deux rangées le long des flancs. Leur bord externe est membraneux et cilié; celles de la ligne latérale sont un peu plus petites, et elles sont relevées d'une carène, qui devient très-sensible sur les côtés de la queue. La couleur est fauve sur le dos, blanche sous le ventre. La face interne des nageoires paires et l'extrémité des nageoires impaires est plus ou moins noirâtre. Des marbrures de cette couleur beaucoup plus foncée colorent le dedans de l'opercule autour de la branchie supplémentaire et toute la membrane qui recouvre les grands sinus veineux de l'épaule.

Telle est la première espèce de ce genre voisin des Saurus. Nous en avons reçu de nombreux exemplaires de la mer des Indes : les plus grands ont un pied de long. M. Dussumier les a pris sur la côte du Malabar et sur celle de Coromandel. M. Leschenault en avait déjà envoyé de Pondichéry, où l'espèce est nommée *Tombilia-mine*. Mais longtemps avant ces naturalistes, Péron l'avait trouvée à l'Ile-de-France, d'où M. Desjardins en a aussi envoyé des exemplaires à notre Musée national. MM. Quoy et Gaimard l'y ont aussi trouvée pendant la relâche qu'y fit l'expédition de l'Uranie, sous les ordres de M. Freycinet. Cette espèce se trouve aussi dans la mer Rouge ; elle y a été observée par M. Geoffroy Saint-Hilaire, qui en a rapporté des exemplaires pris à Suez. M. Botta y a aussi trouvé ce poisson. Nous le voyons venir de Waigiou, par MM. Lesson et Garnot, et de Vanikoro, par MM. Quoy et Gaimard.

Le plus grand exemplaire que nous ayons reçu a été rapporté aux collections nationales par MM. Honbron et Jacquinot, qui l'ont pris pendant leur campagne sous les ordres de l'amiral Dumont d'Urville, lorsque les deux corvettes se rendirent aux atterrages de Macao.

Je ne puis douter que ce ne soit le poisson que Bloch a fait dessiner sous le nom de *Salmo tombil;* j'ai examiné ses exemplaires à Berlin, et j'en ai fait un dessin d'après celui qu'il avait reçu du missionnaire John; je crois seulement, par les notes de M. Dussumier, que l'enluminure a été faite un peu arbitrairement. Il existe, dans les belles collections ichthyologiques de ce même Musée, un autre exemplaire de cette espèce qui faisait partie des collections réunies au Japon par M. Langsdorf; j'en ai pris également un dessin; ce qui m'a donné la facilité de déterminer avec certitude le *Saurus argyrophanes* de M. Richardson[1]. Quoique l'auteur ne désigne pas d'une manière positive la carène, il s'exprime cependant ainsi : La ligne latérale est fortement marquée. Puis, la position qu'il indique à la ventrale, convient parfaitement aussi à notre poisson. L'espèce avait été plus anciennement dessinée dans les Poissons de Vizigapatam de Russell, sous le nom de *Badi-motta*. Le *Saurus badi* de M. Cuvier repose sur ce document. M. Ruppell[2] a aussi observé cette espèce dans la mer Rouge, et il l'indique seulement sous le nom qu'il a trouvé dans le Règne animal.

Dans les Observations générales que j'ai présentées sur les Saurus, j'ai eu soin d'indiquer qu'Artedi avait cité Ron-

---

1. Richard., *Fish. of China*, p. 302.
2. Rupp., *Neue Wirbelth.*, p. 77.

delet[1] parmi les synonymies du Saurus commun, mais qu'il suffisait de lire avec un peu d'attention les observations présentées par l'ichthyologiste de Montpellier pour reconnaître bientôt que son *Lacertus peregrinus,* venant, comme il le dit, de la mer Rouge, est justement le Sauride que MM. Geoffroy Saint-Hilaire et Ruppell ont observé à Suez.

Le SAURIDE NUAGEUX.

(*Saurida nebulosa,* nob.)

On trouve à l'Ile-de-France une seconde espèce de Sauride, qu'on confondrait aisément avec le *Saurus synodus,* tant elle lui ressemble par la distribution des couleurs, si l'on ne faisait attention à la dentition palatine; mais en tenant compte de ce caractère, il ne peut plus y avoir de doute sur la distinction spécifique et générique des deux poissons.

Ce Sauride diffère du précédent,

parce qu'il a les dents des mâchoires un peu plus longues; parce que les dents palatines antérieures sont beaucoup plus allongées que les postérieures, et enfin, parce que la bande interne est courte. Il n'y a pas d'écailles allongées dans l'aisselle de la pectorale, et celle de la ventrale est courte. Les rayons postérieurs de cette nageoire sont allongés; aussi la forme générale rentre dans celle des ventrales des Saurus. La pectorale et l'anale sont petites et courtes. La caudale est fourchue, sans palettes écailleuses. La dorsale a des écailles pointues le long de sa base.

D. 10; A. 9; C. 25; P. 12; V. 9.

Nous comptons cinquante-cinq rangées d'écailles le long des

---

1. Rondelet, *De Pisc.,* liv. 15, ch. 9, p. 428.

côtés. Il y a encore un vestige de carène le long de la ligne latérale. Les couleurs paraissent être un jaune plus ou moins soufré, grivelé de points noirs sur le dos, s'élargissant quelquefois en marbrures. Il y a des points noirs sur la dorsale, la pectorale et la ventrale, et des rayures verticales et ondulées sur la caudale.

Notre plus grand exemplaire a six pouces et quelque chose. L'espèce me paraît assez commune à l'Ile-de-France; elle en a été rapportée par MM. Quoy et Gaimard, lors de la première expédition de M. d'Urville. M. Dussumier y a ensuite retrouvé ce même poisson. D'ailleurs, ce Sauride est répandu dans la mer des Indes; car MM. Quoy et Gaimard l'ont trouvé à la Nouvelle-Guinée et à Timor, et je ne doute pas non plus que Solander n'ait eu occasion de le voir et d'en laisser une description sous le nom de *Dentex nebulosus*. Il m'a été facile d'arriver à cette détermination, parce que j'ai sous les yeux le dessin que Parkinson en a fait pendant cette expédition, et la forme donnée à la ventrale ne laisse aucun doute sur les affinités de l'espèce. Ce célèbre naturaliste l'a vue à Otaïti, et il lui donne pour nom indien *Earhei á-alhai ëutaiaheina*.

MM. Quoy et Gaimard ont publié cette espèce dans la relation de la corvette l'Uranie sous le nom de *Saurus gracilis*[1]; mais je crois cependant que ces voyageurs ont confondu avec les individus de cette espèce ceux de la Salmone variée (*Saurus synodus*, nob.), et c'est là ce qui explique comment ils l'indiquent en même temps comme une espèce brésilienne.

---

1. Quoy et Gaim., Zool. de l'Uranie, p. 224.

CHAPITRE XXX.

Du genre FARIONELLE.

L'Amérique méridionale nourrit encore un Salmonoïde
qui présente une réunion de caractères si singuliers, que
l'on est obligé de faire un genre particulier de ce poisson;
puis, une fois qu'on a établi le genre, on éprouve quelque
embarras à le placer convenablement dans cette grande
famille. Comme ce poisson ressemble tellement à une
Truite, qu'il est très-facile de se laisser tromper par cette
ressemblance, je lui ai donné le nom de *Farionelle,* afin
de fixer de suite l'attention du naturaliste sur ce point.
Cette belle espèce est une des curieuses découvertes qu'on
doit aux recherches de M. Gay : je la ferai connaître en
la dédiant à cet habile et courageux voyageur. Le poisson
étant nommé, cherchons maintenant à en apprécier les
caractères.

Les Farionelles ont le corps tout à fait semblable à celui
de nos Truites communes; la dorsale répond à l'intervalle
qui sépare les ventrales de l'anale; l'adipeuse, de grandeur
ordinaire, est au-dessus des derniers rayons de l'anale; la
caudale est petite et fourchue; la bouche est de grandeur
médiocre; l'arcade dentaire est formée tout en entier par
les intermaxillaires; le maxillaire, très-petit, est entièrement caché derrière l'intermaxillaire; il n'a aucune dent;
on ne peut le voir que par la dissection. Cette constitution
de mâchoire rappelle donc entièrement celle des Saurus;
mais les dents sont partout sur un seul rang; elles sont
simples, coniques sur les intermaxillaires, sur la mâchoire

inférieure, sur les palatins ; la langue en a de chaque côté
une rangée semblable à celle d'en haut. On voit donc, je
ne crains pas de le répéter, que ce poisson a quelque affinité par la forme des mâchoires avec les espèces du groupe
des Saurus, sans en présenter cependant aucun des caractères, en même temps que les dents ne sont pas sans ana-
logie avec celle de nos truites : c'est d'ailleurs ce que la
description détaillée de l'espèce va prouver d'une manière
encore plus complète.

La FARIONELLE DE GAY.

(*Farionella Gayi*, nob.)

La seule espèce connue de ce genre a

le corps allongé, arrondi sur le dos et sur le ventre, et légèrement
aplati sur les côtés. La plus grande hauteur se mesure aux ventrales,
et elle est du septième de la longueur totale. L'épaisseur n'est guère
que moitié de cette hauteur. La longueur de la tête est cinq fois
et demie dans cette même longueur totale. Le museau est gros et
arrondi. Les deux mâchoires sont égales. L'œil est de grandeur
ordinaire, placé sur le haut de la joue ; son diamètre est le quart
de la longueur de la tête ; il est éloigné du bout du museau d'un
peu plus que la longueur du diamètre. Les sous-orbitaires sont
très-petits. Je n'en vois pas même au bord postérieur de l'œil. Sous
ce rapport, ce poisson a de l'affinité avec plusieurs espèces voisines
des Scopèles. Les deux ouvertures de la narine sont plus près de
l'œil que du bout du museau, et tout à fait sur le haut. La bouche
est peu fendue, car l'extrémité de l'intermaxillaire ne dépasse pas
l'orbite. Les lèvres sont assez épaisses. Toute l'arcade dentaire est
bordée par un intermaxillaire étroit, qui rentre en partie sur le

bord du sous-orbitaire. Le maxillaire est petit, entièrement caché
sous cet os et derrière l'arcade de la bouche. Les branches de la
mâchoire inférieure laissent entre elles un isthme assez large, correspondant à une langue épaisse et charnue, et à une membrane
branchiostège qui est aussi très-épaisse. Les ouïes sont très-largement fendues; les râtelures des branchies sont très-courtes; il y a
une très-petite branchie operculaire. Je ne compte que trois rayons
branchiostèges, larges et aplatis, et presque entièrement cachés dans
l'épaisseur de la peau. La joue est entièrement nue. Le préopercule
a le bord montant presque vertical; il forme un angle mousse, mais
à peu près droit, avec le bord horizontal. On voit une apparence
de limbe très-étroit. L'opercule est mince et assez grand. Il y a en
bas un très-petit sous-opercule, et l'interopercule, en rectangle
oblong, mais très-mince, est entièrement caché par le préopercule.
Tous ces os sont d'ailleurs empâtés dans la peau épaisse et adipeuse
qui recouvre la tête et tout le corps; on ne peut voir ces pièces que
par la dissection. Quant aux dents, elles sont presque toutes égales,
coniques, mais un peu crochues, implantées sur un seul rang. Les
palatins en ont aussi une rangée; mais il n'y en a pas sur le vomer.
La langue est libre, grosse, charnue; ses bords sont couverts de
papilles assez épaisses; elle est armée comme la langue d'une suite
de deux rangées de grosses dents crochues. La dorsale est reculée
sur la seconde moitié du corps. Son premier rayon répond à la
moitié de la longueur totale. Cette nageoire est petite, trapézoïdale.
L'anale est encore plus petite et plus courte; la caudale est fourchue;
les nageoires paires sont courtes; les pectorales pointues; les ventrales arrondies.

B. 3; D. 14; A. 16; C. 25, P. 15; V. 9.

La peau de ce poisson est entièrement nue, sans aucune écaille.
La couleur paraît avoir été un gris plombé de bleuâtre sur le dos,
jaunâtre sous le ventre. Il y a de nombreuses bandelettes brunes
verticales, qui descendent du foncé du dos et se perdent dans le
clair du ventre. Les nageoires ont à peu près les teintes du dos.

M. Gay a déposé dans les collections nationales deux exemplaires de ce curieux poisson, qui atteint neuf pouces de longueur. Comme les viscères ont été enlevés, je ne puis rien dire de sa splanchnologie; j'ai vu les restes d'une vessie natatoire.

La Farionelle de Gay vient du Brésil.

CHAPITRE XXXI.

Du genre AULOPE (*Aulopus*, Cuv.).

Le genre Aulope a été établi par M. Cuvier. Il l'a très-
nettement caractérisé en ce qui concerne la constitution
des machoires, en faisant remarquer la grandeur du maxillaire et en indiquant la présence des dents sur les palatins,
sur le vomer, sur la langue et sur les pharyngiens; il a eu
seulement le tort de ne compter que douze rayons aux
branchies. Ce genre, ainsi caractérisé, est remarquable par
un ensemble de caractères donnant aux poissons qui les
réunissent des affinités incontestables avec des espèces appartenant à des familles fort éloignées les unes des autres;
car, si la forme générale du corps, celle des dents et la
présence de l'adipeuse placent les Aulopes auprès des Saurus, on ne peut nier que la nature caverneuse des os de la
tête, les petites épines qui sont sur l'arrière du crâne, et
surtout la nature des rayons de la ventrale, ne rappellent
beaucoup les caractères des Scorpènes. Il ne faut pas oublier cependant que, dans ces poissons, les rayons simples,
gros et articulés, sont ceux de la partie inférieure de la
pectorale; je n'hésite pas même à ajouter que la grandeur
du maxillaire et son os complémentaire n'augmentent encore ces affinités. Je trouve aux Aulopes plus de ressemblance avec ces Percoïdes que je ne leur en vois avec les
Gades, auxquels quelques auteurs semblent avoir de la
tendance à les comparer.

Mes prédécesseurs n'ont connu qu'une seule espèce d'Aulope. J'en possède une seconde de l'hémisphère austral, envoyée au Musée national par M. Miles, naturaliste de Sidney, et j'y réunirai une troisième dont les zoologistes avaient cru devoir faire un genre particulier.

L'Aulope filamenteux.

(*Aulopus filamentosus*, Cuv.)

Ce grand et beau poisson de la Méditerranée

a le corps arrondi; le museau déprimé; la tête tétraèdre, d'apparence un peu caverneuse, avec des épines obtuses sur l'arrière du crâne. La hauteur, prise à la dorsale, est six fois et deux tiers dans la longueur totale. L'épaisseur aux ventrales égale la hauteur du tronc. Les yeux sont grands, cinq fois dans la longueur de la tête, laquelle est contenue trois fois et trois quarts dans celle du corps. L'œil est éloigné du bout du museau d'une fois et demie son diamètre. Le premier sous-orbitaire est petit, étroit et couché horizontalement sur la narine en avant du sourcilier. Le second est grand, oblong, strié, un peu caverneux; il est le plus apparent; on négligerait facilement le premier sous-orbitaire si l'on ne faisait attention à lui. Les autres osselets sont étroits et un peu caverneux. Le sourcilier est remarquable par sa grandeur et par la petite palette osseuse de couleur cornée, qui surmonte l'orbite au-dessus de la paupière adipeuse qui entoure l'œil. Cet osselet, couché sur le bord du frontal principal, forme une seconde palette à peu près semblable à celle du sourcilier; ce qui donne un aspect singulier au crâne. Les pariétaux et les mastoïdiens ont des épines obtuses; il y en a aussi quelques-unes, mais beaucoup plus courtes, sur les os du nez, et quelques crêtes sur l'ethmoïde; il en résulte que l'extrémité antérieure du museau a une apparence caverneuse. Le préopercule est grand ; son bord montant est un peu oblique et

dirigé en arrière. L'angle est tout à fait arrondi; le bord horizontal
est un peu sinueux. L'opercule et le sous-opercule forment sur les
côtés de la joue une grande et large plaque rectangulaire, presque
deux fois aussi haute que large. L'interopercule est étroit, et à peu
près semblable au limbe du préopercule. La gueule est très-largement fendue. Les intermaxillaires bordent l'arcade supérieure; une
petite échancrure marque leur séparation à la symphyse; sur les
côtés on voit les deux maxillaires dilatés en arrière, et dont la largeur est encore accrue parce que la portion postérieure de l'os porte
une de ces pièces supplémentaires qu'on observe dans un très-grand
nombre de maxillaires de poissons. La mâchoire inférieure dépasse
un peu la supérieure; ses branches sont très-larges, et les os qui
la composent sont tellement distincts l'un de l'autre, que les sutures
par lesquelles ils sont ordinairement réunis d'une manière fixe dans
les autres poissons, deviennent ici d'une grande mobilité. L'angulaire et l'articulaire de la mâchoire sont mobiles l'un sur l'autre et
sur les deux os qui les précèdent. Quand la bouche est fermée, les
deux branches de la mâchoire se touchent; elles cachent entièrement l'isthme et la membrane branchiostège, et l'on est surtout
frappé de cette double palette osseuse et striée, constituée sous la
gorge par les deux branches de la mâchoire inférieure. Les dents
sont fines, en herse peu serrée et à peu près égales. On les voit sur
une bande étroite aux deux mâchoires, aux palatins et sur le chevron du vomer; puis, dans le fond de la bouche on voit deux
plaques de dents très-fines sur les ptérygoïdiens. Il y en a aussi
quelques-unes sur la langue; celles-là sont plus petites que les dents
palatines, mais plus grosses que les ptérygoïdiennes; enfin, les
pharyngiens supérieurs et inférieurs sont hérissés de dents en carde
assez forte. Les ouïes sont très-largement fendues. La membrane
branchiostège est assez large et assez mobile, et elle remonte jusque
sur le haut de l'opercule; celui-ci porte une petite branchie supplémentaire. Le surscapulaire est assez gros, plié sur lui-même, de
façon qu'une portion se trouve couchée horizontalement le long
du dos et que l'autre plan descend sous l'angle de l'ouverture de
l'opercule. La carène qui sépare ces deux plans est horizontale;

l'angle est mousse. Nous voyons ensuite un scapulaire couché un peu obliquement, à surface plate et un peu plus large en bas qu'en haut. Cette plaque couvre presque tout l'huméral; on n'en aperçoit qu'une très-courte portion, semblable à une petite écaille au-dessus de l'aisselle de la pectorale. La nageoire est attachée sur le bas des côtés. La nageoire, plus longue que celle des Saurus, est tronquée à peu près comme dans ces poissons. La ventrale répond au premier rayon de la dorsale, et est peu éloignée de la pectorale. Son premier rayon est simple; le second, le troisième et le quatrième n'ont qu'une simple bifurcation, composée de deux gros filets mous et articulés. Les autres rayons sont branchus comme à l'ordinaire. La dorsale est assez haute, insérée sur le devant du tronc; l'anale est basse; la caudale est fourchue; l'adipeuse est petite et cependant très-distincte.

B. 16; D. 15; A. 12; C. 21; P. 13; V. 9.

Les écailles, au nombre de cinquante-quatre rangées sur les côtés, sont fermes et fortement imbriquées; elles ont leur bord finement cilié, et vues à un grossissement plus considérable, elles paraissent comme couvertes d'épines. Les stries d'accroissement sont fines et nombreuses; il n'y a pas de rayons à l'éventail. La couleur est un gris, mêlé de roussâtre, par taches ou marbrures sur les côtés. La dorsale est tachetée de cendré noirâtre, et une tache plus noire colore l'extrémité des premiers rayons de la dorsale chez la femelle. Il est facile d'acquérir la certitude que les sacs ovariens sont fermés et que les œufs ne tombent point dans la cavité abdominale. Les Aulopes sont donc, sous ce rapport, constitués comme les femelles du Saurus. Il n'y a pas de vessie natatoire. Le canal intestinal est formé par un très-grand sac stomachal obtus, à parois charnues, qui atteint jusqu'au delà de la moitié de la cavité abdominale. La branche pylorique est courte, tout à fait reportée sur le devant. Je ne vois que cinq ou six cœcums courts et gros; puis un intestin assez grêle, faisant trois replis et de nombreuses ondulations. Le foie est petit; le lobe droit descend moins que le gauche; mais il est plus gros. La vésicule du fiel est globuleuse. Les reins sont d'une grosseur remarquable. Le péritoine, mince et peu résistant, est d'une belle couleur jaune de soufre. Le mâle se distingue à l'extérieur de la femelle parce que le second, le troisième et le quatrième rayon de la dorsale se prolongent en filets décroissants; le second, qui est le plus long, atteint jusqu'à l'adipeuse. Il m'a paru aussi un peu plus tacheté, surtout près de la caudale; mais il n'y a pas de grosse tache noire sur le haut de la dorsale.

Nos exemplaires sont longs de quinze pouces. Nous avons obtenu des individus des deux sexes : de Nice par M. Laurillard ; de Messine par M. Bibron, et du golfe de Morée, par les naturalistes de la commission scientifique qui accompagnèrent la grande expédition que la France envoya en Grèce. Cette espèce entre dans l'Atlantique; car nous en avons trouvé des individus, mâle et femelle, dans les collections faites aux Canaries par M. Webb.

L'Aulope filamenteux a été décrit par Bloch dans les écrits des naturalistes de Berlin sous le nom de Saumon à soies (*Borstenlachs*); mais son exemplaire n'avait pas les filaments complets. M. Cuvier en fit dès la première édition du Règne animal son genre Aulope, qui a été admis depuis. L'espèce a paru, sous le nom d'*Aulopus filamentosus*, dans la Faune italienne. Son célèbre auteur, le prince Charles Bonaparte, a donné une magnifique figure du mâle et de la femelle de l'espèce, qui avait été indiquée comme nouvelle par Rafinesque[1] sous le nom de *Salmo tirus*. J'ai moi-même fait représenter les deux Aulopes rapportés des Canaries par M. Webb[2]. J'ai donné le mâle sous le nom d'*Aulopus filifer*, parce que les naturalistes qui l'ont observé frais n'ont indiqué aucune tache ni

1. Rafin., Nouv. genres, p. 56, sp. 148.
2. Val. *apud* Webb et Berth., pl. 15, fig. 2 et 3.

aucune raie sur les nageoires, tandis que, d'après le dessin du prince Bonaparte, de grandes marbrures jaune-orangé, des rayures rosées sur les pectorales, jaunes verdâtres sur les ventrales, bleues et jaunes sur l'anale, ainsi que la couleur noire des premiers rayons prolongés de la dorsale, offrent une différence de coloration très-tranchée. La femelle, indiquée sous le nom d'*Aulopus maculatus*, a la dorsale et la ventrale tachetées de noir, et la caudale rayée verticalement. Malgré ces diffférences, je n'hésite pas à croire qu'il faut réunir ces deux espèces nominales, et s'en rapporter, pour plus d'exactitude, au dessin de la Faune italienne.

L'AULOPE DE MILES.

(*Aulopus Milesii*, nob.)

Les riches collections de notre Musée national possèdent les deux sexes d'une seconde espèce de ce genre.

Ses formes rappellent assez bien celles de l'espèce précédente. Elle a le museau un peu plus gros; le dessus du crâne plus creux, rugueux, mais sans apparence d'épines. L'œil un peu plus petit; le sourcilier est plus épais; la palette est striée et peu distincte, ainsi que la palette frontale. Les dents sont sur une bande un peu plus large. Les écailles de la joue et de l'opercule sont beaucoup plus grandes. La dorsale est beaucoup plus longue. Les premiers rayons du mâle sont plus longs, car ils atteignent presque jusqu'à la caudale. Les derniers rayons de la nageoire sont plus hauts que les rayons mitoyens; ils touchent presque à l'adipeuse. L'anale est également beaucoup plus haute et un peu plus longue. Ses rayons le sont plus que les rayons du milieu de la dorsale. Les écailles semblent carénées, mais leur bord n'est pas cilié.

D. 22; A. 14; C. 25; P. 11; V. 9.

22.

49

Les couleurs sont plus rembrunies que celles de l'espèce précédente; mais elles sont cependant plus variées. Un brun violacé ou
vineux colore le dos et les flancs. Le ventre est plus pâle. Des
taches violettes forment des rayures plus ou moins irrégulières sur
la dorsale et sur l'anale. Les ventrales paraissent noirâtres; la caudale et les pectorales sont grises.

Les deux beaux exemplaires que nous possédons sont
longs de vingt et un pouces. Ils ont été envoyés aux collections nationales par M. Miles, naturaliste anglais établi
à Sidney, et qui s'est occupé avec beaucoup de succès de
l'Ichthyologie des côtes de la Nouvelle-Hollande. Ce n'est
pas le premier exemple que nous ayons que les genres de
la Méditerranée soient représentés dans les mers Australes
par de belles espèces analogues.

L'Aulope d'Agassiz.

(*Aulopus Agassizi,* nob.)

J'ai encore à parler, pour terminer la monographie de
ce genre, d'une petite espèce que le prince de Canino avait
indiquée dans sa correspondance et envoyée dans quelques Musées sous le nom de *Scopelus Agassizi.* Il en a
fait dans la Faune italienne le type d'un genre nommé
Chlorophthalme. La figure donnée dans cet élégant ouvrage est d'une telle exactitude, que rien n'est plus facile
que de reconnaître l'espèce représentée; mais je suis obligé
de remarquer, que le texte de l'auteur est bien loin d'être
aussi exact, et j'avoue qu'il me serait resté de bien grandes
incertitudes dans l'esprit, si je n'avais tenu de lui un de
ces petits poissons; car il dit qu'il n'existe point de dents

sur le palais, sur l'œsophage et sur la langue. On verra par la description qui va suivre, et qui est faite d'après son exemplaire, que ces organes, au contraire, portent tous des dents. Si, comme le va prouver ma description, le Chlorophthalme est un poisson qui a le bord de la mâchoire supérieure entièrement formé par l'intermaxillaire; si le maxillaire reculé en arrière de ce premier os ne contribue pas plus à former l'arcade maxillaire que dans une Perche ou dans tout autre Acanthoptérygien; si les dents sont implantées sur les deux mâchoires, sur le chevron du vomer, sur les palatins et sur la langue, je ne vois pas la possibilité de le distinguer génériquement des Aulopes. C'est une espèce bien distincte, bien caractérisée, et qui conserve encore quelques-unes des particularités des autres Aulopes; car je vois sur les exemplaires parfaitement conservés dans le Cabinet national par les recherches de M. Savigny, que le premier rayon de la ventrale se prolonge en un filament assez délié : caractère remarquable qui n'est pas exprimé dans la figure de l'Ichthyologie italienne.

Après ces réflexions préliminaires, je vais donner avec quelques détails la description de cette espèce, afin de bien convaincre le lecteur de la détermination à laquelle je m'arrête.

Ce poisson a le corps arrondi; la tête assez grosse; le museau déprimé; la mâchoire inférieure plus longue que la supérieure. L'intervalle qui sépare les deux yeux est extrêmement étroit; il ne fait pas le dixième de la longueur de la tête, prise du bout du museau jusqu'à l'occiput. La longueur de cette première partie du corps, mesurée comme à l'ordinaire, n'est que trois fois et demie dans la longueur totale. Le diamètre de l'œil fait presque la moitié de la longueur de la tête. Les sous-orbitaires sont étroits et caverneux;

le préopercule a l'arête du limbe en arc concave. Quant au bord montant, il est à peu près vertical. L'angle fait une petite saillie en arrière; le bord horizontal est un peu arqué et assez long. Je trouve, comme dans les poissons voisins des Saurus, un petit opercule à bords sinueux, prolongé en pointe, un sous-opercule assez grand et un interopercule étroit et oblong, caché sous le limbe du préopercule, et assez semblable à cette partie de l'appareil operculaire. Le museau est aplati, assez large, un peu en ogive. La mâchoire inférieure dépasse la supérieure. Ces différentes pièces sont assez séparées et les branches sont plates et courtes. La mâchoire supérieure est bordée par des intermaxillaires grêles, derrière lesquels sont des maxillaires assez longs, élargis en palette et arqués de manière à embrasser les branches de la mâchoire inférieure en recouvrant l'angulaire et à ne montrer leur partie élargie qu'au-dessous de la gorge. Les dents de l'intermaxillaire sont très-petites, toutes égales. J'en vois six plus pointues sur les deux tubercules de l'arc osseux du chevron du vomer. Il y en a de petites sur les palatins et sur la langue. La première dorsale commence au second tiers du corps; elle est assez haute de l'avant. L'anale est courte; la caudale, petite, est peu fourchue. L'adipeuse répond à l'anale. Les pectorales sont longues et étroites; leur pointe dépasse beaucoup l'insertion des ventrales, qui répond à très-peu de chose près au premier rayon de la dorsale. Le premier rayon des nageoires paires inférieures est prolongé en filet. Les derniers sont courts, de sorte que la ventrale est ici faite à la manière ordinaire.

B. 10; D. 11; A. 9; C. 21; P. 16; V. 9.

Je suis très-sûr des nombres que j'indique, et cependant je vois que le prince de Canino ne compte que neuf rayons à la membrane branchiostège, et qu'il donne dix-neuf rayons à la pectorale. C'est cependant sur un exemplaire envoyé par lui que j'ai vérifié ces nombres. Ceux des autres nageoires sont conformes à ce que j'ai trouvé. Les écailles sont très-rudes et composées de stries concentriques très-marquées. La couleur est verdâtre sur le dos, plus pâle sous le ventre; le tout à reflets argentés. La caudale est verte. Les

grands yeux sont surtout remarquables parce que l'iris est coloré
en vert très-intense. Je vois des taches nuageuses plus marquées sur
les petits individus que sur les grands.

La description que je viens de donner est faite d'après
l'exemplaire long de deux pouces et demi, que le prince
de Canino a envoyé à nos collections nationales. D'ailleurs
nous en possédons deux autres à peu près de même taille,
pris à Naples par M. Savigny. M. Bibron en a rapporté
plusieurs exemplaires du canal de Messine; j'ai donc pu
m'assurer, par la comparaison d'un assez grand nombre
d'individus de toutes tailles des caractères de cet Aulope,
qu'on prendrait aisément pour un jeune des espèces précédentes, si la grandeur des yeux, très-rapprochés sur le
haut du crâne, ne démontrait bien vite que l'on a sous les
yeux une espèce particulière. Les principes de nomenclature que j'ai admis jusqu'à présent, auraient dû me faire
désigner cette espèce sous le nom d'*Aulopus chlorophthal-
mus.* J'aurais ainsi désigné une des particularités les plus
notables de ce poisson; mais, puisque je l'ai trouvé dédié
à mon célèbre ami, Louis Agassiz, les ichthyologistes seront
d'accord avec moi pour concéder à cet illustre zoologiste
la dédicace de cette espèce.

CHAPITRE XXXII.

Du genre ALÉPISAURE (*Alepisaurus,* LOW.)

Il suffit de jeter les yeux sur l'excellente figure donnée
par M. Low, de son *Alepisaurus ferox,* pour reconnaître
que ce poisson appartient aux Saurus, par ses intermaxillaires, par la constitution de la mâchoire inférieure et par
celle de l'appareil operculaire. Comme je n'ai pas vu ce
poisson, je n'aurais pu en parler que d'après les renseigne-
ments fournis par ce naturaliste, et par M. Bennett, qui
l'avait reçu de son correspondant de Madère, si mon
célèbre confrère et ami, M. R. Owen, n'avait bien voulu
prendre la peine de suppléer à ce qui pouvait manquer
dans une description faite il y a longtemps, et par un
zoologiste qui se plaçait à un point de vue tout différent.
Le savant professeur du collège des chirurgiens, vient de
m'adresser un dessin de grandeur naturelle, où cet habile
anatomiste a représenté les pièces de la tête avec le soin
et les détails nécessaires. Il confirme les idées que j'avais
de l'Alépisaure, en me faisant mieux connaître les quatre
os de l'opercule; car les dents ont été figurées avec beaucoup d'exactitude dans les Mémoires de la Société zoologique.

De même que la nature semble avoir composé l'Aulope
avec des emprunts faits aux Scorpènes et à plusieurs genres
voisins, on peut dire qu'elle a voulu réunir dans le poisson qui va faire le sujet de cet article, plusieurs traits
caractéristiques tirés des Sphyrènes, des Lépidopes et de

plusieurs autres genres encore. Les observations que j'ai faites sur l'Aulope démontrent pourquoi je place l'Alépĭsaure auprès des Saurus. Je ne suis donc pas de l'avis des naturalistes anglais qui m'ont précédé, et qui ont cru devoir ranger dans la famille des Tænioïdes le poisson très-curieux dont ils ont fait la découverte.

M. Webb m'a fourni des documents précieux qui me font croire à l'existence d'une seconde espèce qu'il a reçue des Canaries.

Ces matériaux me font caractériser ainsi le genre Alépisaure :

Les Alépisaures ont la mâchoire supérieure formée par des intermaxillaires armés de petites dents sur toute la longueur; les palatins ont des dents plus longues, comprimées, triangulaires comme des lancettes; elles dépassent considérablement les autres dents, et elles rappellent tout à fait celles des *Lepidopus*. M. Owen en compte quatre grandes en avant, suivies de sept autres plus petites. Le chevron du vomer en porte trois plus longues que toutes les autres. A la mâchoire inférieure, nous voyons une grande dent triangulaire, précédée de deux petites, suivies de sept plus courtes; le dessin de M. Owen en représente une très-longue à la place où M. Low en a figuré trois grandes; puis viennent les dents triangulaires égales et serrées; une pareille mâchoire isolée ressemble beaucoup à celle de notre *Sphyrœna barracuda*. Les différentes pièces de la mâchoire inférieure doivent être autant distinctes que celles de l'Aulope. Les auteurs n'indiquent que six ou sept rayons à la membrane branchiostège. L'opercule est petit; l'interopercule est au contraire très-long, et borde en dessus le sous-opercule et même l'opercule. La dorsale est haute et étendue depuis l'opercule jusqu'au-dessus du premier rayon de l'anale; cette longue nageoire a le bord arqué et convexe, parce que les rayons mitoyens sont beaucoup plus hauts que les premiers ou les derniers. L'adipeuse est assez grande, elle correspond au dernier rayon de l'anale. Les ventrales, presque sous le milieu de la dorsale, auraient les rayons externes plus longs que les internes.

La première espèce de ce genre a été nommée

*L'*Alépisaure féroce.

(*Alepisaurus ferox*, Low et Bernett.)

Ce poisson, à corps très-allongé, est plus haut à la nuque que sur le reste de sa longueur. A en juger par le dessin, cette hauteur serait comprise douze fois dans la longueur totale. La longueur de la tête est du septième de celle du corps. Cette tête est comprimée; la surface supérieure est étroite, plane et irrégulièrement striée. Ils ont compté six rayons à la membrane branchiostège sur un individu et sept sur un autre. Les yeux sont assez grands; leur diamètre est un sixième de la longueur de la tête. Les pectorales sont longues, pointues et un peu en faux. Les ventrales sont un peu plus rapprochées de la pectorale que de l'anale; elles ont la même forme que la pectorale; mais elles sont moitié plus courtes. Les premiers rayons de ces deux nageoires sont rudes; il en est de même de celui de la dorsale. Ce rayon a un peu plus que le quart de la longueur des plus élevés. On les voit croître successivement jusqu'au quatorzième; puis ils décroissent de la même manière jusqu'au dernier, dont la hauteur n'est que de la moitié du premier. L'anale est en faux. La caudale est fourchue. Voici les nombres tels qu'ils ont été comptés dans la description de M. Low :

B. 6 ou 7; D. 41 — 0; A. 17; C. 19; P. 15; V. 9.

La peau est lisse et sans écailles. Le long de la ligne latérale et de chaque côté du trait, on voit une suite de points bleuâtres qui rappellent, jusqu'à un certain point, les taches de nos Scopèles, et qui semblent encore justifier la place assignée à l'Alépisaure. Le dos du poisson paraît brun, mêlé de jaunâtre; les flancs ont des reflets argentés. Le dessus de la tête est rembruni comme le dos. La dorsale est bleue, claire sur les bords. Les rayons sont plus foncés que la membrane. Les pectorales, la ventrale, l'anale et l'adipeuse sont assez foncées.

La longueur de l'exemplaire envoyé au Musée de la société zoologique, est de cinq pieds. Il a été pris à Madère. Le Mémoire de M. Low, avec les additions qui y ont été faites par M. Bennett, a paru dans le premier volume des Transactions de la société zoologique.[1]

L'Alépisaure bleu.

(*Alepisaurus azureus*, nob.)

Je dois à M. Webb le dessin d'une seconde espèce de ce genre, qui se distinguera de la première,

parce que l'œil est placé au delà de la fente de la bouche; que la dorsale est d'égale hauteur jusque vers le trentième rayon, et qu'elle a dans cette étendue un tiers de plus que le corps n'est haut. Les pectorales ne sont pas taillées en faux; les ventrales répondent au dernier rayon de la dorsale. L'adipeuse est au-dessus des premiers rayons de l'anale. Ce poisson est couvert d'une peau lisse et sans écailles, d'une belle couleur bleue avec des reflets roses et vert bronzé sur le tronc.

D. 38; A. 16; C. 25; P. 10; V. 9.

---

1. P. 124, pl. 19.

La longueur de l'individu, qui a échoué sur les plages de la grande Canarie à la suite d'un mauvais temps, était de cinq pieds trois pouces. Les rayons antérieurs de la dorsale avaient un pied et demi. L'observateur qui a envoyé le dessin, d'après lequel je parle de ce poisson, dit que le foie était petit et de couleur verdâtre; que l'intestin fait un long repli. Il a cru observer une vessie natatoire de forme arrondie, légèrement étranglée à l'une de ses extrémités, et petite eu égard au volume du poisson.

Je termine, par ce chapitre, l'histoire de la nombreuse et importante famille des Salmonoïdes. Les genres qui la composent donnent de nouveaux et utiles exemples des variations du caractère principal et fondamental constituant le type de la famille, et par conséquent des nombreuses affinités qui lient entre elles les familles naturelles. Toutes les espèces de Salmonoïdes ont une adipeuse. La Truite et le Saumon, chefs de file de ce grand groupe, appellent à eux tous les Salmonoïdes qui ont l'arc de la mandibule supérieure formé par les intermaxillaires et les maxillaires. Les variations de la dentition nous ramènent, dans la tribu des Characins, à la famille des Cyprinoïdes sans dents par les Curimates; à celle des Brochets et des Érythrins par les Hydrocyns, par les Piabucines et par les Léporins. D'autres genres nous représentent les caractères de plusieurs Clupéoïdes dans la dentelure abdominale des Serrasalmes, et par la composition de la mâchoire des Gonostomes et des Scopèles. Ces petits poissons nous font souvenir des Athérines et de quelques autres Percoïdes. Ils nous préparent à voir la nature, si féconde, établir des combinaisons inattendues des formes empruntées aux Percis dans la ventrale des

Saurus; aux Scorpénoïdes, aux Cirrhites, aux Chéilodac-
tyles, genres de trois familles distinctes, dans les rayons
simples des pectorales des Aulopes.

Les Scombéroïdes sont représentées dans les Alépisaures qui ont une grande ressemblance avec les Lépidopes ou les Thyrsites, tout en conservant le type
caractéristique des Salmonoïdes.

FIN DE LA PREMIÈRE SÉRIE.

TABLE GÉNÉRALE

DE L'HISTOIRE NATURELLE

DES POISSONS.

NB. Les chiffres romains indiquent le tome, et les chiffres arabes la page.

d

f

AVIS AU RELIEUR

POUR PLACER LES PLANCHES DU TOME XXII.